高等职业院校土建专业创新系列教材

建筑施工技术(第 3 版)
(微课版)

魏翟霖　　张巧霞　　主　编

王春梅　宋环涛　杜海博　赵运方　副主编

清华大学出版社
北 京

内 容 简 介

本书在内容上力图反映国内外先进的技术水平，尽量符合施工现场的实际需要，并结合工程施工中的实际情况，以解决工程施工中大量技术问题。本书采用案例导入的方式引出问题，同时融合思政元素，在学习目标和教学要求的基础上力争将知识系统化、具体化。本书每章均有思维导图，结合章节内容清晰明了。书中提供了相关案例，便于读者掌握现场施工技术。全书共 11 章，内容包括土方工程、地基与基础、砌筑工程、钢筋混凝土与预应力混凝土工程、结构安装工程、钢结构工程、高层建筑主体结构工程、防水工程、外墙外保温工程、装饰工程以及古建筑工程施工等。

本书可作为高等职业院校建筑施工技术、工程监理、工程造价、建筑经济管理、建筑工程管理、基础工程技术、地下工程与隧道工程技术、水利等相关专业的教材，也可作为工程建设类相关人员的岗位培训教材，供建筑施工企业工程技术人员和工程管理人员、建设单位的建设项目管理人员、监理单位工程项目监理人员及建筑工程项目咨询机构的技术人员参考。

本书封面贴有清华大学出版社防伪标签，无标签者不得销售。
版权所有，侵权必究。举报：010-62782989，beiqinquan@tup.tsinghua.edu.cn。

图书在版编目(CIP)数据

建筑施工技术：微课版/魏翟霖，张巧霞主编. —3 版. —北京：清华大学出版社，2023.10（2024.8重印）
高等职业院校土建专业创新系列教材
ISBN978-7-302-64525-2

Ⅰ．①建…　Ⅱ．①魏…　②张…　Ⅲ．①建筑施工—技术—高等职业教育—教材　Ⅳ．①TU74

中国国家版本馆 CIP 数据核字(2023)第 167389 号

责任编辑：石　伟
装帧设计：刘孝琼
责任校对：徐彩虹
责任印制：宋　林
出版发行：清华大学出版社
　　　　　网　　　址：https://www.tup.com.cn, https://www.wqxuetang.com
　　　　　地　　　址：北京清华大学学研大厦 A 座　　　　邮　　编：100084
　　　　　社 总 机：010-83470000　　　　　　　　　　邮　　购：010-62786544
　　　　　投稿与读者服务：010-62776969, c-service@tup.tsinghua.edu.cn
　　　　　质量反馈：010-62772015, zhiliang@tup.tsinghua.edu.cn
　　　　　课件下载：https://www.tup.com.cn, 010-62791865
印 装 者：三河市龙大印装有限公司
经　　销：全国新华书店
开　　本：185mm×260mm　　　印　张：21　　　　　字　　数：511 千字
版　　次：2006 年 9 月第 1 版　　2023 年 10 月第 3 版　　印　次：2024 年 8 月第 2 次印刷
定　　价：59.00 元

产品编号：097395-01

前　言

本书自出版以来受到了读者的广泛好评，读者也提出了一些中肯的建议，同时党的二十大报告提出："加快建设国家战略人才力量，要努力培养造就更多大国工匠、高技能人才"。为了适应当今建筑行业的发展需要、更好地为读者服务，我们决定对本书进行修订。

"建筑施工技术"是以土木建筑工程为主要方向开设的一门主干技术课程，它的任务是研究土木工程施工中各主要工种的施工工艺、施工技术和施工方法。建筑施工技术的实践性和综合性强大、社会性广、新技术发展快、施工方法更新快，必须结合工程施工中的实际情况，综合解决工程施工中的技术问题。党的二十大报告中指出："科技是第一生产力、人才是第一资源、创新是第一动力"，党的二十大报告还指出："坚持安全第一、预防为主，推进安全生产风险专项整治，加强重点行业、重点领域安全监管……"。建筑施工技术涉及有关学科的综合运用，因此，本书力求拓宽专业面、扩大知识面，以适应发展的需要；力求综合运用有关学科的基础理论知识，以解决工程实际问题；力求理论联系实际，以应用为主。本书以量大面广的一般民用建筑与工业建筑的施工技术为主，以分部工程施工技术为主线，对主要施工工艺、施工技术和施工方法均按新规范要求编写，强调了保证施工质量、质量验收、安全生产措施等。

为了能更好地丰富学生的学习内容并激发学生的学习兴趣，本书每章开篇分别设置了学习目标、教学要求、思政目标、案例导入。全书采用思维导图进行串联，每个小节开始之前插入"带着问题学知识"引入问题，这样带着问题有目的地去学习，高效且针对性强。

书中配有实训练习，使学生能够学以致用。本书与同类书相比具有的显著特点如下。

(1) 形式新颖。思维导图串联，对应案例分析，结构清晰，层次分明。

(2) 知识点全。知识点分门别类，包含全面，由浅入深，便于学习。

(3) 系统性强。知识讲解遵循建筑施工技术的规律，前呼后应。

(4) 实用性强。理论和实际相结合，举一反三，学以致用。

(5) 本书准备了丰富的配套资源，包含 PPT 电子课件、电子教案、案例答案解析、每章练习答案及模拟测试 A、B 试卷，还相应地配套有大量的讲解音频、动画视频、三维模型、扩展图片、扩展资源等，以扫描二维码的形式拓展建筑施工技术的相关知识点，力求让初学者在学习时最大化地接受新知识，高效、快速地达到学习目的。

本教材由魏翟霖、张巧霞主编，王春梅、宋环涛、杜海博、赵运方任副主编，由赵祥参编。其中第 1 章、第 9 章由王春梅编写，第 2 章、第 11 章由魏翟霖编写，第 3 章由赵运方编写，第 4 章、第 5 章由张巧霞编写，第 6 章由赵祥编写，第 7 章由宋环涛编写，第 8 章、第 10 章由杜海博编写。

本书在编写过程中参考了有关建筑施工技术的规范、标准、手册和专著等，在此向相关著作的作者表示诚挚的感谢！

由于编者水平有限，书中难免存在疏漏和不足之处，衷心欢迎读者提出宝贵意见，予以赐教指正。

编　者

目　　录

习题案例答案及
课件获取方式

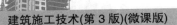

A 卷   B 卷

第 1 章　土　方　工　程

学习目标

(1) 掌握土方量计算的方法和场地设计标高确定的方法，并能够使用表上作业法进行土方调配。

(2) 了解基槽、深浅基坑的各种支护方法及其适用范围和基坑监测项目。

(3) 了解土方工程的施工准备、土方边坡与土壁支护，掌握施工排水方法并了解喷射井点、电渗井点和深井井点的适用范围。

(4) 掌握基坑土方开挖的一般原则、方法和注意事项，了解常用土方机械的性能及适用范围，并能正确合理地选用。

(5) 掌握填土压实的方法和影响填土压实质量的因素。

(6) 掌握土方工程质量标准与安全技术要求。

JS01 拓展资源

JS01 图片库

教学要求

章节知识	掌握程度	相关知识点
概述	了解土方工程的施工特点及工程分类，掌握土的基本性质	土方工程的施工特点、土的工程分类与现场鉴别方法、土的基本性质
土方与土方调配量计算	掌握土方量计算的方法、场地设计标高确定的方法和使用表上作业法进行土方调配	土方量计算、土方调配
土方工程施工要点	了解土方工程的施工准备、土方边坡与土壁支撑；掌握施工排水方法并了解喷射井点、电渗井点和深井井点的适用范围	施工准备、土方边坡与土壁支撑、人工挖土与机械挖土以及施工排水与降水
土方工程的机械化施工	掌握基坑土方开挖的一般原则、方法和注意事项，了解常用土方机械的性能及适用范围并合理选用	常用土方施工机械、土方挖运机械选择与机械挖土注意事项以及基坑土方开挖方式
土方填筑与压实	掌握填土压实的方法和影响填土压实质量的因素	土料选择与填筑要求、填土压实方法
土方工程质量标准与安全技术要求	掌握土方工程质量标准与安全技术要求	土方开挖、回填质量标准、安全技术

思政目标

　　土方工程是建筑施工技术的重要组成部分。结合自己所学知识及工程案例，谈谈对土方工程的理解和看法，学会逻辑的表达，培养独立思考的能力，养成认真的学习态度。

案例导入

　　某工程地下室，基坑底的平面尺寸为 40m×16m，底面标高-7.0m(地面标高为 0.000m)。已知地下水位为-3m，土层渗透系数 K=15m/d，-15m 以下为不透水层，基坑边坡需为 1∶0.5。拟用射流泵轻型井点降水，其井管长度为 6m，滤管长度待定，管径为 38mm；总管直径 100mm，每节长 4m，与井点管接口的间距为 1m。试进行降水设计。

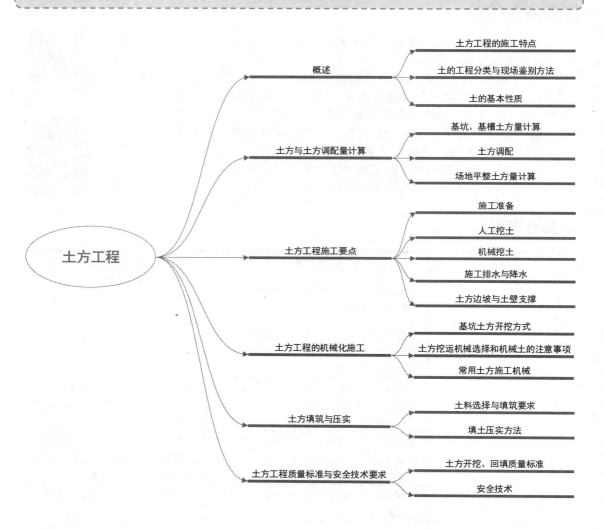

1.1 概 述

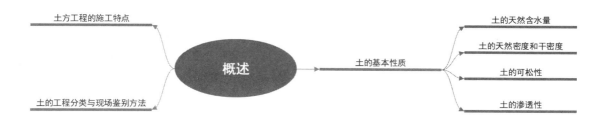

带着问题学知识

> 土方工程的施工特点有哪些?
> 土的基本性质有哪几种? 分别怎么计算?

1.1.1 土方工程的施工特点

常见的土方工程包括以下内容。

(1) 场地平整。包括确定场地设计标高，计算挖、填土方量，合理地进行土方调配等。

(2) 土方的开挖、填筑和运输等主要施工工序，以及排水、降水和土壁边坡和支护结构等。

(3) 土方回填与压实。包括土料选择、填土压实的方法及密实度检验等

土方工程施工的
主要内容

土方工程施工，要求标高准确、断面合理、土体有足够的强度和稳定性、土方量少、工期短、费用少。土方工程具有工程量大、施工工期长和劳动强度大的特点。例如，在大型建设项目的场地平整和深基坑开挖中，施工面积可达数平方千米，土方工程量甚至可达数百万立方米以上。

土方工程的另一个特点是施工条件复杂又多为露天作业，受气候、水文、地质和邻近建(构)筑物等影响较大，且天然或人工填筑形成的土石成分复杂，难以确定的因素较多。因此在组织土方工程施工前，必须做好施工前的准备工作，完成场地清理，仔细研究勘察设计文件并进行现场勘察；制定严密合理和经济的施工组织设计和施工方案，选择好施工方法和机械设备，尽可能采用先进的施工工艺和施工组织，实现土方工程施工综合机械化；制定合理的土方调配方案，保证工程质量的技术措施和安全文明施工措施，对工程质量通病做好预防措施等。

1.1.2 土的工程分类与现场鉴别方法

土的种类繁多，其分类方法各异。在土方工程施工中，按土的开挖难易程度将其分为8类，如表1.1所示。表中一～四类为土，五～八类为岩石，在选择施工挖土机械和套用建筑

安装工程劳动定额时要依据土的工程类别进行。

表 1.1 土的工程分类

土的分类	土的级别	土的名称	密度/(kg/m³)	开挖方法及工具
一类土 (松软土)	I	砂土；粉土；冲积砂土层；疏松的种植土；淤泥(泥炭)	600～1500	用锹、锄头挖掘，少许用脚蹬
二类土 (普通土)	II	粉质黏土；潮湿的黄土；夹有碎石、卵石的砂；粉土混卵(碎)石；种植土；填土	1100～1600	用锹、锄头挖掘，少许用镐翻松
三类土 (坚土)	III	软及中等密实黏土；重粉质黏土；砾石土；干黄土、含有碎石卵石的黄土；粉质黏土；压实的填土	1750～1900	主要用镐，少许用锹、锄头挖掘，部分用撬棍
四类土 (砂砾坚土)	IV	坚硬密实的黏性土或黄土；含碎石、卵石的中等密实的黏性土或黄土；粗卵石；天然级配砂石；软泥灰岩	1900	先用镐、撬棍，后用锹挖掘，部分用楔子或大锤
五类土 (软石)	V	硬质黏土；中密的页岩、泥灰岩、白垩土；胶结不紧的砾岩；软石灰岩及贝壳石灰岩	1100～2700	用镐或撬棍、大锤挖掘，部分使用爆破方法
六类土 (次坚石)	VI	泥岩；砂岩；砾岩；坚实的页岩、泥灰岩；密实的石灰岩；风化花岗岩；片麻岩及正长岩	2200～2900	用爆破方法开挖，部分用风镐
七类土 (坚石)	VII	大理岩；辉绿岩；玢岩；粗、中粒花岗岩；坚实的白云岩、砂岩、砾岩、片麻岩、石灰岩；微风化安山岩；玄武岩	2500～3100	用爆破方法开挖
八类土 (特坚土)	VIII	安山岩；玄武岩；花岗片麻岩；坚实的细粒花岗岩、闪长岩、石英岩、辉长岩、角闪岩、玢岩、辉绿岩	2700～3300	用爆破方法开挖

1.1.3 土的基本性质

1. 土的天然含水量

土的天然含水量 ω 是指天然状态下的土中水的质量与固体颗粒质量之比的百分率，即

$$\omega = \frac{m_w}{m_s} \times 100\% \tag{1.1}$$

式中 m_w ——天然状态下的土中水的质量；

m_s ——天然状态下的土中固体颗粒的质量。

2．土的天然密度和干密度

土在天然状态下单位体积的质量，称为土的天然密度。土的天然密度用 ρ 表示，即

$$\rho = \frac{m}{V} \tag{1.2}$$

式中　m——土的总质量；

　　　V——土的天然体积。

单位体积中土的固体颗粒的质量称为土的干密度，土的干密度用 ρ_d 表示为

$$\rho_d = \frac{m_s}{V} \tag{1.3}$$

式中　m_s——土中固体颗粒的质量；

　　　V——土的天然体积。

土的干密度越大，表示土越密实。工程上常把土的干密度作为评定土体密实程度的标准，以控制填土工程的压实质量。土的干密度 ρ_d 与土的天然密度 ρ 之间有以下关系，即

$$\rho = \frac{m}{V} = \frac{m_s + m_w}{V} = \frac{m_s + \omega m_s}{V} = (1+\omega)\frac{m_s}{V} = (1+\omega)\rho_d$$

即

$$\rho_d = \frac{\rho}{1+\omega} \tag{1.4}$$

3．土的可松性

土具有可松性，即自然状态下的土经开挖后，其体积因松散而增大，以后虽经回填压实，仍不能恢复其原来的体积。土的可松性程度用可松性系数表示，即

$$K_s = \frac{V_{松散}}{V_{原状}} \tag{1.5}$$

$$K_s' = \frac{V_{压实}}{V_{原状}} \tag{1.6}$$

式中　K_s——土的最初可松性系数；

　　　K_s'——土的最后可松性系数；

　　　$V_{原状}$——土在天然状态下的体积，m^3；

　　　$V_{松散}$——土挖出后在松散状态下的体积，m^3；

　　　$V_{压实}$——土经回填压(夯)实后的体积，m^3。

土的可松性对确定场地设计标高、土方量的平衡调配、计算运土机具的数量和弃土坑的容积以及计算填方所需的挖方体积等均有很大影响。各类土的可松性系数，如表 1.2 所示。

表 1.2　各种土的可松性系数

土的类别	体积增加百分数		可松性系数	
	最　初	最　后	K_s	K_s'
一类土(种植土除外)	8～17	1～2.5	1.08～1.17	1.01～1.03
一类土(植物性土、泥炭)	20～30	3～4	1.20～1.30	1.03～1.04
二类土	14～28	2.5～5	1.14～1.28	1.02～1.05

续表

土的类别	体积增加百分数		可松性系数	
	最初	最后	K_s	K'_s
三类土	24~30	4~7	1.24~1.30	1.04~1.07
四类土(泥灰岩、蛋白石除外)	26~32	6~9	1.26~1.32	1.06~1.09
四类土(泥灰岩、蛋白石)	33~37	11~15	1.33~1.37	1.11~1.15
五至七类土	30~45	10~20	1.30~1.45	1.10~1.20
八类土	45~50	20~30	1.45~1.50	1.20~1.30

4．土的渗透性

土的渗透性是指水流通过土中孔隙的难易程度，水在单位时间内穿透土层的能力称为渗透系数，用 K 表示，单位为 m/d。地下水在土中的渗透速度一般可按达西定律计算，其公式为

$$v = K \frac{H_1 - H_2}{L} = K \frac{h}{L} = Ki \tag{1.7}$$

式中　　v——水在土中的渗透速度，m/d；

　　　　i——水力坡度，$i = \dfrac{H_1 - H_2}{L}$，即 A、B 两点水头差与其水平距离之比；

　　　　K——土的渗透系数，m/d。

从式 1.7 可以看出渗透系数的物理意义：当水力坡度 $i = 1$ 时的渗透速度 v 即为渗透系数 K，单位同样为 m/d。K 值的大小反映土体透水性的强弱，同时也影响施工降水与排水的速度。土的渗透系数可以通过室内渗透试验或现场抽水试验测定，一般土的渗透系数，如表 1.3 所示。

表 1.3　土的渗透系数 K 参考值

土的种类	渗透系数 K/(m/d)	土的种类	渗透系数 K/(m/d)
黏土	<0.005	中砂	5.0~25.0
粉质黏土	0.005~0.1	均质中砂	35~50
粉土	0.1~0.5	粗砂	20~50
黄土	0.25~0.5	圆砾	50~100
粉砂	0.5~5.0	卵石	100~500
细砂	1.0~10.0	无填充物卵石	500~1000

1.2　土方与土方调配量计算

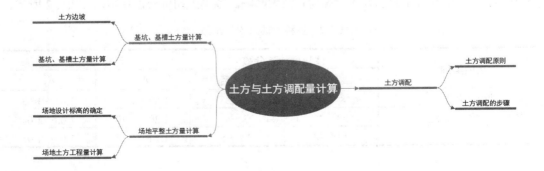

带着问题学知识

基坑、基槽和场地平整的土方量如何计算？

什么是土方调配？步骤有哪些？

1.2.1　基坑、基槽土方量

1. 土方边坡

在开挖基坑、沟槽或填筑路堤时，为了防止土体塌方，保证施工安全及边坡稳定，其边沿应考虑放坡。土方边坡的坡度用其高度 H 与底宽 B 之比表示，如图 1.1 所示，即

土方边坡系数的确定

$$土方边坡坡度 = \frac{H}{B} = \frac{1}{\frac{B}{H}} = 1 : m$$

式中　m ——坡度系数，$m = B/H$。其意义为：当边坡高度已知为 H 时，则边坡宽度 B 等于 mH。

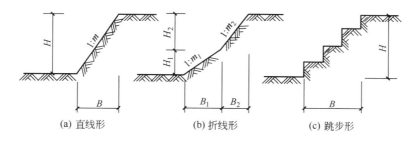

(a) 直线形　　　　(b) 折线形　　　　(c) 跳步形

图 1.1　土方边坡量的计算示意图

2. 基坑、基槽土方量计算

基坑土方量可按立体几何中的拟柱体(由两个平行的平面作底的一种多面体)体积公式计算，如图 1.2 所示，即

$$V = \frac{H}{6}(A_1 + 4A_0 + A_2) \tag{1.8}$$

式中　H ——基坑深度，m；

　　　A_1、A_2 ——基坑上、下底面积，m^2；

　　　A_0 ——基坑中间位置的截面面积，m^2。

基槽和路堤的土方量沿长度方向分段后，再用同样方法计算(见图 1.3)，即

$$V_1 = \frac{L_1}{6}(A_1 + 4A_0 + A_2)$$

式中　V_1 ——第一段的土方量，m^3；

　　　L_1 ——第一段的长度，m。

将各段土方量相加，即得总土方量，为

$$V = V_1 + V_2 + V_3 + \cdots + V_n$$

式中　V_1，V_2，$\cdots$，V_n——各分段的土方量，m^3。

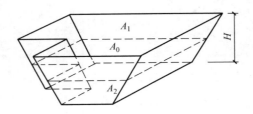 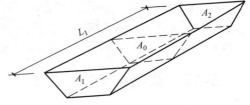

图 1.2　基坑土方量计算示意图　　　　图 1.3　基槽土方量计算示意图

1.2.2　场地平整土方量

1．场地设计标高的确定

对于较大面积的场地平整，合理确定场地的设计标高，对减少土方量和加速工程进度具有重要的经济意义。一般来说，应考虑以下因素。

(1) 满足生产工艺和运输的要求。

(2) 尽量利用地形，分区或分台阶布置，分别确定不同的设计标高。

(3) 场地内挖填方平衡，土方运输量最少。

(4) 要有一定的泄水坡度(不小于2‰)，使其满足排水要求。

(5) 要考虑最高洪水位的影响。

场地设计标高一般应在设计文件中规定，若设计文件中对场地设计标高没有规定时，可按下述步骤来确定。

1) 初步计算场地设计标高

初步计算场地设计标高的原则是场地内挖填方平衡，即场地内挖方总量等于填方总量。计算场地设计标高时，首先将场地的地形图按要求的精度划分为边长 $a=10\sim40m$ 的方格网，如图 1.4(a)所示，然后求出各方格角点的地面标高。地形平坦时，可根据地形图上相邻两等高线的标高，用插入法求得；地形起伏较大或无地形图时，可在地面用木桩打好方格网，然后用仪器直接测出。

按照场地内土方量在平整前及平整后相等，即挖填方平衡的原则(见图 1.4(b))，场地设计标高可按式(1.9)计算，即

$$H_0 na^2 = \sum \left(a^2 \frac{H_{11} + H_{12} + H_{21} + H_{22}}{4} \right)$$
$$H_0 = \frac{\sum (H_{11} + H_{12} + H_{21} + H_{22})}{4n} \tag{1.9}$$

式中　H_0——所计算的场地设计标高，m；

a——方格边长，m；

n——方格数；

H_{11}、H_{12}、H_{21}、H_{22}——任一方格4个角点的标高，m。

从图 1.4(a)可以看出，H_{11} 是一个方格的角点标高，H_{12} 及 H_{21} 是相邻两个方格的公共角

点标高，H_{22} 是相邻 4 个方格的公共角点标高。如果将所有方格的 4 个角点相加，则类似 H_{11} 这样的角点标高需加一次，类似 H_{12}、H_{21} 的角点标高需加两次，类似 H_{22} 的角点标高要加 4 次。如令：

H_1——1 个方格仅有的角点标高；

H_2——2 个方格共有的角点标高；

H_3——3 个方格共有的角点标高；

H_4——4 个方格共有的角点标高。

则场地设计标高 H_0 的计算式(1.9)可改写为

$$H_0 = \frac{\sum H_1 + 2\sum H_2 + 3\sum H_3 + 4\sum H_4}{4n} \tag{1.10}$$

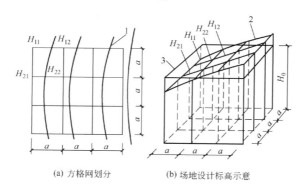

(a) 方格网划分　　　(b) 场地设计标高示意

图 1.4　场地设计标高 H_0 计算示意

1—等高线；2—自然地面；3—场地设计标高平面

2) 场地设计标高的调整

按式(1.10)计算的场地设计标高 H_0 仅为一理论值，在实际运用中还需考虑以下因素进行调整。

(1) 土的可松性影响。由于土具有可松性，如按挖填平衡计算得到的场地设计标高进行挖填施工，填土多少会有富余，特别是当土的最后可松性系数较大时填土更不容忽视。

(2) 场地挖方和填方的影响。由于场地内大型基坑挖出的土方、修筑路堤填高的土方以及经过经济比较而将部分挖方就近弃于场外或就近从场外取土填方等均会引起挖填土方量的变化。必要时，也需调整设计标高。

(3) 场地泄水坡度的影响。按上述计算和调整后的场地设计标高平整后的场地是一个水平面，但实际上由于排水的要求，场地表面均需有一定的泄水坡度。所以，在计算的 H_0 或经调整后的 H_0' 基础上，要根据场地要求的泄水坡度，最后计算出场地内各方格角点实际施工时的设计标高。

2. 场地土方工程量计算

场地土方量的计算方法通常有方格网法和断面法两种。方格网法适用于地形较为平坦、面积较大的场地，断面法则多用于地形起伏变化较大或地形狭长的地带。实际工程中通常采用方网格法计算，具体步骤如下。

(1) 划分方格网并计算场地各方格角点的施工高度。根据已有地形图(一般用 1/500 的地形图)将其划分成若干个方格网,尽量与测量的纵横坐标网对应,方格一般采用 10m×10m~40m×40m 大小,将角点自然地面标高和设计标高分别标注在方格网点的左下角和右下角。角点设计标高与自然地面标高的差值即为各角点的施工高度,即

$$h_n = H_{dn} - H_n \tag{1.11}$$

式中 h_n——角点的施工高度,以"+"表示填、"−"表示挖,标注在方格网点的右上角;

H_{dn}——角点的设计标高(若无泄水坡度时,即为场地设计标高);

H_n——角点的自然地面标高。

(2) 计算零点位置。当一个方格网内同时有填方或挖方时,要先计算出方格网边的零点位置即不挖不填点,并标注于方格网上,由于地形是连续的,连接零点得到的零线即称为填方区与挖方区的分界线。零点的位置按相似三角形原理(见图 1.5)计算,即

$$x_1 = \frac{h_1}{h_1 + h_2} \times a ; \quad x_2 = \frac{h_2}{h_1 + h_2} \times a \tag{1.12}$$

式中 x_1、x_2——角点至零点的距离,m;

h_1、h_2——相邻两角点的施工高度,m,均用绝对值;

a——方格网的边长,m。

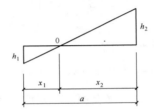

图 1.5 零点的位置按相似三角形原理计算示意图

(3) 计算方格土方工程量。按方格网底面积图形和表 1.4 所列公式,计算每个方格内的挖方或填方量。

表 1.4 常用方格网计算公式

项 目	图 示	计算公式
一点填方或挖方(三角形)		$V = \frac{1}{2}bc\frac{\sum h}{3} = \frac{bch_3}{6}$ 当 $b=c=a$ 时, $V = \frac{a^2 h_3}{6}$
两点填方或挖方(梯形)		$V_+ = \frac{b+c}{2}a\frac{\sum h}{4} = \frac{a}{8}(b+c)(h_1+h_3)$ $V_- = \frac{d+e}{2}a\frac{\sum h}{4} = \frac{a}{8}(d+e)(h_2+h_4)$

续表

项 目	图 示	计算公式
三点填方或挖方(五角形)		$V = \left(a^2 - \dfrac{bc}{2}\right)\dfrac{\sum h}{5}$ $= \left(a^2 - \dfrac{bc}{2}\right)\dfrac{h_1 + h_2 + h_4}{5}$
四点填方或挖方(正方形)		$V = \dfrac{a^2}{4}\sum h = \dfrac{a^2}{4}(h_1 + h_2 + h_3 + h_4)$

注: a 为方格网的边长, m; b、c 为零点到一角的边长, m; h_1、h_2、h_3、h_4 为方格网四角点的施工高程, m, 用绝对值代入; $\sum h$ 为填方或挖方施工高程的总和, m, 用绝对值代入。

(4) 边坡土方量计算。为了维持土体的稳定, 场地的边沿不管是挖方区还是填方区均需做相应的边坡, 因此在实际工程中还需要计算边坡的土方量。边坡的土方量可以划分为两种近似几何形体计算, 分别是三角棱柱体和三角棱锥体。边坡土方量的计算较简单, 限于篇幅这里就不再介绍了。

(5) 场地总土方量计算。计算总土方量时, 先按表 1.4 计算出各方格的挖、填方土方量和场地周围边坡的挖、填方土方量, 再把各个挖、填方土方量分别加起来, 就得到场地挖、填方的总土方量。

1.2.3 土方调配

1. 土方调配原则

土方工程量计算完成后, 即可着手对土方进行平衡与调配。土方的平衡与调配是土方规划设计的一项重要内容, 是对挖土的利用、堆弃和填土的取得这三者之间的关系进行综合平衡处理, 达到使土方运输费用最少而又能方便施工的目的(见图 1.6)。土方调配原则主要如下。

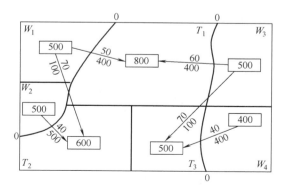

图 1.6 土方调配图

(1) 应力求达到挖、填平衡和运输量最小, 这样可以降低土方工程的成本。然而, 如果仅限于场地范围的平衡，往往很难满足运输量最小的要求，因此还需根据场地及其周围地形条件综合考虑，必要时可在填方区周围就近借土，或在挖方区周围就近弃土，而不是只局限于场地以内的挖、填平衡，这样才能做到经济、合理。

(2) 应考虑近期施工与后期利用相结合的原则。当工程分期施工时，先期工程的土方余量应结合后期工程的需要而考虑其利用数量与堆放位置，以便就近调配。堆放位置的选择应为后期工程创造良好的工作面和施工条件，尽量避免重复挖运。如先期工程有土方欠额时，可由后期工程地点挖取。

(3) 尽可能与大型地下建筑物施工相结合。当大型建筑物位于填土区而其基坑开挖的土方量又较大时，为了避免土方的重复挖、填和运输，该填土区暂时不予填土，待地下建筑物施工之后再行填土。为此，在填方保留区附近应有相应的挖方保留区，或将附近挖方工程的余土按需要合理堆放，以便就近调配。

(4) 调配区大小的划分应满足主要土方施工机械工作面大小(如铲运机铲土长度)的要求，使土方机械和运输车辆的效率能得到充分发挥。

总之，进行土方调配，必须根据现场的具体情况、有关技术资料、工期要求和土方机械与施工方法，并结合上述原则，予以综合考虑，从而制定出经济合理的调配方案。

2．土方调配的步骤

1) 划分调配区

(1) 在场地平面图上先划出挖、填区的分界线(零线)，然后在挖方区和填方区适当地划出若干个调配区。划分时应注意以下四点：

① 应与建筑物的平面位置相协调，并考虑开工顺序和分期开工顺序；

② 调配区的大小应满足土方机械的施工要求；

③ 调配区范围应与场地土方量计算的方格网相协调，一般可由若干个方格组成一个调配区；

④ 当土方运距较大或场地范围内土方调配不能达到平衡时，可考虑就近借土或弃土。一个借土区或一个弃土区可作为一个独立的调配区。

(2) 计算各调配区的土方量，并将它标注于图上。

2) 求出每对调配区之间的平均运距

平均运距即挖方区土方重心至填方区土方重心的距离。因此，求平均运距需先求出每个调配区的土方重心。其方法如下：

① 取场地或方格网中的纵横两边为坐标轴，以一个角作为坐标原点，分别求出各区土方的重心坐标 X_O、Y_O，即

$$X_O = \frac{\sum (x_i V_i)}{\sum V_i}, \quad Y_O = \frac{\sum (y_i V_i)}{\sum V_i} \tag{1.13}$$

式中 x_i、y_i——第 i 块方格的重心坐标；

  V_i——第 i 块方格的土方量。

② 计算出填、挖方区之间的平均运距 L_O 为

$$L_O = \sqrt{(x_{OT} - x_{OW})^2 + (y_{OT} - y_{OW})^2} \tag{1.14}$$

式中 x_{OT}、y_{OT}——填方区的重心坐标；

x_{OW}、 y_{OW}——挖方区的重心坐标。

② 为了简化 x_i、y_i 的计算，可假定每个方格(完整的或不完整的)内的土方是各自均匀分布的，于是可用图解法求出形心位置以代替方格的重心位置。

③ 各调配区的重心求出后，将其标于相应的调配区上，然后用比例尺量出每对调配区重心之间的距离，即相应的平均运距(L_{11}，L_{12}，L_{13}，…)。

④ 所有填、挖方调配区之间的平均运距均需一一计算，并将计算结果列于土方平衡与运距表内。

当填、挖方调配区之间的距离较远，采用自行式铲运机或其他运土工具沿现场道路或规定路线运土时，其运距应按实际情况进行计算。

3) 确定最优调配方案

最优调配方案的确定是以线性规划为理论基础的，常用"表上作业法"求解。

4) 方案的调整

① 在所有负检验数中选一个(一般可选最小的一个)，把它所对应的变量(这里假设为 x)作为调整对象。

② 找出变量 x 的闭合回路。

③ 从变量 x 所在位置出发，沿着闭合回路一直前进，在各奇数次转角点的对应数字中挑出一个最小的，将它调到 x 方格中(即空格中)。

④ 进行调整，使得填挖方区的土方量仍然保持平衡，这样调整后，便可得到新调配方案。对新调配方案再进行检验，看其是否已是最优方案。如果检验数中仍有负数出现，那就按上述步骤继续调整，直到找出最优方案为止。

1.3　土方工程施工要点

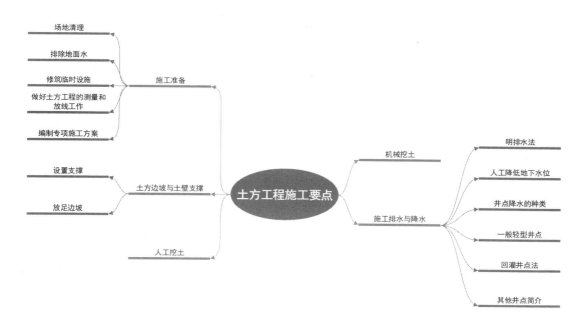

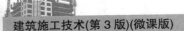

带着问题学知识

施工准备有哪些?

有哪些挖土方式? 施工排水与降水怎么做?

1.3.1 施工准备

土方工程施工前通常需完成下列准备工作。

1．场地清理

场地清理包括清理地面及地下各种障碍。在施工前应拆除旧有房屋和古墓,拆迁或改建通信、电力设备、上下水道以及地下建筑物,迁移树木,去除耕植土及河塘淤泥等。此项工作由业主委托有资质的拆除公司或建筑施工公司完成,发生的费用由业主承担。

场地清理

2．排除地面水

场地内低洼地区的积水必须排除,同时应注意雨水的排除,使场地保持干燥,以利于土方施工。地面水一般采用排水沟、截水沟和挡水土坝等措施排除。

应尽量利用自然地形来设置排水沟,使水直接排至场外,或流向低洼处再用水泵抽走。主排水沟最好设置在施工区域的边缘或道路的两旁,其横断面和纵向坡度应根据最大流量确定。一般排水沟的横断面不小于 0.5m×0.5m,纵向坡度不小于 2‰。在场地平整过程中,要注意保持排水沟畅通,必要时还应设置涵洞。在山区的场地平整施工时,应在较高一面的山坡上开挖截水沟。在低洼地区施工时,除开挖排水沟外,必要时还应修筑挡水土坝,以阻挡雨水的流入。

3．修筑临时设施

修筑好道路及供水、供电等临时设施,做好材料、机具及土方机械的进场工作。

4．做好土方工程的测量和放线工作

边线、方格网线和零线的水平位置由经纬仪确定。放线时,可用装有石灰粉末的长柄勺靠着木质板侧面,边撒、边走,在地上撒出灰线,标出基础挖土的界线。各角点的施工标高由水准仪确定,并标定在木桩上,由标定位置向上、向下引测,长度尺寸由钢尺量取。通常采用回测或闭合回路来消除测量误差。场地平整时若要确定实际网格边长,应将边长尺寸换算成坡面斜长。

土方工程的测量和放线工作

5．编制专项施工方案

根据中国人民共和国住房和城乡建设部建质〔2018〕37 号文《危险性较大的分部分项工程安全管理办法》规定的"开挖深度超过 3m(含 3m)的土方工程"需编制专项施工方案,"开挖深度超过 5m(含 5m)的基坑专项施工方案"应由施工单位组织专家进行论证。

专项施工方案应当包括以下内容:

(1) 工程概况。即危险性较大的分部分项工程概况、施工平面布置、施工要求和技术

保证条件。

(2) 编制依据。包括相关法律、法规、规范性文件、标准、规范及图纸(国标图集)和施工组织设计等。

(3) 施工计划。包括施工进度计划、材料与设备计划。

(4) 施工工艺技术。技术参数、工艺流程、施工方法和检查验收等。

(5) 施工安全保证措施。组织保障、技术措施、应急预案和监测监控。

(6) 劳动力计划。专职安全生产管理人员、特种作业人员等。

(7) 计算书及相关图纸。

1.3.2 土方边坡与土壁支撑

土壁的稳定主要是靠土体内摩擦阻力和黏结力来保持的,一旦土体失去平衡,土体就会塌方。这不仅会造成人身安全事故,还会影响工期,有时还会危及附近的建筑物。

造成土壁塌方的主要原因如下。

(1) 边坡过陡,使土体的稳定性不足,从而导致塌方,尤其是在土质差、开挖深度大的坑槽中。

(2) 雨水、地下水渗入土中泡软土体,从而增加土的自重同时降低土的抗剪强度,这是造成塌方的常见原因。

(3) 基坑上口边缘附近有大量堆土或停放机具、材料,或由于行车等动荷载,使土体中的剪应力超过土体的抗剪强度。

(4) 土壁支撑强度破坏失效或刚度不足导致塌方。

因此,为了防止塌方,保证施工安全,在开挖基坑(槽)时可采取以下措施进行预防。

1. 放足边坡

土方边坡(见图 1.1)坡度大小的留设应根据土质、开挖深度、开挖方法、施工工期、地下水水位、坡顶荷载及气候条件等因素确定。一般情况下,黏性土的边坡可陡些,砂性土则应平缓些;当基坑附近有主要建筑物时,边坡应取 1∶1.1～1∶1.5。

按照《土方与爆破工程施工及验收规范》(GB 50201—2012)的要求,在坡体整体稳定的情况下,如地质条件良好、土(岩)质较均匀,高度在 3m 以内的临时性挖方边坡坡度应符合表 1.5 的规定。放坡后基坑上口宽度由基坑底面宽度及边坡坡度来决定。一般地,工作面留15～30cm(基础外边线到基坑底边的距离),以便施工操作,如图 1.7 所示。

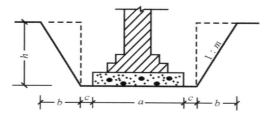

图 1.7 按规范放坡示意图

《建筑地基基础工程施工质量验收规范》(GB 50202—2018)规定,临时性挖方的边坡值应符合表 1.5 的规定。

表 1.5　临时性挖方边坡坡度值

土的类别		边坡坡度(高：宽)
砂土	不包括细砂、粉砂	1：1.25～1：1.50
一般性黏土	坚硬	1：0.75～1：1.00
	硬塑	1：1.00～1：1.25
碎石类土	密实、中密	1：0.50～1：1.00
	稍密	1：1.00～1：1.50

2．设置支撑

为了缩小施工面、减少土方，或受场地的限制不能放坡时，则可设置土壁支撑。表 1.6 所列为一般沟槽的支撑方法，主要采用横撑式支撑；表 1.7 所列为一般浅基坑的支撑方法，主要采用结合上端放坡并加以拉锚等单支点板桩或悬臂式板桩支撑，或采用重力式支护结构，如水泥搅拌桩等；表 1.8 所列为深基坑的支护方法，主要采用多支点板桩。

表 1.6　一般沟槽的支撑方法

支撑方式	简　图	支撑方式及适用条件
间断式水平支撑		两侧挡土板水平放置，用工具或木横撑借木楔顶紧挖一层土，支顶一层； 适于能保持直立壁的干土或具有天然湿度的黏土类土，地下水很少，深度在 2m 以内
断续式水平支撑		挡土板水平放置，中间留出间隔，并在两侧同时对称立竖楞木，再用工具或木横撑上下顶紧； 适于能保持直立壁的干土或具有天然湿度的黏土类土，地下水很少，深度在 3m 以内
连续式水平支撑		挡土板水平连续放置，不留间隙，然后两侧同时对称立竖楞木，上下各顶一根撑木，端头加木楞顶紧； 适于较松散的干土或具有天然湿度的黏土类土，地下水很少，深度为 3～5m

表 1.7　一般浅基坑的支撑方法

支撑方式	简　图	支撑方式及适用条件
斜柱支撑		水平挡土板钉在柱桩内侧，柱桩外侧用斜撑支顶，斜撑底端支在木桩上，在挡土板内侧回填土； 适于开挖较大型、深度不大的基坑或使用机械挖土

支撑方式	简 图	支撑方式及适用条件
锚拉支撑		水平挡土板支在柱桩的内侧，柱桩一端打入土中，另一端用拉杆与锚桩拉紧，在挡土板内侧回填土； 适于开挖较大型、深度不大的基坑或使用机械挖土而不能安设横撑时
短柱横隔支撑		打入小短木桩，部分打入土中，部分露出地面，钉上水平挡土板，在背面填土捣实； 适于开挖宽度大的基坑，当部分地段下部放坡不够时

表 1.8　一般深基坑的支撑方法

支护(撑)方式	简 图	支护(撑)方式及适用条件
型钢桩横挡板支撑		沿挡土位置预先打入钢轨、工字钢或 H 型钢桩，间距 1～1.5m，然后边挖方，边将 3～6cm 厚的挡土板塞进钢桩之间挡土，并在横向挡板与型钢桩之间打入楔子，使横板与土体紧密接触； 适于在地下水位较低、深度不很大的一般黏性或砂土层中
钢板桩支撑		在开挖基坑的周围打钢板桩或钢筋混凝土板桩，板桩入土深度及悬臂长度应经计算确定，如坑宽度很大，可加水平支撑； 适于在一般地下水、深度和宽度不很大的黏性砂土层中
钢板桩与钢构架结合支撑		在开挖的基坑周围打钢板桩，在柱位置上打入暂设的钢柱。在基坑中挖土，每挖 3～4m 就装上一层构架支撑体系；挖土在钢构架网格中进行，也可不预先打入钢柱，随挖随接长支柱； 适于在饱和软弱土层中开挖较大、较深基坑，钢板桩刚度不够时
挡土灌注桩支撑		在开挖基坑的周围，用钻机钻孔，现场灌注钢筋混凝土桩，达到强度后，在基坑中间用机械或人工挖土，下挖 1m 左右装上横撑；桩背面装上拉杆与已设锚桩拉紧，然后继续挖土至要求深度；桩间土方挖成外拱形，使之起土拱作用，如基坑深度小于 6m，或邻近有建筑物，也可不设锚拉杆，采取加密桩距或加大桩径方式处理； 适于开挖较大、较深(大于 6m)基坑，邻近有建筑物，不允许支护，背面地基有下沉、位移时

续表

支护(撑)方式	简 图	支护(撑)方式及适用条件
挡土灌注桩与土层锚杆结合支撑	 钢横撑 钻孔灌注桩 土层锚桩	同挡土灌注桩支撑,但桩顶不设锚桩锚杆,而是在基坑挖至一定深度时,每隔一定距离向桩背面斜下方用锚杆钻机打孔,安放钢筋锚杆,用水泥压力灌浆,达到强度后,安上横撑,拉紧固定,在桩中间进行挖土,直至设计深度,如设2~3层锚杆,可挖一层土,装设一次锚杆; 适于大型较深基坑、施工工期较长、邻近有高层建筑、不允许支护和邻近地基不允许有任何下沉位移时
挡土灌注桩与旋喷桩组合支护	挡土灌注桩 旋喷桩 1—1 旋喷桩 挡土灌注桩	在深基坑内侧设置直径 0.6~1.0m 混凝土灌注桩,间距1.2~1.5m;在紧靠混凝土灌注桩的外侧设置直径为0.8~1.5m的旋喷桩,以旋喷水泥浆方式形成水泥土桩与混凝土灌注桩紧密结合,组成一道防渗帷幕,既可起抵抗土压力、水压力的作用,又可起挡水抗渗的作用;挡土灌注桩与旋喷桩采取分段间隔方式施工。当基坑为淤泥质土层,有可能在基坑底部产生管涌、涌泥现象时,也可在基坑底部以下用旋喷桩封闭。在混凝土灌注桩外侧设旋喷桩,有利于支护结构的稳定,可防止边坡坍塌、渗水和管涌等现象发生。 适于土质条件差、地下水位较高,要求既挡土又挡水防渗的支护工程
双层挡土灌注桩支护	圈梁 前排桩 后排桩 $H \geqslant 7.5\text{m}$ 1—1 后排桩 2000 1200 圈梁 前排桩	将挡土灌注桩在平面布置上由单排桩改为双排桩,呈对应或梅花式排列,桩数保持不变,双排桩的桩径 d 一般为400~600mm,排距 L 为(1.5~3)d,在双排桩顶部设圈梁使其成为整体刚架结构。也可在基坑每侧中段设双排桩,而在四角仍采用单排桩。采用双排桩支护可使支护整体刚度增大,桩的内力和水平位移减小,提高护坡的效果。 适于基坑较深、采用单排混凝土灌注桩挡土,强度和刚度均不能胜任时

续表

支护(撑)方式	简 图	支护(撑)方式及适用条件
地下连续墙支护		在开挖的基坑周围，先建造混凝土或钢筋混凝土地下连续墙；达到强度后，在墙中间用机械或人工挖土，直至要求深度。当跨度、深度很大时，可在内部加设水平支撑及支柱。用于逆作法施工，每下挖一层，把下一层梁、板、柱浇筑完成；以此作为地下连续墙的水平框架支撑，如此循环作业，直到地下室的底层土全部挖完，浇筑全部完成。适于开挖较大、较深(大于10m)、有地下水、周围有建筑物和公路的基坑，作为地下结构的外墙部分，或用于高层建筑的逆作法施工，作为地下室结构的部分外墙
地下连续墙与土层锚杆结合支护		在开挖基坑的周围先建造地下连续墙支护，在墙中部用机械配合人工开挖土方至锚杆部位，用锚杆钻机在要求位置钻孔，放入锚杆，进行灌浆，待达到强度，装上锚杆横梁，或锚头垫座；然后继续下挖至要求深度，如设2～3层锚杆，每挖一层装一层，采用快凝砂浆灌浆；适于开挖较大、较深(大于10m)、有地下水的大型基坑，在周围有高层建筑，不允许支护有变形、采用机械挖方、要求有较大空间、不允许内部设支撑时
土层锚杆支护		沿开挖基坑边坡每2～4m设置一层水平土层锚杆，直到挖土至要求深度；适于在较硬土层或破碎岩石中开挖较大、较深基坑，邻近有建筑物必须保证边坡稳定时
板桩(灌注桩)中央横顶支撑		在基坑周围打板桩或设挡土灌注桩，在内侧放坡挖中间部分土方到坑底，先施工中间部分结构至地面，然后再利用此结构作支承向板桩(灌注桩)支水平横顶撑，挖除放坡部分土方，每挖一层支一层水平横顶撑，直到设计深度，最后再建该部分结构；适于开挖较大、较深的基坑，支护桩刚度不够，又不允许设置过多支撑时

1.3.3 人工挖土

(1) 根据土质情况和现场存土、运土条件,确定开挖顺序,然后再分段分层开挖。土方开挖顺序应遵循"开槽支撑,先撑后挖,分层开挖,不得超挖"的原则。

(2) 开挖时应沿灰线切出基槽轮廓线,每层深度以600mm为宜,每层应清底,然后逐步挖掘。

(3) 开挖大面积浅基坑时,可沿坑三面同时开挖,将挖出的土方装入手推车或翻斗车,由未开挖的一面运至弃土地点。

(4) 在有存土条件的场地,一定要先留足需要的回填土,再将多余土方运至弃土地点,避免二次搬运。

(5) 在槽边堆放土时,应保证边坡稳定。一般的,土方距槽边缘不小于1.0m,高度不宜超过1.5m。

(6) 修整边坡。开挖放坡的坑(槽)时,先按施工方案规定的坡度粗略开挖,再分层按坡度要求每隔3m左右做出一条坡度线。边坡应随挖随修整,待挖至设计标高,由两端轴线引桩拉通线,检查距槽边尺寸,据此再统一修整一次边坡。

(7) 清理槽底。在挖至坑槽底设计标高50cm以内时,测量放线人员配合抄出距槽底50cm水平线。自槽端部20cm处每隔2～3m,在基槽侧壁上钉水平小木橛,随时以小木橛校核槽底标高,用拉线尺量法校核槽底标高。人工挖土,应预留15～30cm土不挖,待下道工序开始再挖至设计标高。

1.3.4 机械挖土

(1) 开挖原则。机械挖土最常用的机械是反铲挖掘机,其特点是:后退向下,强制切土。土方开挖顺序应遵循"开槽支撑,先撑后挖,分层开挖,不得超挖"的原则。基坑边界周围地面应设排水沟,对坡顶、坡面、坡脚采取降排水措施。

浅基坑开挖,应先进行测量定位,抄平放线,定出开挖长度,按放线分块(段)分层挖土。根据土质和水文情况,采取在四周或两侧直立开挖或放坡,保证施工操作安全。

相邻基坑开挖时,应遵循先深后浅或同时进行的施工程序。挖土应自上而下水平分段分层进行。

(2) 开挖方式。根据挖掘机的开挖方式与运输汽车的相对位置不同,开挖方式一般有两种。

① 沟端开挖。反铲停于沟端,后退挖土,同时往沟一侧弃土或装汽车运走。

② 沟侧开挖。反铲停于沟侧,沿沟边开挖,汽车停在机旁装土或往沟一侧卸土。

(3) 分层厚度。土方开挖宜分层分段依次进行,分层原则宜上层薄下层厚,分层厚度不超过机械一次挖掘深度,但分层厚度不宜相差太大;否则会影响运输车辆重载爬坡效能。挖掘机沿挖方边缘移动时,机械距离边坡上缘的宽度不得小于基坑深度的1/2。

(4) 开挖路线。宜采用纵向由里向外、先两侧后中间的方式开挖。

(5) 严禁超挖。开挖基坑不得挖至设计标高以下,如不能准确地挖至设计基底标高时,可在设计标高以上暂留一层土不挖,以便在抄平后,由人工清理。

预留土层:一般用铲运机、推土机挖土时,预留土层为15～20cm;挖土机用反铲、正铲和拉铲挖土时，预留土层以 20～30cm 为宜。

(6) 场地存土。在有存土条件的场地，一定要留足需要的回填土，多余土方运至弃土地点，避免二次搬运。在槽边堆放土时，应保证边坡稳定。一般，土方距槽边缘不小于 1.0m，高度不宜超过 1.5m。

(7) 修整边坡。

① 边坡检查。土方开挖过程中应经常检查开挖的边坡坡度，随时校核。常用的检查方法是用按设计边坡坡度制作的三角靠尺检查，如图 1.8 所示。

② 边坡修整。施工中应随挖随修整，待挖至设计标高时，由两端轴线引桩拉通线，检查距槽边尺寸，据此再统一修整一次槽边。

(8) 清理槽底。机械挖土时，为不扰动基底土的结构，在基底标高上预留 20～30cm 厚的土，用人工配合清理至基底标高。在挖至坑槽底设计标高 50cm 以内时，测量放线人员配合抄出距槽底 50cm 水平线，钉上小木橛，用水准仪抄平，余土人工清走。

(9) 深基坑工程的挖土方案。包括放坡挖土(无支护结构)、中心岛式(也称墩式)挖土、盆式挖土和逆作法挖土。后 3 种皆有支护结构。

0.8 R
吊线点

1.3～1.7 R

吊线垂

图 1.8　三角靠尺

1.3.5　施工排水与降水

在开挖基坑或沟槽时，土壤的含水层常被切断，地下水将会不断地渗入坑内。雨季施工时，地面水也会流入坑内。为了保证施工的正常进行，防止边坡塌方和地基承载能力的下降，必须做好基坑降水工作。降水方法可分为明排水法(如集水井、明渠等)和人工降低地下水位法两种。

1．明排水法

现场常采用的明排水方法是截流、疏导和抽取。截流即是将流入基坑的水流截住；疏导即将积水疏干；抽取是在开挖基坑或沟槽时，在坑底设置集水井，并沿坑底的周围或中央开挖排水沟，使水由排水沟流入集水井内，然后用水泵抽出坑外，如图 1.9 所示。

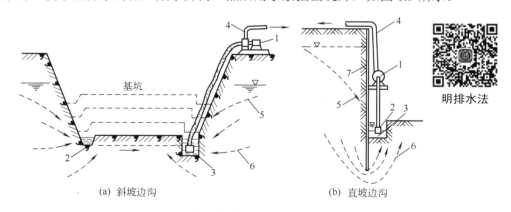

明排水法

基坑

(a) 斜坡边沟　　　　　　　　　　(b) 直坡边沟

图 1.9　集水井降低地下水位

1—水泵；2—排水沟；3—集水井；4—压力水管；5—降落曲线；6—水流曲线；7—板桩

四周的排水沟及集水井一般应设置在基础范围以外,地下水流的上游。基坑面积较大时,可在基础范围内设置盲沟排水。根据地下水量、基坑平面形状及水泵能力,集水井每隔20~40m设置一个。

集水井的直径或宽度一般为0.6~0.8m;其深度随着挖土的加深而加深,要始终低于挖土面0.7~1.0m,井壁可用竹、木等简易加固。当基坑挖至设计标高后,井底应低于坑底1~2m,并铺设0.3m碎石滤水层,以免在抽水时将泥沙抽出,并防止井底的土被搅动。坑壁必要时可用竹、木等材料加固。

2．人工降低地下水位法

人工降低地下水位法就是在基坑开挖前,预先在基坑四周埋设一定数量的滤水管(井),在基坑开挖前和开挖过程中,利用真空原理,不断抽出地下水,使地下水位降低到坑底以下(见图1.10)。这从根本上解决地下水涌入坑内的问题(见图1.11(a));防止边坡由于受地下水流的冲刷而引起的塌方(见图1.11(b));消除了地下水位差引起的压力,也防止了坑底土的上冒(见图1.11(c));没有了水压力,使板桩减少了横向荷载(见图1.11(d));由于没有地下水的渗流,也就防止了流沙现象的产生(见图1.11(e))。降低地下水位后,由于土体固结,还能使土层密实,增加地基土的承载能力。

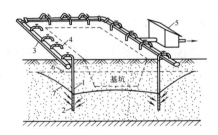

图1.10　轻型井点降低地下水位全貌

1—井点管;2—滤管;3—总管;4—弯联管;5—水泵房;6—原有地下水位线;7—降低后地下水位线

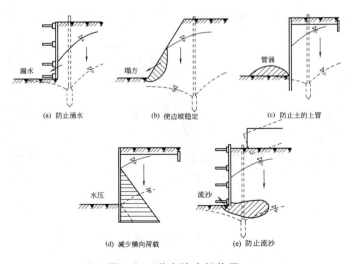

(a) 防止涌水　　(b) 使边坡稳定　　(c) 防止土的上冒

(d) 减少横向荷载　　(e) 防止流沙

图1.11　井点降水的作用

上述几点中，防止流沙现象是井点降水的主要目的。防治流沙的方法主要有水下挖土法、打板桩法、抢挖法、地下连续墙法、枯水期施工法及井点降水等。

(1) 水下挖土法即不排水施工，使坑内外的水压互相平衡，不致形成动水压力。例如，沉井施工，不排水下沉，进行水中挖土、水下浇筑混凝土，是防治流沙的有效措施。

(2) 打板桩法即将板桩沿基坑周围打入不透水层，便可起到截住水流的作用；或者打入坑底面一定深度，这样将地下水引至桩底以下才流入基坑，不仅增加了渗流长度，而且改变了动水压力方向，从而可达到减小动水压力的目的。

(3) 抢挖法即抛大石块、抢速度施工。例如，在施工过程中发生局部的或轻微的流沙现象，可组织人力分段抢挖，挖至标高后，立即铺设芦苇席并抛大石块，增加土的压重以平衡动水压力，力争在未产生流沙现象之前，将基础分段施工完毕。

(4) 地下连续墙法即沿基坑的周围先浇筑一道钢筋混凝土的地下连续墙，从而起到承重、截水和防流沙的作用，它也是深基础施工的可靠支护结构。

(5) 枯水期施工法即选择枯水期间施工，因为此时地下水位低，坑内外水位差小，动水压力减小，从而可预防和减轻流沙现象。

以上这些方法都有较大的局限性，应用范围狭窄。采用井点降水方法降低地下水位到基坑底以下，使动水压力方向朝下，增大土颗粒间的压力，则不论是细砂还是粉砂都一劳永逸地消除了流沙现象，是避免流沙危害的常用方法。

3．井点降水的种类

井点降水有两类，即轻型井点(包括电渗井点与喷射井点)和管井井点(包括深井泵)。各种井点降水方法一般根据土的渗透系数、降水深度、设备条件及经济性选用，可参照表1.9选择。其中轻型井点应用最为广泛。

表1.9　各种井点的适用范围

井点类型		土层渗透系数/(m/d)	降低水位深度/m
轻型井点	一级轻型井点	0.1～50	3～6
	二级轻型井点	0.1～50	6～12
	喷射井点	0.1～5	8～20
	电渗井点	<0.1	根据选用的井点确定
管井井点	管井井点	20～200	3～5
	深井井点	10～250	>15

4．一般轻型井点

轻型井点设备由管路系统和抽水设备组成(见图1.12)，管路系统包括滤管、井点管、弯联管及总管等。滤管为进水设备，下端为一铸铁塞头，上端与井点管连接。通常采用长为1.0～1.5m、直径为38mm或51mm的无缝钢管，管壁钻有直径为12～18mm的呈梅花形排列的滤孔，滤孔面积为滤管表面积的20%～25%，如图1.13所示。骨架管外面包有两层孔径不同的滤网，内层为30～50孔/cm²的黄铜丝或尼龙丝布的细滤网，外层为3～10孔/cm²的同样材料的粗滤网或棕皮。为使流水畅通，骨架管与滤管之间用塑料管或梯形铅丝隔开，塑料管沿骨架管绕成螺旋形。滤网外面再绕一层粗铁丝保护网。

井点管由直径为38mm或51mm、长为5～7m的整根或分节钢管组成。井点管的上端用弯联管与总管相连。集水总管为直径为100～127mm的无缝钢管，每段长4m，其上装有与井点管连接的短接头，间距为0.8～1.6m。抽水设备常用的有真空泵、射流泵和隔膜泵等。

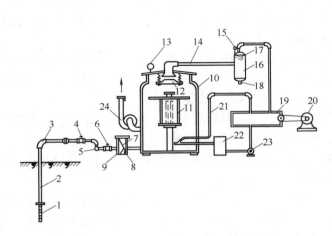 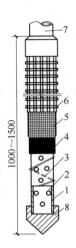

图 1.12　轻型井点设备工作原理　　　　　　　图 1.13　滤管构造

1—滤管；2—井点管；3—弯管；4—阀门；5—集水总管；6—闸门；　　1—钢管；2—管壁上的小孔；
7—滤网；8—过滤箱；9—掏沙孔；10—水气分离器；11—浮筒；　　　3—缠绕的塑料管；4—细滤网；
12—阀门；13—真空计；14—进水管；15—真空计；16—副水气分离器；　5—粗滤网；6—粗铁丝保护网；
17—挡水板；18—放水口；19—真空泵；20—电动机；21—冷却水管；　　7—井点管；8—铸铁头
22—冷却水箱；23—循环水泵；24—离心水泵

一套抽水设备的负荷长度(集水总管长度)为100～120m。常用的有 W5、W6 型干式真空泵，其最大负荷长度分别为100m 和120m。

5.　回灌井点法

轻型井点降水有许多优点，在基础施工中被广泛应用，但其影响范围较大，影响半径可达数百米，且会导致周围土壤固结而引起地面沉陷。特别是在弱透水层和压缩性大的黏土层中降水时，由于地下水流造成的地下水位下降、地基自重应力增加和土层压缩等，会产生较大的地面沉降。又由于土层的不均匀性和降水后地下水位呈漏斗曲线状，四周土层的自重应力变化不一而导致不均匀沉降，使周围建筑基础下沉或房屋开裂。因此，在建筑物附近进行井点降水时，为防止降水影响或损害区域内的建筑物，就必须阻止建筑物下地下水的流失。除可在降水区域和原有建筑物之间的土层中设置一道固体抗渗屏蔽(如水泥搅拌桩、灌注桩加压密注浆桩、旋喷桩、地下连续墙)外，较经济也比较常用的是用回灌井点补充地下水的办法来保持地下水位。回灌井点就是在降水井点与要保护的已有建(构)筑物之间打一排井点，在井点降水的同时，向土层中灌入足够数量的水，形成一道隔水帷幕，使井点降水的影响半径不超过回灌井点的范围，从而阻止回灌井点外侧的建(构)筑物下的地下水流失(见图1.14)。这样，也就不会因降水而使地面沉降，或减少沉降值。

为了防止降水和回灌两井相通，回灌井点与降水井点之间应保持一定的距离，一般不宜小于 6m；否则基坑内水位无法下降，而失去降水的作用。回灌井点的深度一般应控制在长期降水曲线下 1m 为宜，并应设置在渗透性较好的土层中。

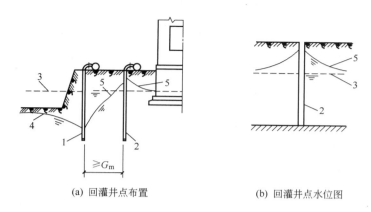

(a) 回灌井点布置　　　　　　(b) 回灌井点水位图

图 1.14　回灌井点布置

1—降水井点；2—回灌井点；3—原水位线；4—基坑内降低后的水位线；5—回灌后水位线

为了观测降水及回灌后四周建筑物情况、管线的沉降情况及地下水位的变化情况，必须设置沉降观测点及水位观测井，并定时测量记录，以便及时调节灌、抽量，使灌、抽基本达到平衡，从而确保周围建筑物或管线等的安全。

6．其他井点简介

1）喷射井点

当基坑开挖较深，采用多级轻型井点不经济时，宜采用喷射井点。其降水深度可达 20m，特别适用于降水深度超过 6m，土层渗透系数为 0.1～2m/d 的弱透水层。

喷射井点根据其工作时使用液体和气体的不同，分为喷水井点和喷气井点两种。其设备主要由喷射井管、高压水泵(或空气压缩机)和管路系统组成(见图 1.38)。喷射井管由内管和外管组成，内管下端装有喷射扬水器与滤管相连。当高压水(0.7～0.8MPa)经内外管之间的环形空间通过扬水器侧孔流向喷嘴喷出时，喷嘴处由于过水断面突然收缩变小，使工作水流具有极高的流速(30～60m/s)，造成喷口附近负压而形成一定真空，地下水经滤管被吸入混合室与高压水汇合；流经扩散管时，由于截面扩大，水流速度相应减小，使水的压力逐渐升高，沿内管上升经排水总管排出。

2）电渗井点

电渗井点适用于土的渗透系数小于 0.1m/d，用于一般井点不能降低地下水位的含水层中，尤其宜用于淤泥排水。

电渗井点的工作原理是在降水井点管的内侧打入金属棒(钢筋或钢管)，并连以导线，当给其通直流电后，土颗粒会发生从井点管(阴极)向金属棒(阳极)移动的电泳现象，而地下水则会出现从金属棒(阳极)向井点管(阴极)流动的电渗现象，从而达到软土地基易于排水的目的。

3）管井井点

管井井点就是沿基坑每隔 20～50m 的距离设置一个管井，每个管井单独用一台水泵(潜水泵、离心泵)不断抽水来降低地下水位。用此法可降低地下水位 5～10m，适用于土的渗透

系数较大($K=20\sim200$m/d)且地下水量大的砂类土层。

如果要求降水深度较大，在管井井点内采用一般离心泵或潜水泵不能满足要求时，可采用特制的深井泵，其降水深度可达50m。

近年来，在上海等地区应用较多的是带真空的深井泵，每一个深井泵由井管和滤管组成，单独配备一台电动机和一台真空泵，启动后达到一定的真空度，则可达到深层降水的目的，在渗透系数较小的淤泥质黏土中也能降水。

1.4 土方工程的机械化施工

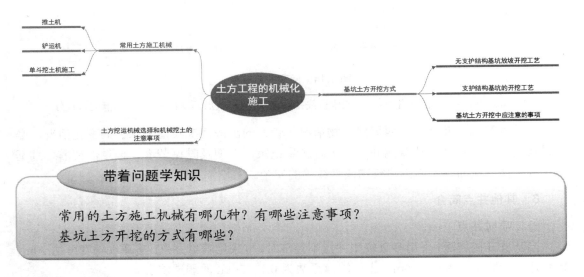

1.4.1 常用土方施工机械

土方工程的施工过程包括土方开挖、运输、填筑与压实等。由于土方工程量大、劳动繁重，施工时应尽可能采用机械化、半机械化施工，以减轻繁重的体力劳动、加快施工进度、降低工程造价。

1. 推土机

推土机是土方工程施工的主要机械之一，它是在履带式拖拉机上安装推土铲刀等工作装置而成的机械。按铲刀操纵机构的不同，推土机分为索式和液压式两种。索式推土机的铲刀借本身自重切入土中，在硬土中切土深度较小；液压式推土机由于用液压操纵，能使铲刀强制切入土中，切入深度较大。同时，液压式推土机铲刀的角度还可以调整，具有更大的灵活性，是目前常用的一种推土机，如图1.15所示。

推土机操纵灵活、运转方便，所需工作面较小、行驶速度快、易于转移是能爬30°左右的缓坡，因此应用范围较广。推土机适用于开挖一～三类土，多用于挖土深度不大的场地；开挖深度不大于1.5m的基坑；回填基坑和沟槽；堆筑高度在1.5m以内的路基、堤坝；平整其他机械卸置的土堆；推送松散的硬土、岩石和冻土，配合铲运机进行助铲；配合挖土机施工，为挖土机清理余土和创造工作面。此外，将推土机的铲刀卸下后，还能牵引其他无动力的土方施工机械，如拖式铲运机、松土机和羊足碾等，进行土方其他过程的施工。

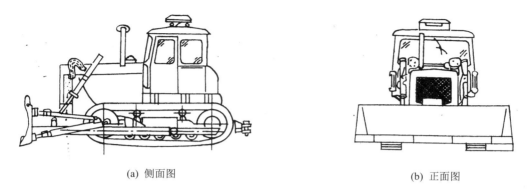

(a) 侧面图　　　　　　　　　　　　　　(b) 正面图

图 1.15　液压式推土机外形

2. 铲运机

铲运机是一种能够独立完成铲土、运土、卸土、填筑和整平的土方机械。按行走机构的不同，铲运机可分为拖式铲运机(见图 1.16)和自行式铲运机(见图 1.17)两种。拖式铲运机由拖拉机牵引；自行式铲运机的行驶和作业都依靠本身的动力设备。

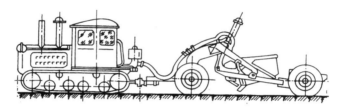

图 1.16　C_6-2.5 型拖式铲运机外形

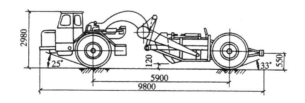

图 1.17　CL.7 型自行式铲运机外形

铲运机对行驶的道路要求较低，操纵灵活、生产率较高，可在一～三类土中直接挖、运土。铲运机常用于坡度在 20°以内的大面积土方的挖、填、平整和压实，大型基坑、沟槽的开挖，路基和堤坝的填筑。不适于砾石层、冻土地带及沼泽地区。开挖坚硬土时要用推土机助铲或与松土机配合。

3. 单斗挖土机

单斗挖土机是基坑(槽)土方开挖常用的一种机械，按其行走装置的不同，可分为履带式和轮胎式两类。根据工作的需要，其工作装置可以更换。依其工作装置的不同，可分为正铲、反铲、拉铲和抓铲四种。

1) 正铲挖土机

正铲挖土机的挖土特点是：前进向上、强制切土。它适用于开挖停机面以上的一~三类土，且需与运土汽车配合完成整个挖运任务。其挖掘力大、生产率高。开挖大型基坑时需设坡道，挖土机在坑内作业，因此适宜在土质较好、无地下水的地区工作；当地下水位较高时，应采取降低地下水位的措施，把基坑土疏干。

(1) 正铲挖土机的作业方式。根据挖土机的开挖路线与汽车相对位置不同，其卸土方式有侧向卸土和后方卸土两种。

① 正向挖土，侧向卸土(见图 1.18(a))。即挖土机沿前进方向挖土，运输车辆停在侧面卸土(可停在停机面上或高于停机面)。此法挖土机卸土时动臂转角小，运输车辆行驶方便，故生产效率高，应用较广。

② 正向挖土，后方卸土(见图 1.18(b))。即挖土机沿前进方向挖土，运输车辆停在挖土机后方装土。此法挖土机卸土时动臂转角大、生产率低，运输车辆要倒车进入，一般在基坑窄而深的情况下采用。

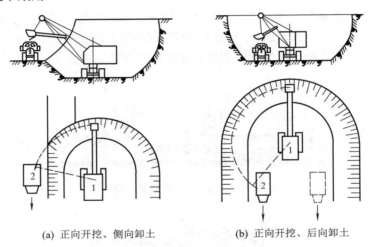

(a) 正向开挖、侧向卸土　　　　(b) 正向开挖、后向卸土

图 1.18　正铲挖土机作业方式

1—正铲挖土机；2—自卸汽车

(2) 正铲挖土机的工作面。挖土机的工作面是指挖土机在一个停机点进行挖土的工作范围。工作面的形状和尺寸取决于挖土机的性能和卸土方式。根据挖土机的作业方式不同，挖土机的工作面分为侧工作面与正工作面两种。

挖土机侧向卸土方式就构造了侧工作面，根据运输车辆与挖土机的停放标高是否相同又分为高卸侧工作面(运输车辆停放处高于挖土机停机面)及平卸侧工作面(运输车辆与挖土机在同一标高)，高卸、平卸侧工作面的形状及尺寸分别如图 1.19(a)和图 1.19(b)所示。

(3) 正铲挖土机的开行通道。在用正铲挖土机开挖大面积基坑时，必须对挖土机作业时的开行路线和工作面进行设计，确定出开行次序和次数，称为开行通道。当基坑开挖深度较小时，可布置一层开行通道(见图 1.20)，开挖基坑时，挖土机开行 3 次。第 1 次开行采用正向挖土，后方卸土的作业方式，为正工作面；挖土机进入基坑要挖坡道，坡道的坡度为 1 : 8 左右。第 2 和第 3 次开行时采用侧方卸土的平侧工作面。

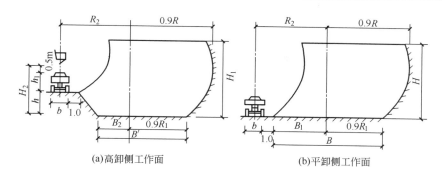

图 1.19　侧工作面尺寸

(a)高卸侧工作面　　　　(b)平卸侧工作面

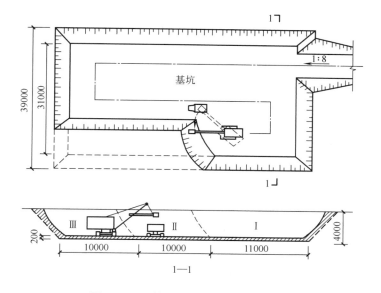

图 1.20　正铲一层通道多次开挖基坑

Ⅰ、Ⅱ、Ⅲ—通道断面及开挖顺序

当基坑宽度稍大于正工作面的宽度时，为了减少挖土机的开行次数，可采用加宽工作面的办法，挖土机按"工"字形路线开行(见图 1.21(a))。

当基坑的深度较大时，则开行通道可布置成多层(见图 1.21(b))，即为 3 层通道的布置。

(a) 一层通道 Z 字形开挖　　　　(b) 三层通道布置

图 1.21　正铲开挖基坑

Ⅰ—第一层挖土断面；Ⅱ—第二层挖土断面；Ⅲ—第三层挖土断面

2)　反铲挖土机

反铲挖土机的挖土特点是：后退向下，强制切土。其挖掘力比正铲小，能开挖停机面以下的一～三类土(机械传动反铲只宜挖一～二类土)。不需设置进出口通道,适用于一次开挖深度在 4m 左右的基坑、基槽、管沟,也可用于地下水位较高的土方开挖;在深基坑开挖中,依靠止水挡土结构或井点降水,反铲挖土机通过下坡道,采用台阶式接力方式挖土也是常用方法。反铲挖土机可以与自卸汽车配合采装运土,也可弃土于坑槽附近。履带式机械传动反铲挖土机的工作尺寸,如图 1.22 所示,履带式液压反铲挖土机的工作尺寸,如图 1.23 所示。

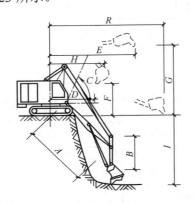

图 1.22　履带式机械传动反铲挖土机工作尺寸　　　图 1.23　液压反铲挖土机工作尺寸

反铲挖土机的作业方式可分为沟端开挖(见图 1.24(a))和沟侧开挖(见图 1.24(b))两种。

沟端开挖时,挖土机停在基坑(槽)的端部,向后倒退挖土,汽车停在基槽两侧装土。其优点是挖土机停放平稳、装土或甩土时回转角度小、挖土效率高、挖的深度和宽度也较大。基坑较宽时,可多次开行开挖(见图 1.25)。

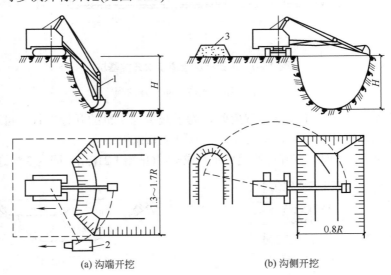

(a) 沟端开挖　　　　　　　　　　(b) 沟侧开挖

图 1.24　反铲挖土机的作业方式

1—反铲挖土机;2—自卸汽车;3—弃土堆

沟侧开挖时,挖土机沿基槽的一侧移动挖土,将土弃于基槽较远处。沟侧开挖时,开挖方向与挖土机移动方向相垂直,所以稳定性较差,而且挖的深度和宽度均较小,一般只在无法采用沟端开挖或挖土不需运走时采用。

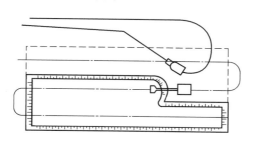

图 1.25　反铲挖土机多次开行挖土

3)　拉铲挖土机

履带式拉铲挖土机(见图 1.26)的土斗用钢丝绳悬挂在挖土机长臂上，挖土时土斗在自重作用下落到地面切入土中。其挖土特点是：后退向下，自重切土；其挖土深度和挖土半径均较大，能开挖停机面以下的一~二类土，但不如反铲动作灵活准确，适用于开挖较深较大的基坑(槽)、沟渠，挖取水中泥土以及填筑路基、修筑堤坝等。

履带式拉铲挖土机的挖斗容量有 $0.35m^3$、$0.5m^3$、$1m^3$、$1.5m^3$、$2m^3$ 等几种。

拉铲挖土机的开挖方式与反铲挖土机的开挖方式相似，可沟侧开挖，也可沟端开挖。

4)　抓铲挖土机

机械传动抓铲挖土机(见图 1.27)是在挖土机臂端用钢丝绳吊装一个抓斗。其挖土特点是直上直下、自重切土。其挖掘力较小，能开挖停机面以下的一~二类土。适用于开挖软土地基基坑，特别是窄而深的基坑、深槽及深井采用抓铲效果更理想。抓铲还可用于疏通旧有渠道以及挖取水中淤泥等，或用于装卸碎石、矿渣等松散材料。抓铲也可采用液压传动操纵抓斗作业，其挖掘力和精度优于机械传动抓铲挖土机。

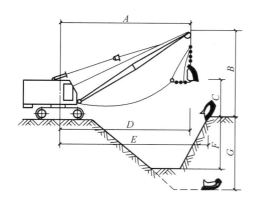

图 1.26　履带式拉铲挖土机

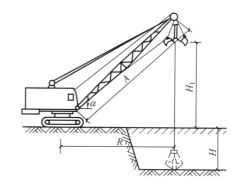

图 1.27　机械传动抓铲挖土机

5)　挖土机和运土车辆配套计算

基坑开挖采用单斗(反铲等)挖土机施工时，需运土车辆与其配合，将挖出的土随时运走。因此，挖土机的生产率不仅取决于挖土机本身的技术性能，而且还应与所选运土车辆的运土能力相协调。为使挖土机充分发挥其生产能力，应配备足够数量的运土车辆，以保证挖土机连续工作。

(1) 挖土机数量的确定。挖土机的数量 N，应根据土方量大小和工期要求来确定，可按式(1.15)计算，即

$$N = \frac{Q}{P} \cdot \frac{1}{T \cdot C \cdot K} \text{（台）} \tag{1.15}$$

式中　Q——土方量，m^3；

P——挖土机生产率，m^3/台班；

T——工期，工作日；

C——每天工作班数；

K——时间利用系数(0.8～0.9)。

单斗挖土机的生产率 P，可查定额手册或按式(1.16)计算，即

$$P = \frac{8 \times 3600}{t} \cdot q \cdot \frac{K_c}{K_s} \cdot K_B \left(m^3 / \text{台班} \right) \tag{1.16}$$

式中　t——挖土机每斗作业循环延续时间，s，如 W100 正铲挖土机为 25～40s；

q——挖土机斗容量，m^3；

K_c——土斗的充盈系数，取 0.8～1.1；

K_s——土的最初可松性系数(查表 1.2)；

K_B——工作时间利用系数，取 0.7～0.9。

在实际施工中，若挖土机的数量已经确定，也可利用公式来计算工期。

(2) 配套运土车辆数量的计算。

运土车辆的数量 N_1，应保证挖土机连续作业，可按式(1.17)计算，即

$$N_1 = \frac{T_1}{t_1} \tag{1.17}$$

式中　T_1——运土车辆每一运土循环延续时间，min。

$$T_1 = t_1 + \frac{2l}{V_c} + t_2 + t_3 \tag{1.18}$$

式中　l——运土距离，m；

V_c——重车与空车的平均速度，m/min，一般取 20～30km/h；

t_2——卸土时间，一般为 1min；

t_3——操纵时间(包括停放待装、等车、让车等)，一般取 2～3min；

t_1——运土车辆每车装车时间，min。

$$t_1 = n \cdot t。$$

式中　n——运土车辆每车装土次数。

$$n = \frac{Q_1}{q \cdot \frac{K_c}{K_s} \cdot r} \tag{1.19}$$

式中　Q_1——运土车辆的载重量，t；

r——实土重度，t/m^3，一般取 1.7t/m^3。

1.4.2　土方挖运机械选择和机械挖土的注意事项

土方挖运机械选择和机械挖土的注意事项如下：

(1) 机械开挖应根据工程地下水位高低、施工机械条件、进度要求等合理选用施工机械，以充分发挥机械效率、节省机械费用、加速工程进度。一般深度在 2m 以内、基坑不太长的土方开挖，宜采用推土机或装载机推土和装车；深度在 2m 以内且长度较大的基坑，可采用铲运机铲运土或加助铲铲土；对于面积大，有地下水或土的湿度大、基坑深度不大于 5m 的基坑，可采用液压反铲挖掘机在停机面一次开挖；深度在 5m 以上，通常采用反铲分层开挖并开坡道运土，如土质好且无地下水也可开沟道，用正铲挖土机分层开挖，多采用 $0.5m^3$ 与 $1.0m^3$ 斗容量的液压正铲挖掘。在地下水中挖土可采用拉铲或抓铲，效率较高。

(2) 使用大型土方机械在坑下作业，如为软土地基或在雨期施工，进入基坑行走需铺垫钢板或铺路基箱垫道。所以，对于大型软土基坑，为减少分层挖运土方的复杂性，还可采用"接力挖土法"，如图 1.28 所示。它是利用 2 台或 3 台挖土机分别在基坑的不同标高处同时挖土，一台在地表，另一台或两台在基坑不同标高的台阶上，边挖土边将土向上传递到上层，最后由地表挖土机装车，用自卸汽车运至弃土地点。如上部可用大型反铲挖土机，中、下层可用反铲液压中、小型挖土机，以便挖土与装车均衡作业，机械开挖不到之处，再配以人工开挖修坡、找平。在基坑纵向两端设有道路出入口，上部汽车开行单向行驶。用本法开挖基坑，可一次挖到设计标高，一般两层挖土可挖到-10m，3 层挖土可挖到-15m 左右。这种挖土方法与常用的开坡道采用运输汽车运土相比，土方运输效率受到影响，但对某些面积不大、深度较大的基坑，本身开坡道有困难时，此法可避免将载重汽车开进基坑，工作条件好、效率也较高，并可降低成本。作业完成后用搭枕木垛的方法，使挖土机开出基坑(见图 1.29)或牵引拉出；如坡度过陡也可用吊车将挖土机吊运出坑。

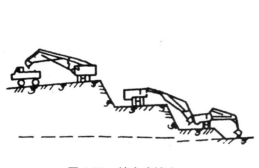

图 1.28　接力式挖土

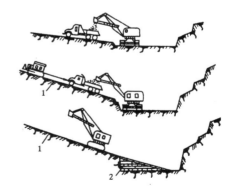

图 1.29　挖土机开出基坑

1—坡道；2—枕木垛

(3) 土方开挖应绘制开挖图，确定开挖路线、顺序、范围、基底标高、边坡坡度、排水沟、集水井位置以及挖出的土方堆放地点。

(4) 由于大面积基础群基坑底标高不一，一般先整片挖至一平均标高，然后再挖个别较深部位。当一次开挖深度超过挖土机最大挖掘高度(5m以上)时，宜分2～3层开挖，并修筑10%～15%坡道，以便挖土及运输车辆进出。

(5) 基坑边角部位，即机械开挖不到之处，应用少量人工配合清坡，将松土清至机械作业半径范围内，再用机械掏取运走。人工清土所占比例一般为1.5%～4%，修坡以厘米作限制误差，大基坑宜另配一台推土机清土、送土、运土。

(6) 挖土机、运土汽车进出基坑的运输道路，应尽量利用基础一侧或两侧与其相邻的以后需开挖的部位，并使它们互相贯通，或利用提前挖除土方后的地下设施部位作为相邻的几个基坑开挖时的地下运输通道，以减少挖土量。

(7) 由于机械挖土对土的扰动较大，且不能准确地将地基抄平，容易出现超挖现象。所以，要求施工中机械挖土只能挖至基底以上20～30cm，其余20～30cm的土方采用人工或其他方法挖除。

(8) 机械挖土施工工艺流程，如图1.30所示。

图1.30　机械挖土施工工艺流程

1.4.3　基坑土方开挖方式

基坑开挖分两种情况：一是无支护结构基坑的放坡开挖；二是支护结构基坑的开挖。

1. 无支护结构基坑放坡开挖工艺

采用放坡开挖时，一般需基坑深度较浅，挖土机可以一次开挖至设计标高，所以在地下水位较高的地区，软土基坑采用反铲挖土机配合运土汽车在地面作业。如果地下水位较低，坑底坚硬，也可以让运土汽车下坑，配合正铲挖土机在坑底作业。当开挖基坑深度超过4m时，若土质较好、地下水位较低、场地允许、有条件放坡时，边坡宜设置阶梯平台，分阶段、分层开挖，每级平台宽度不宜小于1.5m。

在采用放坡开挖时，要求基坑边坡在施工期间保持稳定。基坑边坡坡度应根据土质、基坑深度、开挖方法、留置时间、边坡荷载、排水情况及场地大小确定。放坡开挖应设置有降低坑内水位和防止坑外水倒灌的措施。若土质较差且基坑施工时间较长，边坡坡面可采用钢丝网喷浆进行护坡，以保持基坑边坡稳定。

放坡开挖基坑内作业面大、方便挖土机械作业、施工程序简单、经济效益好。但在城市密集地区施工，往往不允许采用这种开挖方式。

2. 支护结构基坑的开挖工艺

支护结构基坑开挖按其坑壁结构可分为直立壁无支撑开挖、直立壁内支撑开挖和直立壁拉锚(或土钉、土锚杆)开挖，如图1.31所示。支护结构基坑开挖的顺序、方法必须与设计工况相一致，并遵循"开槽支撑、先撑后挖、分层开挖、严禁超挖"和"分层、分段、对称、限时"的原则。

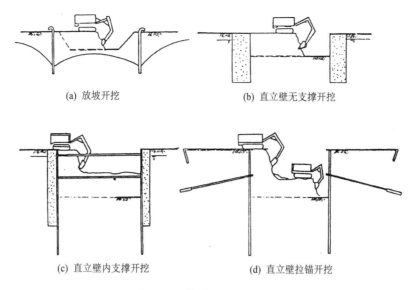

(a) 放坡开挖   (b) 直立壁无支撑开挖

(c) 直立壁内支撑开挖   (d) 直立壁拉锚开挖

图 1.31 基坑土方开挖方式

1) 直立壁无支撑开挖工艺

这是一种重力式坝体结构，一般采用水泥土搅拌桩作坝体材料，也可采用粉喷桩等复合桩体作坝体。重力式坝体既挡土又止水，很容易给坑内创造宽敞的施工空间以及可降水的施工环境。

采用直立壁无支撑开挖工艺的基坑深度一般在 5～6m，故可采用反铲挖土机配合运土汽车在地面作业，由于采用止水重力坝的基坑地下水位一般都比较高，因此很少使用正铲下坑挖土作业。

2) 直立壁内支撑开挖工艺

在基坑深度大、地下水位高、周围地质和环境又不允许做拉锚和土钉、土锚杆的情况下，一般采用直立壁内支撑开挖方式。基坑采用内支撑，能有效控制侧壁的位移，具有较高的安全度，但减小了施工机械的作业面，影响挖土机械和运土汽车的效率，增加了施工难度。

采用直立壁内支撑开挖工艺的基坑，基深度一般较大，超过挖土机的挖掘深度时，需分层开挖。在施工过程中，土方开挖和内支撑施工需交叉进行，即随着土方的分层、分区开挖，形成支撑施工工作面，然后施工内支撑，待内支撑达到一定强度以后进行下一层(区)土方的开挖，形成下一道内支撑施工工作面，重复施工，从而逐步形成支护结构体系。所以，基坑土方开挖必须和支撑施工密切配合，根据支护结构设计的工况，先确定土方分层、分区开挖的范围，然后分层、分区开挖基坑土方。在确定基坑土方分层、分区开挖范围时，还应考虑土体的时空效应、支撑施工的时间以及机械作业面的要求等。

当有较密内支撑或为了严格限制支护结构的位移时，常采用盆式开挖顺序，即在尽量多挖去基坑下层中心区域的土方后，架设十字对撑式钢管支撑并施加预紧力，或在挖去本层中心区域土方后，浇筑钢筋混凝土支撑，并逐个区域挖去周边土方，逐步形成对围护壁的支撑。这时使用的机械一般为反铲和抓铲挖土机。必要时，还可对挡墙内侧四周的土体进行加固，以提高内侧土体的被动土压力，满足控制挡墙变形的要求。

3) 直立壁拉锚（或土钉、土锚杆)开挖

当周围的环境和地质可以允许进行拉锚或采用土钉和土锚杆时，应选用此方式开挖基坑，因为直壁拉锚开挖使坑内的施工空间宽敞，挖土机械效率较高。在土方施工中，需进行分层、分区段开挖，穿插进行土钉(或土锚杆)施工。土方分层、分区段开挖的范围应和土钉(或土锚杆)的设置位置一致，以满足土钉(土锚杆)施工机械的要求，同时也要满足土体稳定性的要求。

3. 基坑土方开挖中应注意的事项

(1) 支护结构与挖土应紧密配合，遵循先撑后挖、分层分段、对称、限时的原则。

(2) 要重视打桩效应，防止桩位移和倾斜。

(3) 注意减少坑边地面荷载，防止开挖完的基坑暴露时间过长。

(4) 当挖土至坑槽底 50cm 左右时，应及时抄平。

(5) 在基坑开挖和回填过程中应保持井点降水工作的正常进行。

(6) 开挖前要编制详细的安全技术措施的基坑开挖施工方案，以确保施工安全。

基坑土方开挖中
应注意的事项

1.5　土方填筑与压实

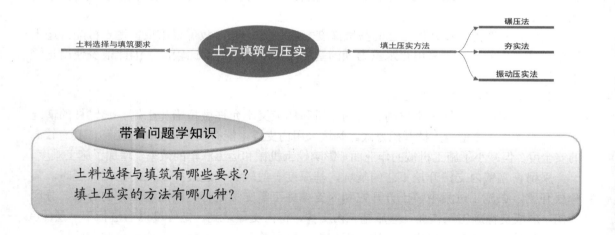

1.5.1　土料选择与填筑要求

为了保证填土工程的质量，必须正确选择土料和填筑方法。填方土料应按设计要求验收后方可填入，如设计无要求，一般按下述原则进行：

(1) 碎石类土、砂土(使用细、粉砂时应取得设计单位同意)和爆破石渣可用作表层以下的填料；含水量符合压实要求的黏性土，可用作各层填料；碎块草皮和有机质含量大于 8% 的土，仅用于无压实要求的填方。含有大量有机物的土，容易降解变形而降低承载能力；含水溶性硫酸盐大于 5% 的土，在地下水的作用下，硫酸盐会逐渐溶解消失，形成孔洞影响其密实性；因此前述两种土以及淤泥和淤泥质土、冻土、膨胀土等均不应作为填土。

(2)　填土应分层进行，并尽量采用同类土填筑。如采用不同土填筑时，应将透水性较大的土层置于透水性较小的土层之下，不能将各种土混杂在一起使用，以免填方内形成水囊。

(3)　碎石类土或爆破石碴作填料时，其最大粒径不得超过每层铺土厚度的 2/3，使用振动碾时，不得超过每层铺土厚度的 3/4。铺填时，大块料不应集中，且不得填在分段接头或填方与山坡连接处。

(4)　当填方位于倾斜的山坡上时，应将斜坡挖成阶梯状，以防填土横向移动。

(5)　回填基坑和管沟时，应从四周或两侧均匀地分层进行，以防基坑和管道在土压力作用下产生偏移或变形。

(6)　回填之前，应清除填方区的积水和杂物，如遇软土、淤泥，必须进行换土回填。在回填时，应防止地面水流入，并预留一定的下沉高度(一般不得超过填方高度的 3%)。

1.5.2　填土压实方法

填土的压实方法一般有：碾压、夯实、振动压实以及利用运土工具压实。对于大面积填土工程，多采用碾压和利用运土工具压实；对较小面积的填土工程，宜用夯实机具进行压实。

1. 碾压法

碾压法是利用机械滚轮的压力压实土壤，使之达到所需的密实度。碾压机械有平碾、羊足碾和气胎碾。

(1)　平碾又称光轮压路机(见图 1.32)，是一种以内燃机为动力的自行式压路机，按重量等级可分为轻型(30～50kN)、中型(60～90kN)和重型(100～140kN)三种，适于压实砂类土和黏性土，适用土类范围较广。轻型平碾压实土层的厚度不大，但土层上部变得较密实，当用轻型平碾初碾后，再用重型平碾碾压松土，就会取得较好的效果，如直接用重型平碾碾压松土，则由于强烈的起伏现象，其碾压效果较差。

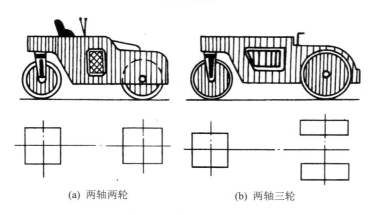

(a) 两轴两轮　　　　　　　　　　(b) 两轴三轮

图 1.32　光轮压路机

(2)　羊足碾如图 1.33 和图 1.34 所示，一般无动力，靠拖拉机牵引，有单筒、双筒两种。根据碾压要求，可分为空筒及装砂、注水等 3 种。羊足碾虽然与土接触面积小，但对单位面积的压力比较大，土的压实效果好，羊足碾只能用来压实黏性土。

(3) 气胎碾又称轮胎压路机(见图1.35)，它的前后轮分别密排着4个、5个轮胎，既是行驶轮，也是碾压轮。由于轮胎弹性大，在压实过程中，土与轮胎都会发生变形，而随着碾压几遍后，铺土的密实度提高，沉陷量逐渐减少，因而轮胎与土的接触面积逐渐缩小，但接触应力则逐渐增大，最后使土料得到压实。由于气胎碾工作时是弹性体，其压力均匀，填土质量较好。

碾压法主要用于大面积的填土，如场地平整、路基与堤坝等工程。

用碾压法压实填土时，铺土应均匀一致，碾压遍数要一样，碾压方向应从填土区的两边逐渐压向中心，每次碾压应有15～20cm的重叠；碾压机械行驶速度不宜过快，一般平碾不应超过2km/h，羊足碾控制在3km/h之内；否则会影响压实效果。

2. 夯实法

夯实法是利用夯锤自由下落的冲击力来夯实土壤，主要用于小面积的回填土或作业面受限制的环境，夯实法分人工夯实和机械夯实两种。人工夯实所用的工具有木夯和石夯等；常用的夯实机械有夯锤、内燃夯土机、蛙式打夯机和利用挖土机或起重机装上夯板后的夯土机等，其中蛙式打夯机(见图1.36)轻巧灵活、构造简单，在小型土方工程中应用最广泛。

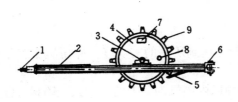

图1.33　单筒羊足碾构造示意

图1.34　羊足碾

1—前拉头；2—机架；3—轴承座；4—碾筒；5—铲刀；
6—后拉头；7—装砂口；8—水口；9—羊足头

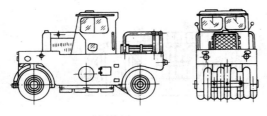

图1.35　轮胎压路机

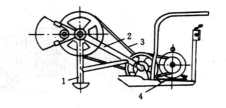

图1.36　蛙式打夯机

1—夯头；2—夯架；3—三角胶带；4—底盘

3. 振动压实法

振动压实法是将振动压实机放在土层表面，借助振动机构使压实机振动土颗粒，使土颗粒发生相对位移而达到紧密状态。用这种方法压实非黏性土效果较好。

近年来，又将碾压和振动法结合起来而设计和制造了振动平碾、振动凸块碾等新型压实机械。振动平碾适用于填料为爆破碎石碴、碎石类土、杂填土或轻亚黏土的大型填方；振动凸块碾则适用于亚黏土或黏土的大型填方。当压实爆破石碴或碎石类土时，可选用重

8～15t 的振动平碾，铺土厚度为 0.6～1.5m，先静压，后振动碾压，碾压遍数由现场试验确定，一般为 6～8 遍。

1.6 土方工程质量标准与安全技术要求

土方开挖、回填质量标准 —— 土方工程质量标准与安全技术要求 —— 安全技术

带着问题学知识

土方开挖、回填质量标准有哪些？
安全技术分为哪几类？

1.6.1 土方开挖、回填质量标准

(1) 平整场地的表面坡度应符合设计要求，如设计无要求时，排水沟方向的坡度不应小于 2‰。平整后的场地表面应逐点检查，检查点为每 $100～400m^2$ 取 1 点，但不应少于 10 点。长度、宽度和边坡均为每 20m 取 1 点，每边不应少于 1 点。

(2) 施工过程中应检查平面位置、水平标高、边坡坡度、压实度、排水以及降低地下水位系统，并随时观测周围的环境变化。

(3) 土方开挖工程的质量检验标准应符合表 1.10 的规定(《建筑地基基础工程施工质量验收标准》(GB 50202—2018)第 6.2.4 条)。

(4) 柱基、基坑、基槽和管沟基底的土质，必须符合设计要求，并严禁扰动。

(5) 填方基底的处理，必须符合设计要求或《建筑地基基础工程施工质量验收标准》规定。

(6) 柱基、坑基、基槽及管沟回填的土料应按设计要求验收后方可填入。

(7) 填方施工结束后，应检查标高、边坡坡度及压实程度等，检验标准应符合表 1.11 的规定《建筑地基基础工程施工质量验收标准》(GB 50202—2018)第 6.3.4 条。

表 1.10 填土工程质量检验标准(1)　　　　　　　　　　　　　单位：mm

项	序	检查项目	允许偏差或允许值					检验方法
			柱基基坑基槽	挖方场地平整		管沟	地(路)面基层	
				人工	机械			
主控项目	1	标高	−50	±30	±50	−50	−50	水准仪
	2	长度、宽度(由设计中心线向两边量)	+200 −50	+300 −100	+500 −150	+100	—	经纬仪，用钢尺量
	3	边坡	设计要求					观察或用坡度尺检查
一般项目	1	表面平整度	20	20	50	20	20	用 2m 靠尺和楔形塞尺检查
	2	基底土性	设计要求					观察或土样分析

注：地(路)面基层的偏差只适用于直接在挖、填方上做地(路)面的基层。

表 1.11　填土工程质量检验标准(2)　　　　　　　　　单位：mm

项	序	检查项目	允许偏差或允许值					检查方法
			桩基基坑基槽	场地平整		管沟	地(路)面基础层	
				人工	机械			
主控项目	1	标高	-50	±30	±50	-50	-50	水准仪
	2	分层压实系数	设计要求					按规定方法
一般项目	1	回填土料	设计要求					取样检查或直观鉴别
	2	分层厚度及含水量	设计要求					水准仪及抽样检查
	3	表面平整度	20	20	30	20	20	用靠尺或水准仪

(8)　密实度检验中的分层压实系数。填方压实后，应具有一定的密实度，密实度应按设计要求规定控制干密度 ρ_{cd} 作为检查标准。土的控制干密度与最大干密度之比称为压实系数 D_y。对于一般场地平整，其压实系数为 0.9 左右；地基填土(在地基主要受力层范围内)，其压实系数为 0.93~0.97。

填方压实后的干密度应有 90%以上符合设计要求，其余 10%的最低值与设计值的差不得大于 0.08 g/cm³，且应分散，不宜集中。

检查土的实际干密度一般采用环刀取样法，或用小轻便触探仪直接通过锤击数来检验，其取样组数为：基坑回填每 30~50m³ 取样一组(每个基坑不少于一组)，基槽或管沟回填每层按长度 20~50m 取样一组，室内填土每层按 100~500m² 取样一组；场地平整填方每层按400~900m² 取样一组。取样部位应在每层压实后的下半部，试样取出后，先称出土的湿密度并测定含水量，然后用式(1.20)计算土的实际干密度 ρ_d，即

$$\rho_d = \frac{\rho}{1+\omega} \tag{1.20}$$

式中　ρ——土的湿密度，g/cm³；

　　　　ω——土的湿含水量。

如用式(1.20)算得的土的实际干密度 $\rho_d \geq \rho_{cd}$，则压实合格；若 $\rho_d < \rho_{cd}$，则压实不够，应采取相应措施，提高压实质量。

1.6.2　安全技术

具体内容详见右侧二维码。

安全技术

1.7　工程实践案例

杭州天工艺苑工程地下室围护综合施工实录

1. 工程概况

天工艺苑工程位于杭州主要街道解放街南侧、金鸡岭巷口以西，是一幢集购物、娱乐、

停车于一体的综合性大型商场建筑。商场地下一层为梁式满堂基础，地上 5～7 层无梁板结构，总面积 22 500 m²，其中地下室面积 3226 m²；工程桩为长 6～6.5m、ϕ377 夯扩桩，地下室底板长 66m、宽 56.5m、板厚 0.8m、挖深 5.3m。该工程由杭州市工业设计院设计，杭州市建筑工程公司施工。

本工程地处杭州闹市区，人流繁杂，四周情况各异。工程北面为解放街，距人行道侧石 16m，其间埋设有电缆、电信、污水管道；距西侧 9.5m 处为无桩基的 4 层框混结构的杭州市少儿图书馆和浅桩基的 7 层砖混结构住宅楼；南面紧靠地坑边 2.7m，是 2 层框混结构建筑；东邻人车穿梭的金鸡岭巷，距地坑边 3m 处有大口径自来水管和电缆管，在金鸡岭巷口与解放街交界处埋设有杭城污水总干管，如图 1.37 所示。

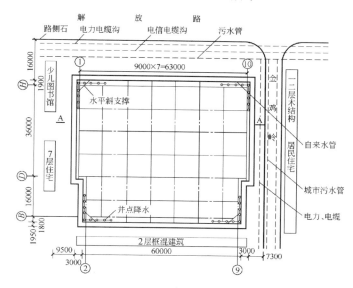

图 1.37　地下室围护结构平面图

根据地质勘测报告资料，此处常年地下水位在自然地坪下 1.2m，土的主要物理力学指标如表 1.12 所示。

表 1.12　土的主要物理力学指标

土层名称	重度/(kN/m³)	快剪内摩擦角 φ /°	快剪内聚力/kPa	层厚/m
杂填土	18.31	8	4	1.2～4.9
砂质粉土(a)	19.6	23.6	18.2	7.6～11.20
砂质粉土(b)	19.7	27.25	14	3.4～6.5

注：其中砂质粉土(a)东厚西薄，砂质粉土(b)西厚东薄，渗透系数为 4.6×10⁻⁴。

2．基坑围护体系

根据地质资料及周围环境，本着安全经济、施工可行以及速度快的原则，基坑围护结构选择深层水泥搅拌桩作为重力式挡土墙体，设计为 ϕ600mm 搅拌桩 4 排，横向搭接 150mm，纵向搭接 100mm(搅拌桩的连接如图 1.38 所示)。桩长为 10.6m，内、外两侧桩配

$3\times\phi12mm$，$L=7.5m$(上部 0.5m 作锚筋)的插筋，中间桩配 $3\times\phi12mm$、$L=2m$ 的插筋。搅拌桩水泥掺量为 15%，掺石膏及早强剂木质素磺酸钙等。它既作挡土结构又作止水帷幕，可确保邻近道路、建筑物、电信、电缆、上下水管道的安全。

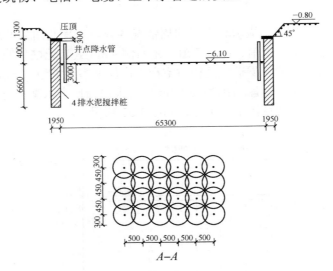

图 1.38　搅拌桩连接方法

3．基坑围护工程和挖土工程施工

1)　搅拌桩施工

(1)　深层搅拌桩施工的关键是必须保证桩基施工的连续性、桩的垂直度，并使相邻两桩相互搭接 100mm，达到止水效果。

根据场内实际情况，确定施工顺序如下：场地驳土 1.3m→定位→打钢钎探桩→挖除大石块(老基础)→搅拌桩→搅拌桩中插 $\phi12mm$ 钢筋→浇捣盖梁。

(2)　清除搅拌桩施打位置上的大石块及原老建筑的基础是实施搅拌桩的关键，也是保证桩身质量的关键。在实施过程中，清除了 2m 内的障碍物后开始施打就比较顺利，但也有原建筑的老桩基无法清除的。当碰到原建筑的沉管桩，无法将其挖除时，应采用绕开桩身，加密四周搅拌桩搭接的办法，以达到止水目的，这种方法效果较好。

(3)　深层搅拌桩的工艺流程：搅拌机到位→预搅下沉(同时制备灰浆)→喷浆提升搅拌→复搅下沉→复搅提升→试块制作→移位。

(4)　技术要求。深层搅拌桩采用一次喷浆、二次搅拌工艺，必须做到注浆搅拌均匀。搅拌桩水泥掺量为 15%，要控制好提升速度与注浆速度之间的关系，并严格控制水灰比(0.45)。由于该搅拌桩既是止水帷幕又是挡土墙体，因此必须搭接可靠，搭接时间一般不超过 12h，如超过 12h，应在搭接处加桩或增加注浆量。施工中不可出现断浆，如因设备故障出现断浆，则应重新注浆。

2)　搅拌桩压顶板及挖土施工

(1)　根据设计在完成搅拌桩施工以后浇捣混凝土压顶板，板厚 300mm，C20 混凝土内配 $\phi12@200$ 构造筋。

(2)　地下室应分两次挖土，以此使土体应力逐步释放，保护围护桩安全，减少位移量。

第一次挖土深度为 2m，采用 1.2m³ 反铲式挖土机与载重 5t 的自卸汽车配合直接由坡道进入坑内挖土，经计算 5 辆自卸汽车能保证挖土机连续作业。

(3) 在基坑四周沿搅拌桩边设 4 组 5m 深的轻型井点管，专人值班，日夜抽水。

(4) 第二次挖土也用反铲挖土机配合自卸汽车从东挖到西，挖一块，清一块。此时应注意在围护桩边预留三角土，最后用人工挖除三角土，然后迅速将块石垫层做好，避免挖出的基底暴露时间过长。

(5) 当块石垫层完成后，立即浇捣 100mm 厚的 C10 混凝土垫层。

3) 支护监测

为了确保在基坑开挖过程中围护结构的安全，在基坑开挖期间进行了工程环境监测，以实现信息管理，指导施工。

首先在基坑围护结构顶梁上每面设 4 个控制点，标上红漆三角，共计 16 个，定期进行监测。监测内容主要是水平位移和沉降，监测时间安排第一次为土方开挖前；第二次为上皮挖土时；第三次为挖土快接近基底时，此时是监测的重点，要密切注意墙体的动向，监测工需要跟班作业，观察次数根据需要增加；最后一次为地下室完成时。其次，在基坑四周建筑上设沉降观测点，做好动态监测，并且在原有建筑裂缝处做好石膏饼标记，进行观察记录。

通过实践证明，本工程采用水泥搅拌桩围护技术，墙体相对位移较少，经实测最大的位移量为 20mm，沉降几乎为 0，四周的建筑包括地下的上下水管、电缆均未发生异常变化。

本基坑根据地质条件和地下水的实际情况，布置了 4 套轻型井点降水装置，滤管插入深度为基坑下 3m，实际降水效果正好在基坑底以下 200mm，未出现管涌现象。为了确保工程顺利进行，准备了一台柴油发电机，准备在停电时应急使用。

1.8　实 训 练 习

一、单选题

1. 作为检验填土压实质量控制指标的是(　　)。
   A. 土的干密度　　B. 土的压缩比　　C. 土的压实度　　D. 土的可松性

2. 某土方工程挖方量为 1000m³，已知该土的 K_s=1.25，K'_s=1.05，实际需运走的土方量是(　　)。
   A. 800m³　　　　B. 962m³　　　　C. 1250m³　　　　D. 1050m³

3. 场地平整前的首要工作是(　　)。
   A. 计算挖方量和填方量　　　　B. 确定场地的设计标高
   C. 选择土方机械　　　　　　　D. 拟订调配方案

4. 当降水深度超过(　　)时，宜采用喷射井点。
   A. 6m　　　　　B. 7m　　　　　C. 8m　　　　　D. 9m

5. 反铲挖土机的挖土特点是(　　)。
   A. 后退向下，强制切土　　　　B. 前进向上，强制切土
   C. 后退向下，自重切土　　　　D. 直上直下，自重切土

6. 某场地平整工程，运距为 100m～400m，土质为松软土和普通土，地形起伏坡度为

15° 内，适宜使用的机械为(　　)。

    A. 正铲挖土机配合自卸汽车　　　　B. 铲运机

    C. 推土机　　　　　　　　　　　　D. 装载机

7. 适用于河道清淤工程的机械是(　　)。

    A. 正铲挖土机　　　B. 反铲挖土机　　　C. 拉铲挖土机　　　　D. 抓铲挖土机

二、多选题

1. 土由(　　)三部分组成。

    A. 矿物颗粒　　　　　　　B. 粉砂　　　　　　　　C. 孔隙中的水

    D. 孔隙中的气体　　　　　E. 砂粒

2. 影响土方边坡坡度大小的因素有(　　)。

    A. 土质　　　　　　　　　B. 开挖方法　　　　　　C. 土的运输方法

    D. 边坡深度　　　　　　　E. 含水率

3. 人工降低地下水位的方法有(　　)。

    A. 集水井排法　　　　　　B. 轻型井点降水　　　　C. 电渗井点降水

    D. 管井井点降水　　　　　E. 排水沟排水

4. 正铲挖土机的挖土方式有(　　)。

    A. 正向挖土侧向卸土　　　B. 沟端开挖　　　　　　C. 正向挖土后方卸土

    D. 沟侧开挖　　　　　　　E. 直铲开挖

5. 填土压实质量的影响因素主要有(　　)。

    A. 压实功　　　　　　　　B. 土的天然含水量　　　C. 土的可松性

    D. 每层铺土厚度　　　　　E. 压实机械的选择

三、简答题

1. 土按开挖的难易程度分为几类？各类土的特征是什么？

2. 试述土的可松性及其对土方施工的影响。

3. 试述用方格网法计算土方量的步骤和方法。

4. 土方调配应遵循哪些原则？调配区如何划分？

5. 试分析土壁塌方的原因和预防塌方的措施。

6. 试述一般基槽、一般浅基坑和深基坑的支护方法和适用范围。

7. 试述常用中浅基坑支护方法的构造原理、适用范围和施工工艺。

8. 试述流沙形成的原因以及因地制宜防治流沙的方法。

9. 试述人工降低地下水位的方法及适用范围，轻型井点系统的布置方案和设计步骤。

10. 试述推土机、铲运机的工作特点、适用范围及提高生产率的措施。

11. 试述单斗挖土机有哪几种类型，各有什么特点。

12. 试述正铲、反铲挖土机开挖方式有哪几种？挖土机和运土车辆配套如何计算？

13. 土方挖运机械如何选择？土方开挖注意事项有哪些？

14. 如何因地制宜选择基坑支护土方开挖方式？

15. 根据基坑安全等级要监测哪些项目？其中哪些是应测项目？哪些是宜测和可测项目？

16. 试述填土压实的方法和适用范围。

17. 影响填土压实的主要因素有哪些？怎样检查填土压实的质量？

18. 某基坑底长 82m，宽 64m，深 8m，四边放坡，边坡坡度 1 : 0.5。

(1) 画出平、剖面图，试计算土方开挖工程量。

(2) 若混凝土基础和地下室占有体积为 24 600m³，则应预留多少回填土(以自然状态的土体积计)？

(3) 若多余土方外运，问外运土方(以自然状态的土体积计)为多少？

(4) 如果用斗容量为 3m³ 的汽车外运，需运多少车？（已知土的最初可松性系数 K_s =1.14，最后可松性系数 K_s' =1.05 ）

19. (1) 按场地设计标高确定的一般方法(不考虑土的可松性)计算图 1.39 所示场地方格中各角点的施工高度并标出零线(零点位置需精确算出)，角点编号与天然地面标高如图 1.39 所示，方格边长为 20m，i_x =2‰，i_y =3‰。

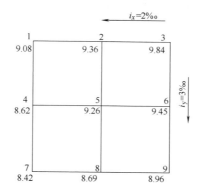

图 1.39　场地方格

(2) 分别计算挖填方区的挖填方量。

(3) 以零线划分的挖填方区为单位计算它们之间的平均运距（提示：利用公式

$$X_O = \frac{\sum (x_i V_i)}{\sum V_i}, \quad Y_O = \frac{\sum (y_i V_i)}{\sum V_i}）。$$

20. 已知某场地的挖方调配区 W_1、W_2、W_3，填方调配区 T_1、T_2、T_3，其土方量和各调配区的运距见表 1.13。

表 1.13　某场地土方量和各调配区运距

挖方区＼填方区	T_1		T_2		T_3		挖方量/m³
W_1		50		80		40	350
W_2		100		70		60	550
W_3		90		40		80	700
填方量/m³	250		800		550		1600

(1) 用"表上作业法"求土方的初始调配方案和总土方运输量。

(2) 用"表上作业法"求土方的最优调配方案和总土方运输量，并与初始方案进行比较。

21. 某基坑底面积为 22m×34m，基坑深 4.8m，地下水位在地面下 1.2m，天然地面 1.0m 以下为杂填土，不透水层在地面下 11m 处，中间均为细砂土，地下水为无压水，渗透系数 K=15m/d，四边放坡，基坑边坡坡度为 1:0.5。现有井点管长 6m，直径为 38mm，滤管长 1.2m，准备采用环形轻型井点法降低地下水位，试进行井点系统的布置和设计，包含以下几项：

(1) 轻型井点的高程布置(计算并画出高程布置图);

(2) 轻型井点的平面布置(计算涌水量、井点管数量和间距并画出平面布置图)。

JS01 课后答案

实训工作单

班级		姓名		日期		
教学项目			土方工程			
任务	掌握土方量计算的方法、场地设计标高确定的方法和用表上作业法进行土方调配；了解土方工程的施工准备、土方边坡与土壁支护；掌握基坑土方开挖的一般原则、方法和注意事项等		方式		查找书籍，资料，编制施工组织总设计	
相关知识	土方与土方调配量计算； 土方工程施工要点； 土方工程的机械化施工； 土方填筑与压实； 土方工程质量标准与安全技术要求					
其他要求						
学习总结编制记录						
评语				指导教师		

第 2 章　地基与基础

JS02 拓展资源

JS02 图片库

学习目标

(1) 熟悉地基处理及加固
(2) 熟悉 CFG 桩复合地基施工
(3) 熟悉桩基工程
(4) 熟悉桩承台筏式基础施工

教学要求

章节知识	掌握程度	相关知识点
地基处理及加固	熟悉并掌握换填法及强夯施工	换填法的材料要求和施工技术要点、强夯施工的施工机具和施工要点
CFG 桩复合地基施工	熟悉 CFG 桩的构造要求、CFG 桩复合地基施工工艺	CFG 桩复合地基施工工艺、施工准备、施工工艺流程、操作要求
桩基工程	熟悉钢筋混凝土预制桩施工、静力压桩、钢筋混凝土灌注桩施工	钢筋混凝土预制桩施工、静力压桩以及钢筋混凝土灌注桩施工工艺
桩承台筏式基础施工	熟悉桩承台筏式基础	筏式基础类型

思政目标

　　地基与基础作为建筑的一部分，关系到建筑的安危，因此必须准确掌握地基与基础的技术性指标。施工人员是影响建筑稳定性的最大变数，因此施工现场人员应当按照技术规程进行施工，严格进行每一项工艺流程。对于未参加实际工程工作的学生来说，应当打好、打牢固按技术标准施工、不偷工减料等心理的基础。

案例导入

　　地基是基础下面的土体，但是大自然的土体种类繁多、性质不同，并不是所有土体都是建筑良好的地基，因此需要对地基进行处理。根据地基的情况和建筑对基地承载力的要求，需对地基进行不同程度的处理。地基处理方式会根据土体的类型和深度进行分类。

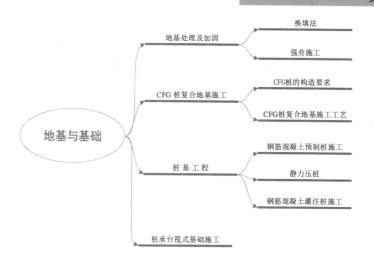

2.1　地基处理及加固

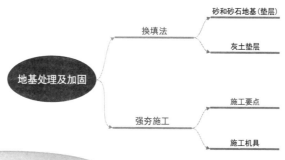

带着问题学知识

地基加固处理的原理是什么？

砂和砂石地基(垫层) 适用于哪些类型土地基？

强夯施工的主要机具和设备有哪些？

　　地基与基础是两个概念。建筑物基础下面的土体就是地基。基础是建筑物的一部分，地基不是，但是它和建筑物的关系非常密切。一方面，如果天然地基无法支撑上部建筑物和基础，那么就要进行地基处理，这部分造价将会占建筑物造价的很大部分；另一方面，如果地基处理不好，则会直接影响建筑物的安危。

　　地基加固处理的原理：将土质由松变实，将土的含水量由高变低。常用的人工地基加固方法有换填法、重锤夯实法、机械碾压法、挤密桩法、深层搅拌法以及化学加固法等。

换填法

2.1.1　换填法

　　当浅层地基土比较软或者不均匀而无法满足建筑物和基础要求的强度和变形时，通常

用换填法对地基进行处理。

(1) 换填垫层根据换填材料不同,可分为土、石垫层和土工合成材料加筋垫层。

(2) 换填垫层的厚度应根据置换软弱土的深度以及下卧土层的承载力确定,厚度不宜小于 0.5m,也不宜大于 3m。

(3) 应根据建筑体型、结构特点、荷载性质、场地土质条件、施工机械设备及填料性质和来源等进行综合分析,从而进行换填垫层的设计和选择施工方法。

1. 砂和砂石地基(垫层)

砂和砂石地基(垫层) 适用于 3.0m 以内的软弱、透水性强的黏性土地基,不适用于加固湿陷性黄土和不透水的黏性土地基。砂和砂石地地基(垫层)经分层夯实,可作为基础的持力层,加速软土层的排水固结作用,增强地基强度、降低压应力,从而减少沉降量。

砂石垫层施工工艺简单,人和机器都能操作。此外,工期短、造价低,因此,应用广泛。

1) 材料要求

砂石垫层材料宜采用级配良好、质地坚硬的中砂、粗砂、石屑和碎石、卵石等,含泥量不应超过 5%,且不应含植物残体、垃圾等杂质。若用作排水固结地基时,含泥量不应超过 3%;在缺少中、粗砂的地区,若用细砂或石屑,因其不容易压实,而强度也不高,因此在用作换填材料时,应掺入粒径不超过 50mm、不少于总重 30%的碎石或卵石并拌合均匀。若回填在碾压、夯、振地基上时,其最大粒径不超过 80mm。

2) 施工技术要点

(1) 铺设垫层前应验槽,将基底表面清理干净,以及填实发现的孔洞、沟和墓穴等。此外,两侧应设一定坡度,防止振捣时塌方。

(2) 垫层底面标高不同时,土面应挖成阶梯或斜坡,并按先深后浅的顺序施工,搭接处应夯压密实。分层铺实时,接头应做成斜坡或阶梯搭接,每层错开 0.5~1.0m,并注意充分捣实。

施工技术要点

(3) 人工级配的砂石材料,施工前应充分拌匀,再铺夯压实。

(4) 砂石垫层压实机械首先应选用振动碾和振动压实机,其压实效果、分层填铺厚度、压实次数、最优含水量等应根据具体的施工方法及施工机械现场确定。如无试验资料,砂石垫层的每层填铺厚度及最优含水量可参考表 2.1。分层厚度可用样桩控制。施工时,下层的密实度应经检验合格后,方可进行上层施工。一般情况下,垫层的厚度可取 200~300mm。

(5) 砂石垫层材料的最优含水量可根据施工方法的不同以及工地试验确定。对于使用矿渣时应充分洒水,待湿透后进行夯实。

(6) 当地下水位高出基础底面时,应采取排、降水措施。

(7) 当采用水撼法或插振法施工时,应在基槽两侧设置样桩,控制铺砂厚度,每层为 250mm。铺砂后,灌水与砂面齐平,将振动棒插入振捣,依次振实,以不再冒气泡为准,直至完成。垫层接头处应重复振捣,插入式振动棒振完所留孔洞之后应用砂填实。在振动首层垫层时,不得将振动棒插入原土层或基槽边部,以避免使软土混入砂垫层而降低砂垫层的强度。

(8) 垫层铺设完毕,应及时回填,并及时进行基础施工。

(9) 冬期施工时,砂石材料中不得夹有冰块,并且需要采取措施防止砂石内水分冻结。

表 2.1　砂和砂石垫层每层铺筑厚度及最优含水量

振捣方式	每层铺筑厚度/mm	施工时最优含水量/%	施工说明	备　注
平振法	200～250	15～20	用平板式振捣器往复振捣	不宜用于细砂或含泥量较大的砂所铺筑的砂垫层
插振法	振捣器插入深度	饱和	插入式振捣器； 插入间距可根据机械振幅大小决定； 不应插入下卧黏性土层； 插入式振捣器插入完毕后所留的孔洞，应用砂填实	
水撼法	250	饱和	注水高度应超过每次铺筑面； 钢叉摇撼捣实，插入点间距为100mm；钢叉分四齿，齿的间距为800mm，长 300mm，木柄长 90mm、重 40N	湿陷性黄土、膨胀土地区不得使用
夯实法	150～200	8～12	用木夯或机械夯； 木夯重 400N，落距 400～500mm 一夯压半夯，全面夯实	
碾压法	250～350	8～12	60～100kN 压路机往复碾压	适用于大面积砂垫层；不宜用于水位以下的砂垫层

2．灰土垫层

灰土垫层是用按一定体积配合比的灰土在最优含水量情况下分层回填夯实(或压实)并挖去软弱土的地基部分。

灰土垫层的材料为石灰和土，石灰和土的体积比一般为 3∶7 或 2∶8。灰土垫层的强度随用灰量的增大而提高，但当用灰量超过一定值时，其强度增加很小。

灰土地基适用于加固处理 1～3m 厚的软弱土层，其施工工艺简单，费用较低，是一种常用的地基加固方法。

1)　材料要求

(1)　土料。土料可采用地基坑(槽)挖出来的黏性土或塑性指数大于 4 的粉土，但应过筛，其颗粒直径不大于 15mm，土内有机含量不得超过 5%，不宜使用块状的黏土和粉土、淤泥、耕植土以及冻土。

(2)　石灰。应使用达到国家三等石灰标准的生石灰，使用前将生石灰消解 3～4 天并过筛，其粒径不应大于 5mm。

2)　施工技术要点

(1)　铺设垫层前应验槽。

(2)　灰土在充分拌匀时，最优含水量通常为 16%左右，如水分过多或不足时，应采取相应措施处理，控制含水量。在现场按经验判断方法是：手握灰土成团，两指轻捏即碎，这时判定灰土达到最优含水量。

(3) 灰土垫层应选用平碾和羊足碾、轻型夯实机及压路机，分层填铺夯实，每层虚铺厚度如表 2.2 所示。

表 2.2　灰土最大虚铺厚度

夯实机具种类	重量/t	虚铺厚度/mm	备　注
石夯、木夯	0.04～0.08	200～250	人力送夯，落距 400～500mm，一夯压半夯，夯实后为 80～100mm
轻型夯实机械	0.12～0.4	200～250	蛙式打夯机、柴油打夯机，夯实后为 100～150mm 厚
压路机	6～10	200～300	双轮

(4) 分段施工时，不得在墙角、柱基及承重窗间墙下接缝，上下两层的接缝距离不得小于 500mm。

(5) 灰土应当日铺填夯压，若刚铺筑完毕的灰土遭到雨淋浸泡时，应将积水及松软灰土挖去并填补夯实，受浸泡的灰土应晾干后再夯打密实。

(6) 垫层施工完后，应及时采取遮盖措施，如修建基础、做临时遮盖，防止灰土受水浸泡。

(7) 冬季施工，必须在基层不冻的状态下进行，不得使用夹有冻土及冰块的土料，施工完的垫层应采取保温措施。

2.1.2　强夯施工

强夯法是我国目前最为常用和最经济的深层地基处理方法之一，适用于碎石土、砂性土、黏性土、湿陷性黄土和回填土；其特点是施工速度快、造价低、设备简单。

强夯法施工的主要机具是起重机和锤。利用起重机吊高的锤自由落下产生的巨大冲击、振动能量在一定的范围内增强地基土的强度，降低其压缩性。

1．施工机具

强夯施工的主要机具和设备有起重设备、夯锤及脱钩装置等。

1) 起重设备

起重机是强夯施工的主要设备，施工时宜选用起重能力大于 100kN 的履带式起重机，如图 2.1 所示。

2) 夯锤

夯锤的形状有圆台形和方形，夯锤可整个用铸钢(或铸铁)制成，或在钢板壳内填筑混凝土，夯锤的质量在 8～40t；夯锤的底面积取决于表面土层，对于砂石、碎石、黄土，一般面积为 2～4m²，黏性土一般为 3～4m²，淤泥质土为 4～6m²。为消除作业时夯坑对夯锤的气垫作用，夯锤上应对称性设置 4～6 个直径为 250～300mm 的上下贯通的排气孔，如图 2.2 所示。

图 2.1　辅助门架强夯施工

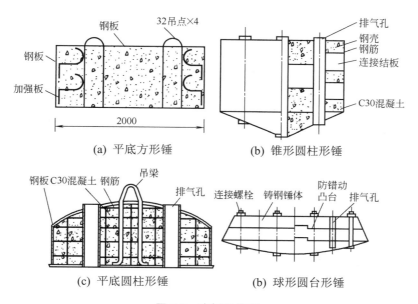

(a) 平底方形锤　　　　　　(b) 锥形圆柱形锤

(c) 平底圆柱形锤　　　　　　(b) 球形圆台形锤

图 2.2　夯锤的构造

3)　脱钩装置

用履带式起重机作强夯起重设备时，通过动滑轮组用脱钩装置起落夯锤。脱钩装置用得较多的是工地自制的，如图 2.3 所示。脱钩装置由吊环、耳板、销环和吊钩等组成，要求有足够的强度，使用灵活，脱钩快速及安全。

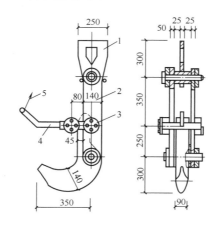

图 2.3　强夯自动脱钩器

1—吊环；2—耳板；3—销环；4—销柄；5—拉绳

2. 施工要点

为确定夯实地基的技术参数，施工前的试夯面积将小于 10m×10m。夯点的布置应根据基础底面形状确定，而且按照由内向外、隔行跳打原则进行施工。夯实范围应大于基础边缘 3m。

【例 2.1】2022 年 2 月 A 市兴宁区拟建一栋办写字办公楼，总高度为 15m，层高为 3m。目前，该项目地基需要进行处理。其地基是 5m 的碎石土、黏性土、回填土。

(1) 请根据项目的实际情况，选择适当的地基处理方式。

(2) 请阐述该地基处理方式的所用机具和施工要点。

2.2 CFG 桩复合地基施工

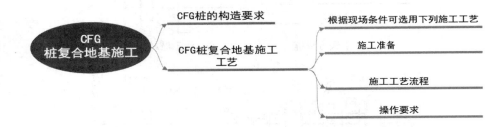

带着问题学知识

水泥粉煤灰碎石桩的成分有哪些？

CFG 桩复合地基施工工艺操作要求有哪些？

水泥粉煤灰碎石桩(Cement Fly-ash Gravel Pile，CFG 桩)，由水泥、粉煤灰、碎石、石屑或砂等混合料加水拌合形成高黏结强度桩，并由桩、桩间土和褥垫层一起组成复合地基。水泥粉煤灰碎石桩复合地基适用于黏性土、粉土、砂土和自重固结完成的素填土地基处理。对于淤泥和淤泥质土，应按地区经验或通过现场试验确定其适用性。

2.2.1 CFG 桩的构造要求

(1) 确定桩长。CFG 桩应选择承载力相对较高的土层作为桩端持力层，通常桩端进入持力层的长度应不小于 1～2 倍桩径；一般有效桩长超过 10m。桩顶标高宜高出设计桩顶标高并不少于 0.5m，截桩时，将多余桩体凿除，桩顶面应水平。

(2) 桩孔直径。桩径：长螺旋钻中心压灌、干成孔和振动沉管成桩宜取 350～600mm；泥浆护壁钻孔灌注素混凝土成桩宜取 600～800mm；钢筋混凝土预制桩宜取 300～600mm。

(3) 桩的布置。CFG 桩一般采用正方形、正三角形两种布桩形式，可只在基础范围内布置。桩距根据土质、布桩形式、场地情况，可按表 2.3 选用。

表 2.3 桩距选用表

桩距　　土质　布桩形式	挤密性好的土，如砂土、粉土或松散填土等	可挤密性土，如粉质黏土、非饱和黏土等	不可挤密性土，如饱和黏土和淤泥质土等
单、双排布桩的条基	(3～5)D	(3.5～5)D	(4～5)D
含 9 根以下的独立基础	(3～6)D	(3.5～6)D	(4～6)D
满堂布桩(正方形、正三角形)	(4～6)D	(4～6)D	(4.5～7)D

注：D——桩径，以成桩后桩的实际桩径为准。

(4) 强度等级。CFG 桩混合料强度等级通常取 C15 或 C20，其配合比由实验室试配确定。

(5) 褥垫层。桩顶和基础之间应设置褥垫层，褥垫层的厚度宜取 0.4～0.6 倍桩径。褥垫材料宜用中砂、粗砂、级配砂石和碎石等，最大粒径不宜大于 30mm。

2.2.2　CFG 桩复合地基施工工艺

CFG 桩复合地基

1. 根据现场条件可选用的施工工艺

(1) 长螺旋钻孔灌注成桩，适用于地下水位以上的黏性土、粉土、素填土及中等密实以上的砂土。

(2) 长螺旋钻孔、管内泵压混合料灌注成桩，适用于黏性土、粉土、砂土、粒径不大于 60mm 土层厚度不大于 4m 的卵石(卵石含量不大于 30%)以及对噪声或泥浆污染要求严格的场地。

(3) 振动沉管灌注成桩，适用于粉土、黏性土及素填土地基。

(4) 泥浆护壁成孔灌注成桩，适用土性应满足《建筑桩基技术规范》(JGJ 97—2008)的有关规定。对桩长范围和桩端有承压水的土层，应首选该工艺。

(5) 锤击、静压预制桩，适用土性应满足《建筑桩基技术规范》(JGJ 94—2008)的有关规定。

2. 施工准备

1) 技术准备

(1) 熟悉建筑场地的岩土工程勘察报告和必要的水文资料。

(2) 在 CFG 桩布桩图上注明桩位编号以及设计要求。

(3) 建筑场地的水准控制及建筑物位置控制坐标等资料。

(4) 确定施打顺序及桩机行走路线，做好施工设备的进尺标志。

(5) 编制 CFG 桩复合地基专项施工方案和技术交底，并对施工人员进行技术交底。

2) 材料准备

施工前应按设计要求由实验室进行配合比试验，施工时按配合比配制混合料。长螺旋钻孔、管内泵压混合料成桩施工的坍落度宜为 160～200mm，振动沉管灌注成桩施工的坍落度宜为 30～50mm，振动沉管灌注成桩后桩顶浮浆厚度不宜超过 200mm。

3) 施工机具准备

(1) 施工机械。常用施工机械有长螺旋钻机、振动沉管机、搅拌机、混凝土输送泵及翻斗车等。

(2) 工具用具。集料斗、铁锹、手推车及铁皮等。

(3) 检测设备。经纬仪、水准仪、塔尺及钢尺等。

4) 作业条件准备

(1) 在铺灰土前应先对基坑进行钎探，局部软弱土层或古墓(井)、洞穴等已按设计要求进行了处理，并办理完隐蔽验收手续和地基验槽记录。

(2) 现场达到"三通一平"要求。

3. 施工工艺流程

最常用的施工工艺是长螺旋钻孔、管内泵压混合料灌注成桩，长螺旋灌注桩工艺流程，如图2.4所示。

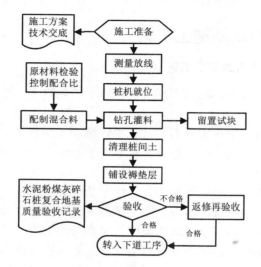

图2.4　长螺旋灌注桩工艺流程

4. 操作要求

1) 基坑开挖

当采用长螺旋钻孔、管内泵压混合料灌注成桩施工工艺时，基坑开挖槽底必须预留200～300mm的土层，待截桩头时连同桩间土一并清理。一是防止长螺旋钻机扰动地基土；二是保证CFG桩顶部的灌注质量。

2) 测量放线

按设计桩距定位放线，严格布置桩孔，并记录布桩的根数，以防止遗漏。

3) 配制混合料

施工前应按设计要求由实验室进行配合比试验，施工时按配合比配制混合料；长螺旋钻孔、管内泵压混合料成桩施工的坍落度宜为160～200mm。

4) 桩机就位

调整长螺旋钻机使桩架与水平面垂直，同时使钻头对准桩位，垂直偏差不大于1.5%。桩位偏差：满堂基础不大于0.4D，条形基础不大于0.25D(D为桩径)，单排布桩桩位应不大于60mm。

5) 钻孔灌料

长螺旋钻孔、管内泵压混合料成桩施工在钻至设计深度后，应掌握提拔钻杆时间，混合料泵送量应与拔管速度相配合，遇到饱和砂土或饱和粉土层时，不得停泵待料；沉管灌注成桩施工拔管速度应匀速，速度应控制在1.2～1.5m/min，如遇淤泥或淤泥质土，拔管速度应适当放慢；对于松散饱和粉土、粉细砂、淤泥及淤泥质土，当桩距较小时，防止窜孔宜采用隔桩跳打措施。施工桩顶标高高出设计桩顶标高不宜少于0.5m。

6）留置试块

成桩过程中，抽样作为混合料试块，每台机械一天应做一组(3 块)试块(边长为 150mm 的立方体)，标准养护，测定其立方体 28d 抗压强度。

7）清理桩间土

CFG 桩施工结束后，即可清理桩间土和截桩头。清土时，不得扰动桩间土；截桩头时，将多余桩体凿除，桩顶面应水平，不得造成桩顶标高以下桩身断裂。

清理桩间土工程量较大时，可采用小型机械和人工联合开挖，但应有专人指挥，以此保证铲斗离桩边有一定的安全距离。

8）褥垫层施工

(1) 褥垫层材料应符合设计要求，材料宜用中砂、粗砂、级配砂石或碎石等，最大粒径不宜大于 30mm；对于较干的砂石材料，虚铺后可适当洒水再进行夯实。

(2) 褥垫层厚度由设计确定，宜为 150～300mm，当桩径大或桩距大时褥垫层厚度宜取高值。

(3) 虚铺完成后应采用平板振捣器夯实至设计厚度；夯填度不得大于 0.9；施工时严禁扰动基底土层。

冬期施工时混合料入孔温度不得低于 5℃，对桩头和桩间土应采取保温措施。

2.3　桩基工程

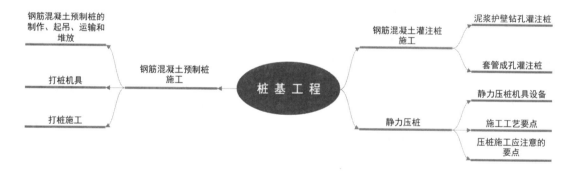

带着问题学知识

钢筋混凝土预制桩的制作程序是什么？

钢筋混凝土预制桩在施工中常用的桩锤类型有哪几种？

钢筋混凝土预制桩的打桩顺序应遵循的原则有哪些？

静力压桩定义是什么？

泥浆护壁钻孔灌注桩施工工艺流程是什么？

泥浆护壁钻孔灌注桩清孔要求是什么？

套管成孔灌注桩的定义是什么？

当天然地基上的浅基础沉降量过大或基础稳定性不能满足建筑物的要求时，常采用桩基础，它由桩和桩顶的承台组成，是深基础的一种形式。

按桩的受力情况，桩可分为摩擦型桩和端承型桩两种，如图2.5所示。

端承桩是由桩的下端阻力承担全部或主要荷载，桩尖进入岩层或硬土层；摩擦桩是指桩顶荷载全部由桩侧摩擦力或主要由桩侧摩擦力和桩端的阻力共同承担。

2.3.1 钢筋混凝土预制桩施工

钢筋混凝土预制桩主要有实心桩和预应力管桩两种，沉桩方式有锤击式、振动式和静力压桩式3种以锤击式最为普遍。

1. 钢筋混凝土预制桩的制作、起吊、运输和堆放

1) 预制桩的制作

预制桩较短的(10m内)可在预制厂加工，较长的因不便运输，一般在施工现场露天制作(长桩可分节制作)。方形桩边长通常为200～450mm，在现场预制时采用重叠法，重叠层数不宜超过4层，预应力管桩都在工厂内采用离心法制作，直径为300～550mm。

钢筋混凝土预制桩的制作程序：现场布置→场地平整→浇地坪混凝土→支模→绑扎钢筋→安装吊环→浇筑桩身混凝土→养护至30%强度拆模→支上层模、刷隔离剂→重叠生产浇筑第2层桩→养护→起吊→运输→堆放。

预制桩钢筋骨架的主筋连接宜采用对焊，同一截面内主筋接头不得超过50%(见图2.6)，桩顶1m内不应有接头，钢筋骨架的偏差应符合有关规定。

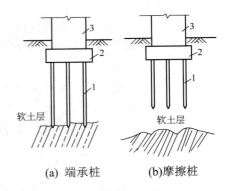

图2.5　摩擦型桩和端承型桩

1—桩；2—桩承台；3—上部结构

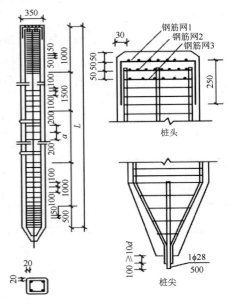

图2.6　桩顶桩尖构造示意

桩的混凝土强度等级应不低于C30，浇筑时从桩顶向桩尖进行，应一次浇筑完毕，严禁中断。制作完后应洒水养护不少于7d，上层桩制作应待下层桩的混凝土强度达到设计强度的30%才可进行。

2) 预制桩的起吊、运输和堆放

桩身强度达到设计强度的70%方可起吊，达到100%才能运输。起吊和搬运桩时，吊点必须符合设计要求，如无吊环，且设计又无要求，则应符合最小弯矩原则，按图2.7所示的位置起吊。起吊时应平稳并不得损坏桩。桩的堆放场地应平整、坚实，垫木与吊点的位置应相同，并保持在同一平面内。同桩号的桩应堆放在一起，而桩尖均朝向一端。多层垫木上下对齐，最下层的垫木要适当加宽，堆放层数一般不宜超过4层。

打桩前应将桩运到现场或桩架处，应根据打桩顺序随打随运，以免二次搬运。在现场

运距不大时，可用起重机吊运或在桩下垫一滚筒用卷扬机拖拉，距离较远时，可采用汽车或轻便轨道小平板车运输。

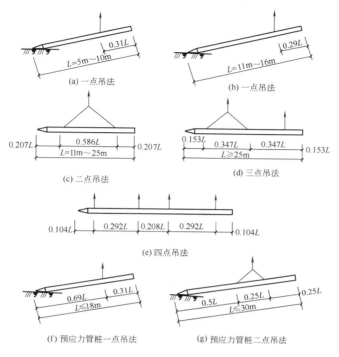

(a) 一点吊法

(b) 一点吊法

(c) 二点吊法

(d) 三点吊法

(e) 四点吊法

(f) 预应力管桩一点吊法

(g) 预应力管桩二点吊法

图 2.7 预制桩吊点位置

2．打桩机具

打桩用的机具主要包括桩锤、桩架和动力装置三部分。

1）桩锤

桩锤是对桩施加冲击力，将桩打入土中的主要机具，施工中常用的桩锤有落锤、单动汽锤、双动汽锤、柴油桩锤和振动桩锤，其选用范围如表 2.4 所示。用锤击法沉桩时，选择桩锤是关键。桩锤的选用应根据施工条件先确定桩锤的类型，再确定锤的重量，锤的重量应不小于桩重；打桩时宜采用"重锤低击"，即锤的重量大而落距小，这样，桩锤不易产生回跳，桩头不容易损坏，而且桩容易打入土中。

桩锤的选用范围

表 2.4 桩锤的选用范围

桩锤种类	适 用 范 围	优、缺点	附　注
单动气锤	适于打各种桩	构造简单，落距短，不易将设备和桩头打坏，打桩速度即冲击力较落锤大，效率较高	利用蒸汽或压缩空气的压力将锤头上举，然后由锤的自重向下冲击沉桩
双动气锤	适宜打各种桩，便于打斜桩；使用落锤锤打空气时，可在水下打桩；可用于拔桩	冲击次数多、冲击力大、工作效率高，可不用桩架打桩，但设备笨重，移动较困难	利用蒸汽炉压缩空气的压力将锤头上举及下冲，增加夯击能量

续表

桩锤种类	适用范围	优、缺点	附注
振动桩锤	适宜于打钢板桩、钢管桩、钢筋混凝土和木桩；适用于砂土、塑性黏土及松软砂	沉桩速度快，适应性强，施工操作简易安全，能打各种桩并帮助卷扬机拔桩	利用偏心轮引起激振，通过刚性连接的桩帽传到桩上

2) 桩架

桩架是将桩吊到打桩位置，并在打桩过程中引导桩的方向不致发生偏移，保证桩锤能沿要求方向冲击的主要设备。桩架目前使用最多的是多功能桩架、步履式桩架和履带式桩架，如图2.8所示。

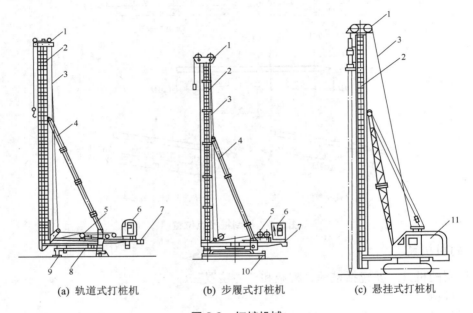

(a) 轨道式打桩机 　(b) 步履式打桩机 　(c) 悬挂式打桩机

图2.8　打桩机械

1—滑轮组；2—立柱；3—钢丝绳；4—斜撑；5—卷扬机；6—操作室；
7—配重；8—底盘；9—轨道；10—步履式底盘；11—履带式起重机

多功能桩架主要由底盘、导向杆、斜撑、滑轮组和动力设备等组成，它的适应性和机动性较大，在水平方向可做360°回转，导架可伸缩和前后倾斜，底盘上的轨道轮可沿着轨道行走。这种桩架可用于各种预制桩和灌注桩的施工。缺点是设备比较庞大，现场组装和拆卸、转运较困难。

履带式桩架以履带式起重机为底盘，增加了立柱、斜撑和导杆等。此种桩架性能灵活、移动方便，可用于各种预制桩和灌注桩的施工。

3) 动力装置

落锤以电源为动力，再配置电动卷扬机、变压器、电缆等。蒸汽锤以高压蒸汽为动力，配以蒸汽锅炉、蒸汽绞盘等；气锤以压缩空气为动力，配有空气压缩机、内燃机等；柴油锤的桩锤本身有燃烧室，不需要外部动力。

3．打桩施工

1）　打桩前的准备工作

测定轴线位置、标高，办理预检手续→处理完高空和地下的障碍物→放出桩位线，定好桩位，白灰作标志→场地平整，保持排水畅通→打试验桩→制定打桩施工方案→准备好沉桩记录和隐蔽工程验收记录表格，安排记录和监理人员到位。

打桩前的准备工作

2）　打桩顺序

打桩顺序一般分为由一侧开始向单一方向逐排打、自中央向两边打、自两边向中央打、分段打等方式，如图 2.9 所示。

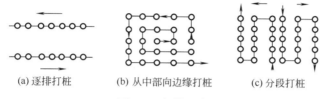

(a) 逐排打桩　　　(b) 从中部向边缘打桩　　　(c) 分段打桩

图 2.9　打桩顺序

3）　确定打桩顺序应遵循的原则

(1) 桩基的设计标高不同时，打桩顺序宜先深后浅。

(2) 不同规格的桩，宜先大后小。

(3) 在桩距不小于 4 倍桩径时，只需从提高效率出发，选择倒行和拐弯次数最少的打桩顺序。

(4) 应避免自外向内，或从周边向中央进行，以避免中间土体被挤密，桩难以打入，或虽勉强打入，但却使邻桩侧移或上冒。

4）　打桩

(1) 预制桩施工的工艺流程：桩机就位→起吊预制桩→稳桩→打桩→接桩→送桩→中间检查验收→移机至下一个桩位。

(2) 操作工艺。

①　打桩机就位，并确保桩垂直稳定。

②　起吊预制桩。用钢丝绳或者索具捆住桩的上端吊环附近，启动机器起吊，对准桩位中心，慢慢插入土中后，扣好桩顶桩帽或桩箍。先拴好吊桩用的钢丝绳和索具，然后将索具捆住桩上端吊环附近处，一般不宜超过 30cm，再启动机器起吊预制桩，使桩尖垂直对准桩位中心，缓缓放下插入土中，位置要准确；扣好桩顶桩帽或桩箍，即可除去索具。

③　稳桩。首先，打桩前在桩的侧面或桩架上设置标尺，以便在施工中观测、记录。其次，桩尖插入桩位后，用较小的落距冷锤 1～2 次使桩入土一定深度后，再使桩垂直稳定。在这个过程中，应当随时观察桩的垂直偏差与垂直度。通常，垂直度偏差不得超过 0.5%；对于桩的校正垂直度，短桩采用目测或用线坠方法；长桩(分节桩)必须采用线坠或经纬仪的方法。

(3) 接桩方式。接桩方式有焊接、法兰或硫黄胶泥锚接。其中，硫黄胶泥接桩只适用于软弱土层。

(4) 送桩。当桩顶标高较低，需送桩入土时，应将钢制送桩放于桩顶，锤击送桩将桩送入土中。

打桩过程中，遇见下列情况应暂停，并及时与有关单位研究处理。

① 贯入度剧变。

② 桩身突然发生倾斜、位移或有严重回弹。

③ 桩顶或桩身出现严重裂缝或破碎。

(5) 停锤标准。

① 摩擦桩。以控制桩端设计标高为主，贯入度为辅(桩端位于一般土层)。

② 端承桩。以贯入度控制为主，桩端设计标高为辅(桩端达到坚硬、硬塑的黏性土，中密以上粉土、砂土、碎石类土及风化岩)。

③ 贯入度已达到设计要求而桩端标高未达到时，应继续锤击 3 阵，并按每阵 10 击的贯入度不大于设计规定的数值确认，必要时，施工控制贯入度应通过试验确定。

5) 常见的质量问题

(1) 桩身断裂。不可避免原因有桩身弯曲过大、强度不足及地下有障碍物；可避免原因有桩在堆放、起吊、运输过程中产生断裂。

(2) 桩顶碎裂。原因：桩顶强度不够、钢筋网片不足、主筋距桩顶面太近、桩顶不平和不按规定使用施工机具等。

(3) 桩身倾斜。原因：场地不平、打桩机底盘不水平、稳桩不垂直和桩尖在地下遇见硬物。

(4) 接桩处拉脱开裂。原因：连接处表面不干净、连接铁件不平、焊接质量不符合要求、接桩上下中心线不在同一条线上。

【例 2.2】2022 年 5 月 B 市某区拟建一住宅小区，总高度为 66m，层高为 22 层，地上 20 层，地下 2 层。目前，由于该项目地基无法承受其上部荷载，需要采用桩基础。

(1) 请阐述该项目桩基础的施工流程。

(2) 请阐述桩基础常见质量问题及其原因。

2.3.2 静力压桩

静力压桩是用静力压桩机或锚杆将预制钢筋混凝土桩分节压入地基土中的一种沉桩施工工艺。

静力压桩适合在软土、填土及一般黏性土层中应用，特别适合在居民稠密及危房附近以及环境要求严格的地区沉桩，但不宜用于地下有较多孤石、障碍物或有厚度大于 2m 的中密以上砂夹层，以及单桩承载力超过 1600kN 的情况。

1. 静力压桩机具设备

静力压桩机有机械式和液压式。机械式如图 2.10 所示，施压部分在桩顶端部，施加静压力为 600～2000kN；液压式压桩机如图 2.11 所示。

目前，液压式压桩机是国内普遍使用的新型压桩机械，其自动化程度高、结构紧凑、行走方便快速，施压部分在桩身侧面；机械式压桩机装配费用较低，但设备高大笨重、行走移动不便、压桩速度较慢。

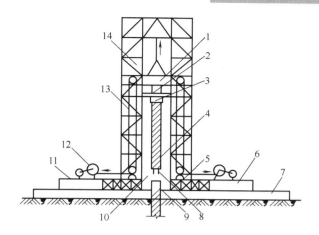

图 2.10　静力压桩机示意

1—活动压梁；2—油压表；3—桩帽；4—上段桩；5—压重；
6—底盘；7—轨道；8—上段接桩锚筋；9—下段接桩锚筋孔；
10—导笼口；11—操作平台；12—卷扬机；
13—加压钢丝滑轮组；14—桩架导向笼

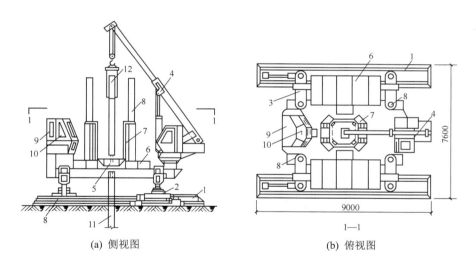

(a) 侧视图　　　　　　　　　　　(b) 俯视图

图 2.11　全液压式静力压桩机

1—长船行走机构；2—短船行走及回转机构；3—支腿式底盘结构；4—液压起重机；
5—夹持及拔桩装置；6—配重铁块；7—导向架；8—液压系统；9—电控系统；
10—操纵室；11—已压入下节桩；12—吊入上节桩

2．施工工艺要点

静压预制桩施工时一般采用分段压入，逐节接长的方法，其主要施工程序为：测量定位→压桩机就位→吊桩→插桩→桩身对中调直→静压沉桩→接桩→再静压沉桩→送桩→终止压桩→切割桩头，如图 2.12 所示。

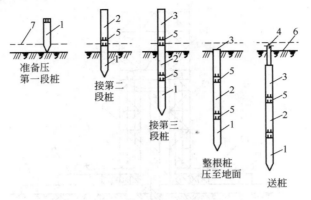

静力压桩的施工
工艺流程

图 2.12 静力压桩工艺示意

1—第一段桩；2—第二段桩；3—第三段桩；4—送桩；
5—桩接头处；6—地面线；7—压桩机操作平台线

3. 压桩施工应注意的要点

(1) 静力压桩机应根据设计和土质情况配足额定重量。

(2) 桩帽、桩身和送桩的中心线应重合。

(3) 压同一根桩应缩短停歇时间。

(4) 采取技术措施以减小静压桩的挤土效应。

(5) 注意相应地限制压桩速度。

2.3.3 钢筋混凝土灌注桩施工

灌注桩是直接在施工现场的桩位上成孔，然后在孔内灌注混凝土或钢筋混凝土而成。根据成孔工艺的不同，可分为泥浆护壁钻孔灌注桩、沉管灌注桩、爆扩成孔灌注桩和人工挖孔灌注桩 4 种。

1. 泥浆护壁钻孔灌注桩施工

1) 泥浆护壁钻孔灌注桩概述

泥浆护壁钻孔灌注桩是用钻孔机械进行灌注桩成孔时，为防止塌孔，在孔内用相对密度大于 1 的泥浆进行护壁的一种成孔施工工艺。此种成孔方式不论地下水位高低的土层都适用。

(1) 灌注桩按成孔工艺和成孔机械分类，可分为回转钻成孔灌注桩、冲击成孔灌注桩、冲抓成孔灌注桩和潜水钻成孔灌注桩。

回转钻成孔灌注桩是国内应用范围较广的成桩方式。

回转钻机具有钻头回转切削、泥浆循环排土、泥浆保护孔壁等优点，属于一种湿作业方式，可用于各种地质类土。

(2) 泥浆的循环方式有正循环和反循。泥浆具有排渣和护壁作用，正循环和反循环方式，如图 2.13 和图 2.14 所示。

正循环方式设备简单、操作方便、费用较低，所以适用于小直径孔($\phi<0.8m$)，排渣能力较弱。

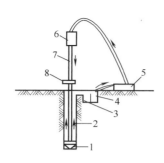

图 2.13　正循环回转钻机成孔工艺原理

1—钻头；2—泥浆循环方向；3—沉淀池；
4—泥浆池；5—循环泵；6—水龙头；
7—钻杆；8—钻机回转装置

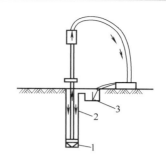

图 2.14　反循环回转钻机成孔工艺原理

1—钻头；2—新泥浆流向；3—沉淀池；

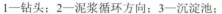

反循环方式，泥浆上流的速度较高，所以能携带大量的土渣，这种方式效率高，适用于大直径孔($\phi > 0.8$m)。

(3) 正循环回转钻机成孔工艺原理。泥浆或高压水由空心钻杆内部通入，底部喷出。喷出时携带钻出泥渣沿孔壁向上流动于孔口流入泥浆池。

(4) 反循环回转钻机成孔的工艺原理。泥浆带渣流动的方向与正循环方式方向相反。

2) 施工工艺流程

泥浆护壁钻孔灌注桩的施工工艺流程，如图 2.15 所示。

3) 操作工艺

(1) 施工平台。

① 场地内无水时，可稍作平整、碾压以能满足机械行走移位的要求。

② 场地为平缓浅水时，采用筑岛法施工。桩位处的筑岛材料优先使用黏土或砂性土，不宜或禁止回填类似卵石、砾石土、大粒径石块；筑岛高度应高于最高水位 1.5m。

③ 场地为深水时可用施工平台：钢管桩施工平台、双壁钢围堰平台、固定式平台及浮式施工平台。

(2) 护筒。

① 护筒一般由钢板卷制而成，钢板厚度视孔径大小采用 4～8mm，护筒内径宜比设计桩径大 100 mm，其上部宜开设 1～2 个溢流孔。

② 护筒埋置深度。一般情况下，在黏性土中埋置深度不宜小于 lm；砂土中不宜小于1.5m；其高度还应满足护筒内泥浆面高度大于地下水位高度的要求。淤泥等软弱土层应增加护筒埋深，护筒顶面宜高出地面 300mm，护筒内径应比钻头直径大 100mm。

③ 旱地、筑岛处护筒可采用挖坑埋设法，护筒底部和四周回填黏性土并分层夯实；水域护筒设置应严格注意平面位置、竖向倾斜，护筒沉入可采用压重、振动或锤击并辅以护筒内取土的方法。

④ 护筒埋设完毕后，护筒中心竖直线应与桩中心重合，除设计另有规定外，平面允许误差为 50mm，竖直线倾斜应不大于 1%。

⑤ 护筒连接处要求筒内无凸出物，应耐拉、耐压、不漏水。并应根据地下水位涨落影响，适当调整护筒的高度和深度，必要时应打入不透水层。

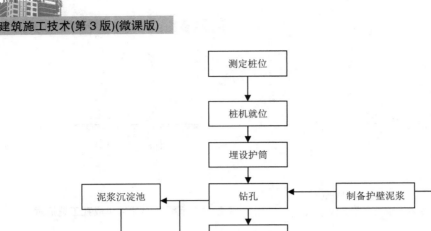

图 2.15　泥浆护壁钻孔灌注桩的施工工艺流程

4)　护壁泥浆的调制和使用

护壁泥浆一般由水、黏土(或膨润土)和添加剂组成,其配制比例根据施工地质条件、钻机性能等确定,密度一般是 1.1。

5)　钻孔施工

(1)　钻孔前,由工程地质资料和设计资料选择适当的钻机种类、型号、钻头和调配合适的泥浆。

(2)　钻机就位前,应调整好施工机械,对钻孔各项准备工作进行检查。

(3)　钻机就位时,应采取措施保证钻具中心和护筒中心重合,其偏差不应大于 20mm。钻机就位后应平整稳固,并采取措施固定,保证在钻进过程中不产生位移和摇晃;否则应及时处理。

(4)　钻孔作业分班连续进行,做好钻孔施工记录以及向下一班施工人员交代钻进情况和注意事项。

钻孔作业的主要任务是时刻关注施工泥浆密度,不符合要求时应立即纠正。注入泥浆密度大概是 1.1,排出泥浆密度以 1.2～1.4 为宜。此外,还要时刻关注土层变化,将变化土层渣样判别后做好记录并与地质剖面图进行对比。

(5)　开钻时，在护筒下一定范围内应慢速钻进，待导向部位或钻头全部进入土层后，方可加速钻进。

(6)　在钻孔、排渣或因故障停钻时，应始终保持孔内具有规定的水位和要求的泥浆相对密度和黏度。

6)　清孔

清孔分两次进行。

(1)　第一次清孔。在钻孔深度达到设计要求时，对孔深、孔径、孔的垂直度等进行检查，符合要求后进行第一次清孔。清孔时根据设计要求，采用施工机械按照换浆、抽浆、掏渣等方法进行。以原土造浆的钻孔，清孔时可用射水法，同时钻机只钻不进，待泥浆相对密度降到 1.1 左右即认为清孔合格；如注入制备的泥浆，则采用换浆法清孔，至换出的泥浆密度小于 1.15～1.25 时方为合格。

(2)　第二次清孔。在钢筋骨架、导管安放完毕，混凝土浇筑之前，进行第二次清孔。第二次清孔根据孔径、孔深以及设计要求采用正循环、泵吸反循环、气举反循环等方法进行。

(3)　第二次清孔后的沉渣厚度和泥浆性能指标应满足设计要求，一般应满足下列要求：对于沉渣厚度，摩擦桩≤300mm，端承桩≤50mm，摩擦端承或端承摩擦桩≤100mm；泥浆性能指标在浇筑混凝土前，孔底 500mm 以内的相对密度≤1.25，黏度≤28s，含砂率≤8%。

7)　灌注水下混凝土

(1)　混凝土开始灌注时，漏斗下的封水塞可采用预制混凝土塞、木塞或充气球胆。

(2)　混凝土运至灌注地点时，如果均匀性和坍落度不符合要求应进行第二次拌合，二次拌合后仍不符合要求时，则不能使用该混凝土。

(3)　第二次清孔完毕，检查合格后应立即进行水下混凝土灌注，其时间间隔不宜大于30min。

(4)　混凝土应遵循连续灌注原则。

(5)　在灌注过程中，导管埋在混凝土中的深度应控制在 2～6m。严禁导管高出混凝土面，并有专人测量导管埋深及管内外混凝土面的高差，同时写下混凝土灌注记录。

(6)　在灌注过程中，应时刻注意观测孔内泥浆返出情况，倾听导管内混凝土下落声音，如有异常必须采取相应措施处理。

(7)　在灌注过程中宜使导管在一定范围内上下窜动，防止混凝土凝固，增加灌注速度。

(8)　为防止钢筋骨架上浮，当灌注的混凝土顶面距钢筋骨架底部 1m 左右时，应降低混凝土的灌注速度，当混凝土拌合物上升到骨架底口 4m 以上时，提升导管，使其底口高于骨架底部 2m 以上，即可恢复正常灌注速度。

(9)　灌注的桩顶标高应比设计高出一定高度，一般为 0.5～1.0m，以保证桩头混凝土强度，多余部分接桩前必须凿除，桩头应无松散层。

(10) 在灌注将近结束时，应核对混凝土的灌入数量，以确保所测混凝土的灌注高度正确。

(11) 开始灌注时，应先搅拌 0.5～1.0m3 的与混凝土强度相同的水泥砂浆放在料斗的底部。

2. 套管成孔灌注桩

套管成孔灌注桩(打拔管灌注桩)，是一种常见的灌注桩。一般有振动沉管灌注桩和锤击

沉管灌注桩两种,对于黏性土、淤泥、淤泥质土、稍密的沙土及杂填土适用。图2.16所示为套管成孔灌注桩施工过程图。

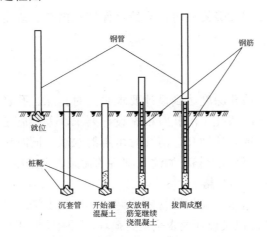

图2.16 套管灌注桩施工程序

1) 振动沉管灌注桩
(1) 振动沉管灌注桩采用激振器或振动冲击锤沉管,其设备如图2.17所示。
(2) 施工前先安装好桩机,将桩管下活瓣合起来,对准桩位。其施工过程如图2.18所示。
(3) 采用单振法、复振法和反插法施工。
2) 锤击沉管灌注桩

锤击沉管灌注桩是用锤击打桩机,如图2.19所示,将带活瓣桩尖或设置钢筋混凝土预制桩尖(靴)的钢套管锤击沉入土中,如图2.20所示,然后边浇筑混凝土边用卷扬机拔管成桩,成桩工艺如图2.21所示。

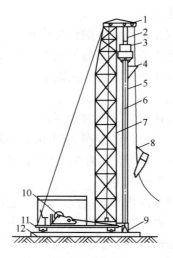

图2.17 振动沉管成孔灌注桩桩机设备

1—导向滑轮;2—滑轮组;3—振动桩锤;4—混凝土漏斗;5—桩管;6—加压钢丝绳;
7—桩架;8—混凝土吊斗;9—活瓣桩靴;10—卷扬机;11—行驶用钢管;12—枕木

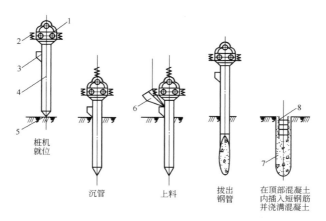

图 2.18　振动沉管成孔灌注桩成桩过程

1—振动锤；2—加压减振弹簧；3—加料口；4—桩管；5—活瓣桩尖；
6—上料口；7—混凝土桩；8—短钢筋骨架

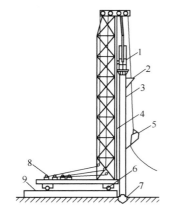

图 2.19　锤击套管成孔灌注桩桩机设备

1—桩锤；2—混凝土漏斗；3—桩管；4—桩架；
5—混凝土吊斗；6—行驶用钢管；7—预制桩靴；
8—卷扬机；9—枕木

　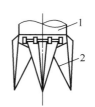

(a) 钢筋混凝土桩靴　　(b) 钢活瓣桩靴

图 2.20　桩靴示意图

1—桩管；2—活瓣

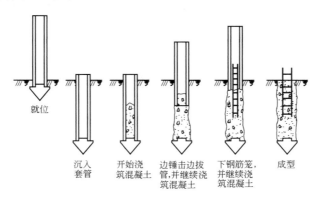

图 2.21　锤击沉管灌注桩成桩过程

2.4 桩承台筏式基础施工

筏式基础有两种类型:一类是中钢筋混凝土底板和梁组成(梁板式);另一类是由钢筋混凝土底板和整板式底板(平板式)组成。适用于有地下室或地基承载力较低而上部荷载较大的基础,其外形和构造像倒置的钢筋混凝土楼盖,优点是整体刚度较大,如图 2.22 所示。

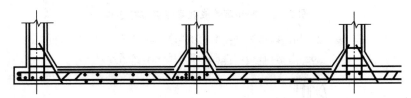

图 2.22 筏式基础

(1) 铺设素混凝土垫层。

底板下宜铺设素混凝土垫层,其厚度≥100mm,混凝土等级≥C10。

(2) 基础的混凝土。

强度等级宜≥C30,底板是等厚度的,其厚度应≥300mm。

(3) 若为梁板式基础,梁高出板的顶面应≥300mm,梁宽≥250mm。

(4) 钢筋宜用 HRB400 和 HPB300,钢筋的保护层厚度≥35mm。

2.5 实 训 练 习

一、单选题

1. 关于换填法的砂和砂石地基(垫层)施工技术要求,说法正确的是(   )。

   A. 铺设垫层前应验槽,基底表面清理干净即可

   B. 砂石垫层分层厚度可用样桩控制,施工时,下层的密实度应经检验合格后,方可进行上层施工。一般情况下,垫层的厚度可取 400~500mm

   C. 人工级配的砂石材料,施工前应充分拌匀,再铺夯压实

   D. 垫层底面标高不同时,土面应挖成阶梯或斜坡,并按先深后浅的顺序施工,搭接处应夯压密实。分层铺实时,接头应做成斜坡或阶梯搭接,每层错开 1.0~1.5m,并注意充分捣实

2. 换填法的灰土垫层材料要求,说法错误的是(   )。

   A. 土料可采用地基坑(槽)挖出来的黏性土或塑性指数大于 4 的粉土,但应过筛,其颗粒直径不大于 15mm,土内有机含量不得超过 5%

   B. 石灰应使用达到国家三等石灰标准的生石灰,使用前将生石灰消解 3~4d 并过

筛，其粒径不应大于 5mm

  C. 不宜使用块状的黏土和粉土、淤泥、耕植土、冻土

  D. 土料可采用地基坑(槽)挖出来的黏性土或塑性指数大于 3 的粉土，但应过筛，其颗粒直径不大于 15mm，土内有机含量不得超过 5%。

3. 强夯施工的主要机具和设备有起重设备、夯锤、脱钩装置等，以说法正确的是(　　)。

  A. 夯锤的形状有圆台形和方形，夯锤可整个用铸钢(或铸铁)制成，或在钢板壳内填筑混凝土，夯锤的质量应在 8~50t

  B. 起重机是强夯施工的主要设备，施工时宜选用起重能力大于 100kN 的履带式起重机

  C. 为消除作业时夯坑对夯锤的气垫作用，夯锤上应对称性设置 4~6 个直径为 100~300mm 的上下贯通的排气孔

  D. 脱钩装置由耳板、销环、吊钩等组成，要求有足够的强度，使用灵活，脱钩快速、安全

4. 关于水泥粉煤灰碎石桩(Cement Fly-ash Gravel Pile，CFG 桩)，说法错误的是(　　)。

  A. 水泥粉煤灰碎石桩材料主要有水泥、粉煤灰、砾石、石屑或砂等混合料

  B. 水泥粉煤灰碎石桩是由一些材料加水拌合形成高黏结强度桩，并由桩、桩间土和褥垫层一起组成复合地基

  C. 水泥粉煤灰碎石桩复合地基适用于处理黏性土、粉土、砂土和自重固结完成的素填土地基处理

  D. 对于淤泥和淤泥质土，应按地区经验或通过现场试验确定其适用性

5. 关于 CFG 桩的构造要求项目，以下(　　)是正确的。

  A. 确定桩尖长度、桩孔直径、桩的布置、强度等级、褥垫层

  B. 确定桩长、桩孔直径、桩的布置、水泥强度等级、褥垫层

  C. 确定桩长、桩孔直径、桩的排桩顺序、强度等级、褥垫层

  D. 确定桩长、桩孔直径、桩的布置、强度等级、褥垫层

6. 关于 CFG 桩施工准备，说法错误的是(　　)。

  A. 施工前应按设计要求由实验室进行配合比试验

  B. 长螺旋钻孔、管内泵压混合料成桩施工的坍落度宜为 100~200mm，振动沉管灌注成桩施工的坍落度宜为 30~50mm

  C. 振动沉管灌注成桩后桩顶浮浆厚度不宜超过 200mm

  D. 施工时按配合比配制混合料

7. 泥浆护壁钻孔灌注桩的施工平台，说法错误的是(　　)。

  A. 场地内无水时，可稍作平整、碾压以能满足机械行走移位的要求

  B. 场地为平缓浅水时，采用筑岛法施工。桩位处的筑岛材料优先使用黏土或砂性土，不宜或禁止回填类似卵石、砾石土、大粒径石块；筑岛高度应高于最高水位 1.5m

  C. 场地内无水时，可稍作平整能满足机械行走移位的要求即可

  D. 场地为深水时可用施工平台：钢管桩施工平台、双壁钢围堰平台固定式平台、浮式施工平台

8. 以下对于正循环和反循环的说法错误的是(　　)。

  A. 反循环方式设备简单、操作方便、费用较低，所以适用于小直径孔($\phi<0.8\text{m}$)，

排渣能力较弱

B. 反循环方式，泥浆上流的速度较高，所以能携带大量的土渣，效率高，适用于大直径孔($\phi > 0.8m$)

C. 正循环方式设备简单、操作方便、费用较低，所以适用于小直径孔($\phi < 0.8m$)，排渣能力较弱

D. 反循环方式，泥浆上流的速度较高，所以能携带大量的土渣，效率高，适用于大直径孔($\phi > 1m$)

9. 以下(　　)泥浆护壁钻孔灌注桩不是按成孔工艺和成孔机械分类。

A. 回转钻成孔灌注桩　　　　　　　　B. 冲击成孔灌注桩

C. 冲抓成孔灌注桩　　　　　　　　　D. 振动沉管灌注桩

二、多选题

1. 常用地基加固方法有(　　)。

A. 换填法　　　　　　B. 重锤夯实法　　　　　　C. 机械碾压法

D. 挤密桩法　　　　　　E. 深层搅拌法

2. 关于钢筋混凝土预制桩的制作，以下说法正确的有(　　)。

A. 预制桩较短的(12m 内)可在预制厂加工，较长的因不便运输，一般在施工现场露天制作(长桩可分节制作)

B. 钢筋混凝土预制桩的制作程序为：现场布置→场地平整→浇地坪混凝土→支模→绑扎钢筋→安装吊环→浇筑桩身混凝土→养护至 30%强度拆模→支上层模、刷隔离剂→重叠生产浇筑第 2 层桩→养护→起吊→运输→堆放

C. 预制桩钢筋骨架的主筋连接宜采用对焊，同一截面内主筋接头不得超过 50%(见图 2.6)，桩顶 1m 内不应有接头，钢筋骨架的偏差应符合有关规定

D. 桩的混凝土强度等级应不低于 C35，浇筑时从桩顶向桩尖进行，应一次浇筑完毕，严禁中断。制作完后应洒水养护不少于 8d，上层桩制作应待下层桩的混凝土强度达到设计强度的 30%才可进行

E. 方形桩边长通常为 200～450mm，在现场预制时采用重叠法，重叠层数不宜超过 4 层，预应力管桩都在工厂内采用离心法制作，直径为 300～550mm

3. 关于钢筋混凝土预制桩的起吊、运输和堆放，说法正确的是(　　)。

A. 桩身强度达到设计强度的 75%方可起吊，达到 100%才能运输

B. 起吊和搬运桩时，吊点必须符合设计要求，如无吊环，且设计又无要求，则应符合最小弯矩原则，按原文图 2.7 所示的位置起吊

C. 起吊时应平稳并不得损坏桩。桩的堆放场地应平整、坚实，垫木与吊点的位置应相同，并保持在同一平面内

D. 同桩号的桩应堆放在一起，而桩尖均向一端。多层垫木上下对齐，最下层的垫木要适当加宽。堆放层数一般不宜超过 3 层

E. 打桩前应将桩运到现场或桩架处，应根据打桩顺序随打随运，以免二次搬运。在现场运距不大时，可用起重机吊运或在桩下垫一滚筒用卷扬机拖拉，距离较远时，可采用汽车或轻便轨道小平板车运输

4. 关于钢筋混凝土预制桩打桩施工，说法正确的有(　　)。

  A. 打桩前的准备工作：测定轴线位置、标高，办理预检手续→处理完高空和地下的障碍物→定好桩位，放出桩位线，白灰作标志→场地平整，保持排水畅通→打试验桩→制定打桩施工方案→准备好沉桩记录和隐蔽工程验收记录表格，安排记录和监理人员到位

  B. 打桩顺序一般分为由一侧开始向单一方向逐排打、自两边向中央打、分段打等方式

  C. 确定打桩顺序应遵循的原则：桩基的设计标高不同时，打桩顺序宜先深后浅；不同规格的桩，宜先大后小

  D. 确定打桩顺序应遵循的原则：在桩距大于或等于 4 倍桩径时，只需从提高效率出发，选择倒行和拐弯次数最少的打桩顺序

  E. 确定打桩顺序应遵循的原则：应自外向内，或从周边向中央进行，以避免中间土体被挤密，桩难以打入，或虽勉强打入，但却使邻桩侧移或上冒

5. 关于钢筋混凝土预制桩施工的工艺流程，说法正确的有(　　)。

  A. 桩机就位→起吊预制桩→稳桩→打桩→接桩→送桩→中间检查验收→移机至下一个桩位

  B. 起吊预制桩先拴好吊桩用的钢丝绳和索具，然后将索具捆住桩上端吊环附近处，一般不宜超过 50cm，再启动机器起吊预制桩，使桩尖垂直对准桩位中心，缓缓放下插入土中，位置要准确；扣好桩顶桩帽或桩箍，即可除去索具

  C. 桩尖插入桩位后，用较小的落距冷锤 2～5 次使桩入土一定深度后，再使桩垂直稳定。在这个过程中，应当随时观察桩的垂直偏差与垂直度。通常，垂直度偏差不得超过 1%

  D. 接桩方式。接桩方式有焊接、法兰或硫黄胶泥锚接。其中，硫黄胶泥接桩只适用于软弱土层

  E. 送桩。当桩顶标高较低，需送桩入土时，应将钢制送桩放于桩顶，锤击送桩将桩送入土中

6. 关于钢筋混凝土预制桩常见的质量问题有(　　)。

  A. 桩身断裂　　　　　　B. 桩顶碎裂　　　　　　C. 桩身倾斜
  D. 接桩处拉脱开裂　　　E. 桩基下陷

三、简答题

1. 简述 CFG 桩构造的具体要求。
2. 简述钢筋混凝土预制桩打桩施工主要内容。
3. 简述静力压桩施工要点。
4. 静力压桩的压桩施工应注意的要点有哪些？

JS02 课后答案

实训工作单

班级		姓名		日期	
教学项目		CFG 桩复合地基施工			
任务	掌握 CFG 桩的构造要求、CFG 桩复合地基施工工艺		方式	查找工程实例,结合 CFG 桩复合地基相关视频学习	
相关知识	CFG 桩的构造要求、CFG 桩复合地基施工准备、施工工艺流程、操作要求				
其他要求	无				

学习总结记录

评语			指导教师	

第 3 章 砌 筑 工 程

学习目标

(1) 掌握砌体工程的基础知识。
(2) 熟悉砖砌体工程。
(3) 熟悉混凝土小型空心砌块砌体工程。
(4) 熟悉配筋砌体工程。
(5) 熟悉填充墙砌体工程。

JS03 拓展资源

JS03 图片库

教学要求

章节知识	掌握程度	相关知识点
砌体工程的基础知识	熟悉砌筑工程常见的术语、掌握砌体材料	块材、砂浆、砂浆的性能、砂浆技术条件、砂浆拌制、砂浆的使用
砖砌体工程	熟悉砖砌体施工工艺	砖基础的砌筑、砖墙砌筑
混凝土小型空心砌块砌体工程	熟悉混凝土小型空心砌块的种类、掌握混凝土小型空心砌体构造、熟悉芯柱设计、熟悉小型砌块施工、熟悉芯柱施工以及加气混凝土砌块施工	混凝土小型空心砌块的种类、混凝土小型空心砌体构造、芯柱设计、小型砌块施工、芯柱施工、加气混凝土砌块施工
配筋砌体工程	熟悉构造柱和砖组合砌体、网状配筋砖砌体	构造柱和砖组合砌体构造、构造柱和砖组合砌体施工、网状配筋砖砌体的构造、网状配筋砖砌体施工
填充墙砌体工程	熟悉填充墙的构造要求、加气混凝土小型砌块填充墙施工	加气混凝土小型砌块填充墙施工工艺流程、加气混凝土小型砌块填充墙施工要点

思政目标

砌筑工程是建筑工程中的重要工程之一。砌筑工程技术规程较为烦琐,但是要保证建筑工程质量必须按照技术规程进行施工。建筑工程中,对于不完全按照技术规程施工的人大有人在,但是这种行为是不被允许的。学生应当明白,即使施工工序烦琐,也不应当简化,因为技术规程是科学施工的保证,用于保证建筑安全和人的生命安全。施工人员应当秉承建筑安全和生命第一位对待施工过程心理。

案例导入

砌筑工程在建筑施工流程中是需要人最多的,也是要求砌筑工人具备较高技术的。砌筑工程需要砌筑工人掌握砌筑材料,如块材和砂浆等的性能以及砌筑的量度和技巧,其中砌筑技巧是砌筑技术规程和经验的总结,是砌筑工人的宝贵财富。

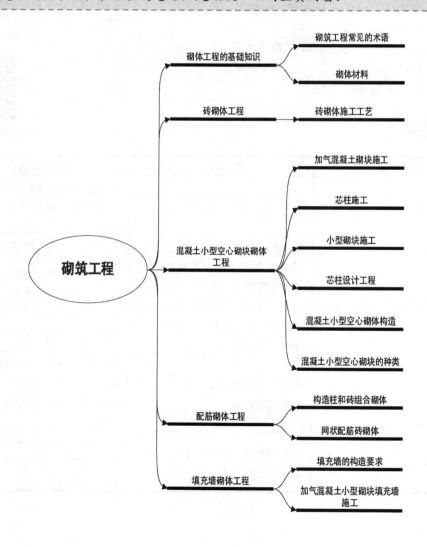

砌筑工程
- 砌体工程的基础知识
  - 砌筑工程常见的术语
  - 砌体材料
- 砖砌体工程
  - 砖砌体施工工艺
- 混凝土小型空心砌块砌体工程
  - 加气混凝土砌块施工
  - 芯柱施工
  - 小型砌块施工
  - 芯柱设计工程
  - 混凝土小型空心砌体构造
  - 混凝土小型空心砌块的种类
- 配筋砌体工程
  - 构造柱和砖组合砌体
  - 网状配筋砖砌体
- 填充墙砌体工程
  - 填充墙的构造要求
  - 加气混凝土小型砌块填充墙施工

3.1　砌体工程的基础知识

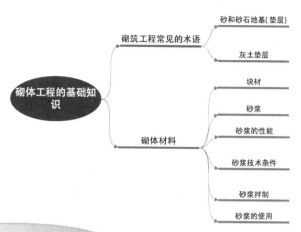

带着问题学知识

混水墙和清水墙的区别是什么?

马牙槎定义是什么?

块材类型有哪些?

砂浆用水泥品种有哪些?

砂浆拌制方法以及步骤是什么?

　　砌筑工程一般是指采用一定的工艺方法将砌筑砂浆与各种砌块砌筑成为组砌物。砌筑工程施工是一个以手工操作为主的传统工种。

3.1.1　砌筑工程常见的术语

　　混水墙和清水墙是两种施工工艺类似的砌体,但是清水墙的技术、质量要求比混水墙高。混水墙是指墙体砌成后需要进行装饰处理才能使用的墙体,而清水墙是只需其表面作勾缝处理的墙体,目的是保持砖本身质地。

砌筑工程
常见的术语

　　马牙槎、皮数杆、百格网是在砌筑工程中常见的术语。马牙槎是砌体结构构造柱部位墙体的一种砌筑形式;皮数杆是砌筑每皮块体的竖向尺寸和各构件标高的标志杆;百格网是检查块材底面砂浆黏结痕迹面积(即水平灰缝饱满度)的工具。

3.1.2　砌体材料

1. 块材

块材分为砖、砌块与石材三大类。

1) 砖

砌体工程中用的砖是指烧结普通砖、烧结多孔砖、烧结空心砖及煤渣砖等。

(1) 常见的烧结普通黏土砖的尺寸为 240mm×115mm×53mm，抗压强度分为 MU30、MU25、MU20、MU15 和 MU10 五个强度等级。其孔洞率不大于 15%。

(2) 烧结多孔砖的外形为矩形体，其长度、宽度、高度尺寸有 190mm×190mm×90mm 和 240mm×115mm×90mm 两种。烧结多孔砖的孔洞率在 15% 以上，抗压强度分为 MU30、MU25、MU20、MU15 和 MU10 五个强度等级。

(3) 烧结空心砖的外形为矩形体，其长度有 140mm、180mm、190mm，高度有 90mm、115mm。烧结空心砖的孔洞率在 35% 以上，一般用于非承重墙。

(4) 煤渣砖尺寸为 240mm×115mm×53mm，抗压强度分为 MU20、MU15、MU10 和 MU7.5 四个强度等级。

2) 砌块

砌块主要有混凝土小型空心砌块、加气混凝土砌块和石膏砌块 3 类。

(1) 混凝土小型空心砌块。

分为普通混凝土和轻集料混凝土两大类。普通混凝土小型空心砌块为竖向方孔，强度等级有 MU20、MU15、MU10、MU7.5 和 MU5 五个等级。按外观质量分为优等品、一等品和二等品。砌块主规格为 390mm×190mm×190mm，空心率不小于 25%。

轻集料混凝土小型空心砌块具有重量轻、隔音保温效果好、砌筑速度快、建筑使用面积大、综合造价低等优点，主要用于保温的围护结构，强度级别分为 1.5、2.5、3.5、5.5、7.5 和 10 六个等级；密度分为 500、600、700、800、900、1000、1200 和 1400 八个级别；砌块等级分为一等品和合格品。

(2) 加气混凝土砌块。

加气混凝土砌块是在混凝土配料中加入发气剂，经搅拌、成型、发气膨胀、切割、高压蒸养而成的多孔硅酸盐砌块。其重量仅为黏土砖的 1/3，保温、隔音、抗渗性能分别是黏土砖的 3、2、1 倍，耐火性能是钢筋混凝土的 6～8 倍，且施工性能优良。

规格：长度均为 600mm，高度有 200mm、240mm、250mm 和 300mm 四种，宽度从 100～300mm 有 9 种规格；强度级别分别 A1.0、A2.0、A2.5、A3.5、A5、A7.5 和 A10 七个等级；干密度级别为 B03、B04、B05、B06、B07 和 B08 六个级别；砌块等级分为优等品和合格品。

3) 石材

石材分为毛石和料石两种。

(1) 毛石。

毛石又可分为平毛石和乱毛石。平毛石是两个平面大致平行的不规则形状石块，中部厚度不小于 150mm，可用于砌筑基础、堤坝、挡土墙等。乱毛石是用作毛石混凝土的骨料或填筑路基的不规则形状石块。

(2) 料石。

料石按加工面的平整程度分为细料石、半细料石、粗料石和毛料石四种。料石的宽度、厚度均不宜小于 200mm，长度不宜大于厚度的 4 倍。

石材强度等级分为 MU100、MU80、MU60、MU50、MU40、MU30、MU20 七级。

2. 砂浆

1) 水泥

(1) M15 及以下砂浆宜采用 32.5MPa 级通用硅酸盐水泥或砌筑水泥，M15 以上砂浆宜采用 42.5MPa 级通用硅酸盐水泥。

(2) 检验批应是同一生产厂家、同品种、同等级、同批号连续进场的水泥，袋装水泥不超过 200t 为一批，散装水泥不超过 500t 为一批。

(3) 当使用中对水泥质量有怀疑或水泥出厂超过 3 个月(快硬硅酸盐水泥超过 1 个月)时，应重新复验，并按其结果使用。不同品种的水泥不得混合使用。

2) 砂

砌筑砂浆用砂宜用中砂，毛石砌体宜选用粗砂。水泥砂浆和强度等级不小于 M5 的水泥混合砂浆，砂中的含泥量不应超过 5%；强度等级小于 M5 的水泥混合砂浆，砂中的含泥量不应超过 10%。

3) 外掺料

砂浆中的外掺料包括石灰膏、石灰和粉煤灰。采用混合砂浆时，应将生石灰熟化成石灰膏，并用 3mm×3mm 的网过滤，熟化时间不得少于 7d，磨细的生石灰粉的熟化时间不得少于 2d。消石灰不得直接用于砂浆中，在砌筑砂浆中加入粉煤灰时，宜采用干排灰。

4) 外加剂

凡在砌体砂浆中使用的增塑剂、早强剂、缓凝剂及防冻剂等，其品种和用量应经有资质的检测单位检验和试配确定。

3. 砂浆的性能

通常通过计算和试配获得砂浆的配合比。

砂浆的性能

(1) 按照使用原料与使用目的分类，可分为水泥砂浆、混合砂浆和石灰砂浆 3 类。砌筑砂浆又可分为现场配制砂浆和预拌砌筑砂浆。

(2) 现场配制砂浆分为水泥砂浆(M30、M25、M20、M15、M10、M7.5、M5 七个强度等级)和水泥混合砂浆(M15、M10、M7.5、M5 四个强度等级)。

水泥砂浆适用处于潮湿环境的高强度砂浆与砌体；混合砂浆适用于一般砌体；石灰砂浆适用于临时建筑。

砂浆的强度是以边长为 70.7mm 的立方体试块，在标准养护条件(温度为(20±2)℃、相对湿度在 90% 以上)下，用标准试验方法测得 28d 龄期的抗压强度值(单位为 MPa)确定的。

4. 砂浆技术条件

砌筑砂浆和水泥砂浆拌合物的密度不宜小于 1900kg/m³；水泥混合砂浆拌合物的密度不宜小于 1800kg/m³。砌筑砂浆的稠度应按表 3.1 的规定选用。

表 3.1　砌筑砂浆的稠度

砌体种类	砂浆稠度/mm
烧结普通砖砌体	70～90
轻骨料混凝土小型空心砌块砌体	60～90
烧结多孔砖砌体、空心砖砌体	60～80

续表

砌体种类	砂浆稠度/mm
烧结普通砖平拱式过梁 空斗墙、简拱 普通混凝土小型空心砌块 加气混凝土砌块砌体	50～70
石砌体	30～50

砌筑砂浆的稠度、保水率、试配抗压强度应同时满足要求。

5. 砂浆拌制

砌筑砂浆应采用机械搅拌，搅拌时间自投料完起算应符合下列规定。

(1) 水泥砂浆和水泥混合砂浆不得少于120s。

(2) 水泥粉煤灰砂浆和掺用外加剂的砂浆不得少于180s；干混砂浆及加气混凝土砌块专用砂浆按掺用外加剂情况下或说明书确定搅拌时间。

(3) 对于掺增塑剂的砂浆，液体增塑剂于水泥、砂干拌混合均匀后添加；固体增塑剂和水泥、砂干拌混合均匀后，将拌合水倒入其中继续搅拌。从加水开始，搅拌时间不应少于210s。

6. 砂浆的使用

砂浆使用应遵守随拌随用原则，一般在3h内使用完毕，当最高气温超过30℃时，则应在2h内使用完毕。

【例3.1】2008年某农村农民打算在自家地基上新建一栋自建房，共3层。其房子打算采用烧结普通砖进行砌筑。

(1) 请选择适当的烧结普通强度。

(2) 请选择其房子地基砌筑石材类型。

3.2 砖砌体工程

1. 砖基础的砌筑

1) 砖基础砌筑

砖基础由下部大放脚和上部基础墙组成施工时，在垫层上砌筑。

2) 等高式和间隔式

大放脚的宽度为半砖长的整数倍。等高式和间隔式大放脚(不包括基础下面的混凝土垫层)的共同特点是最下层都应为两皮砖砌筑，如图 3.1 所示。

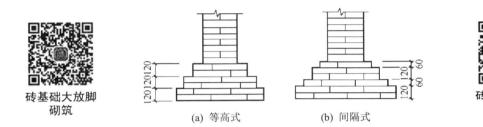

图 3.1　砖基础大放脚形式

(a) 等高式　　(b) 间隔式

3) 砖基础大放脚砌筑

(1) 一般采用一顺一丁形式，即一皮顺砖与一皮丁砖相间砌筑，上、下皮垂直灰缝相互错开 1/4 砖(60mm)。

(2) 砖基础的转角处、交接处为错缝需要加砌配砖(3/4 砖、半砖或 1/4 砖)。图 3.2 所示为底宽为 2 砖半转角处分皮砌法。

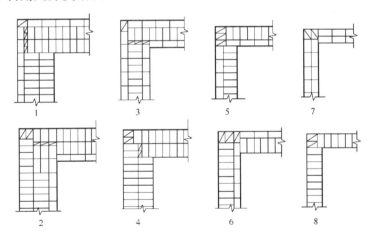

图 3.2　大放脚转角处分皮砌法

(3) 砖基础的水平灰缝厚度和垂直灰缝宽度宜为 10mm。

(4) 砖基础的底标高不相同时，应从低处开始砌筑，并应由低处向高处搭砌，当设计无要求时，搭砌长度不应小于砖基础大放脚的高度，如图 3.3 所示。

(5) 砌筑前先进行基础盘角，每次盘角高度不应超过 5 层砖，随盘随靠平、吊直，采用"三一"砌砖法砌筑。

(6) 砌基础墙时 240mm 墙反手挂线，370mm 以上墙应双面挂线，竖向灰缝不得出现透明缝、瞎缝和假缝。

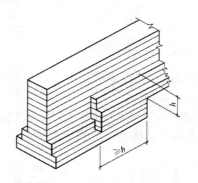

图 3.3　基底标高不同时砖基础的搭砌

(7)　对于基础墙的防潮层，当设计无具体要求时，宜用 1∶2 水泥砂浆加适量防水剂铺设，其厚度宜为 20mm。防潮层位置宜设置在室内地面标高以下一皮砖(-0.06m)处。

2. 砖墙砌筑

1)　组砌方式及构造要求

(1)　砖墙根据其厚度不同，可采用全顺(120mm)、两平一侧(180mm 或 300mm)、全丁、一顺一丁、梅花丁或三顺一丁的砌筑形式，如图 3.4 所示。

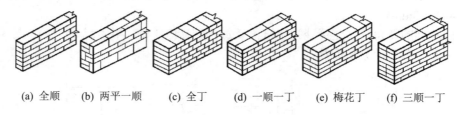

(a) 全顺　　(b) 两平一顺　　(c) 全丁　　(d) 一顺一丁　　(e) 梅花丁　　(f) 三顺一丁

图 3.4　砖墙砌筑形式

一砖厚承重墙每层墙的最上一皮砖、砖墙的阶台水平面上及挑出层，应采用整砖丁砌。砖墙的转角处、交接处，根据错缝需要应该加砌配砖。

图 3.5 所示为一砖厚墙一顺一丁转角处分皮砌法，配砖为 3/4 砖(俗称七分头砖)，位于墙外角。

图 3.6 所示为一砖厚墙一顺一丁交接处分皮砌法，配砖为 3/4 砖，位于墙交接处外面，仅在丁砌层设置。

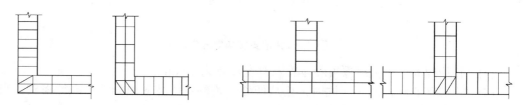

图 3.5　一砖厚墙一顺一丁转角处分皮砌法　　　图 3.6　一砖厚墙一顺一丁交接处分皮砌法

砖墙的水平灰缝厚度和垂直灰缝宽度宜为 10mm，但不应小于 8mm，也不应大于 12mm。

砖墙的水平灰缝砂浆饱满度不得小于 80%；垂直灰缝宜采用挤浆或加浆方法，施工时不得出现透明缝、瞎缝和假缝。

(2)　对于多孔砖，方形多孔砖一般采用全顺砌法，手抓孔应平行于墙面，上下皮垂直灰缝相互错开半砖长。矩形多孔砖宜采用一顺一丁或梅花丁的砌筑形式，上、下皮垂直灰缝应相互错开 1/4 砖长，如图 3.7 所示。

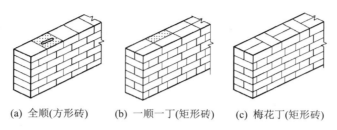

(a) 全顺(方形砖)　　(b) 一顺一丁(矩形砖)　　(c) 梅花丁(矩形砖)

图 3.7　多孔砖墙砌筑形式

方形多孔砖墙的转角处应加砌配砖(半砖)，配砖应位于砖墙外角，如图 3.8 所示。

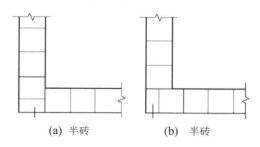

(a)　半砖　　　　　　(b)　半砖

图 3.8　方形多孔砖墙转角砌法

方形多孔砖的交接处应隔皮加砌配砖(半砖)，配砖应位于砖墙交接处外侧，如图 3.9 所示。

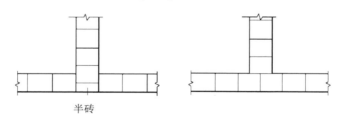

半砖

图 3.9　方形多孔砖墙交接处砌法

(3)　空心砖墙。砌筑空心砖墙时，砖应提前 1～2d 浇水湿润，砌筑时砖的含水率宜为 10%～15%。

空心砖墙应侧砌，其孔洞呈水平方向，上下皮垂直灰缝相互错开 1/2 砖长。空心砖墙底部宜砌 3 皮烧结普通砖，如图 3.10 所示。

空心砖墙与烧结普通砖墙交接处，应由普通砖墙引出不小于 240mm 的长度与空心砖墙相接，并在隔 2 皮空心砖高的交接处的水平灰缝中设置 $2\phi6mm$ 钢筋作为拉结筋，拉结钢筋在空心砖墙中的长度不小于空心砖长加 240mm，如图 3.11 所示。

空心砖墙的转角处应用烧结普通砖砌筑，砌筑的长度角边不小于 240mm。

空心砖墙砌筑不得留置斜槎或直槎，中途停歇时，应将墙顶砌平。在转角处、交接处，空心砖与普通砖应同时砌起。

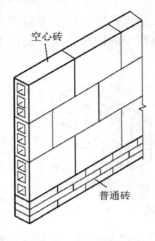

图 3.10　空心砖墙

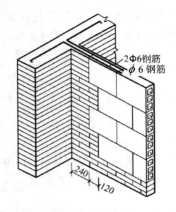

图 3.11　空心砖墙与普通砖墙交接

2)　砌筑工艺流程

砖墙的砌筑工序包括找平、放线、摆砖样、立皮数杆、盘角、挂线、铺灰砌砖以及清理等。

(1)　找平。

按标准的水准点定出各层标高，厚度不大于 20mm 时用 1∶3 水泥砂浆找平，厚度大于 20mm 时一般用 C15 细石混凝土找平。

(2)　放线。

建筑物底层墙身可按龙门板上定位轴线将墙身中心轴线放到基础面上，根据控制轴线，弹出纵横墙身中心线与边线，定出门洞口位置。利用预先引测在外墙面上的复核墙身中心轴线，借助经纬仪把墙身中心轴线引测到楼层上去，或用线锤对准外墙面上的墙身中心轴线，从而向上引测，如图 3.12 所示。

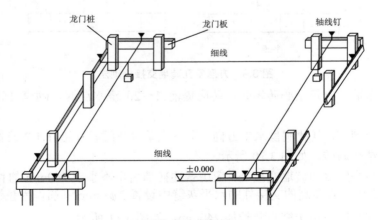

图 3.12　龙门板

(3)　摆砖样。

按选定的组砌方法，在墙基顶面放线位置试摆砖样(生摆，即不铺灰)，如图 3.13 所示。

<table>
<tr><td align="center">第一皮</td><td align="center">第二皮</td><td align="center">第一皮</td><td align="center">第二皮</td><td align="center">第一皮</td><td align="center">第二皮</td></tr>
<tr><td colspan="2" align="center">(a) 转角接头处</td><td colspan="2" align="center">(b) 丁字接头处</td><td colspan="2" align="center">(c) 十字接头处</td></tr>
</table>

图 3.13　摆砖样

(4) 立皮数杆(见图 3.14)。

砌体的灰缝大小一般为 8～12mm。皮数杆上划有每皮砖和灰缝的厚度以及门窗洞、过梁、楼板底面等标高。它立于墙的转角处，其基准标高用水准仪校正。

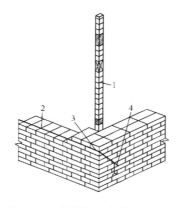

图 3.14　皮数杆与皮水平控制线

1—皮数杆；2—水平控制线；3—转角处水平控制线固定铁钉；4—末端水平控制线固定铁钉

(5) 盘角、挂线。

盘角，墙身砌筑前墙角砌筑的几皮；挂线，盘角之间拉上的准线。每次盘角不得超过 5 皮砖，遵循"3 皮一吊、5 皮一靠"的原则。盘角后，应在墙侧挂上准线，作为墙身砌筑的依据。

(6) 铺灰砌砖。

铺灰砌砖常用的有"三一"法和铺浆法。"三一"砌砖法的操作要点是一铲灰、一块砖、一挤揉，并随手将挤出的砂浆刮去，操作时砖块要放平、跟线。

铺浆法即先用砖刀或小方铲在墙上铺 500～750mm 长的砂浆，然后用砖刀调整好砂浆的厚度，再将砖沿砂浆面向接口处推进并揉压，使竖向灰缝有 2/3 高的砂浆，最后再用砖刀将砖调平，依次操作。

(7) 清理。

当每一层砖砌体砌筑完成后，应进行墙面、柱面及落地灰的清理。对于清水砖墙，在清理前还需要进行勾缝，勾缝采用 1∶1.5 或者 1∶2 的水泥砂浆；如用里脚手架砌墙，也可以采用砌筑砂浆随砌随勾，勾缝要求横平竖直、深浅一致。缝的形式有凹缝和平缝等，其中凹缝深度一般为 4～5mm。

3) 砖砌体的砌筑要求

(1) 楼层标高的控制。

在砌筑砖砌体时，楼层或楼面标高自下而上传递常用的方法有以下 3 种。

① 利用皮数杆传递。

② 用钢尺沿某一墙角的±0.000 标高起向上直接丈量传递。

③ 在楼梯间吊钢尺，用水准仪直接读取传递。

每层楼的墙体砌到一定高度后，用水准仪在各内墙面分别进行抄平，并在墙面上弹出离室内地面高 500mm 的水平线，俗称"500 线"。这条线是对该楼层进行室内装修施工时，用来控制标高的依据。

(2) 施工洞口的留设。

砖砌体施工时，为了方便后续工作，常在外墙和内墙上留设临时性施工洞口，洞顶设置过梁。洞口侧边距丁字相交的墙面不小于 500mm，洞口净宽度不应超过 1m。对于设计规定的设备管道、沟槽脚手架和预埋件，应在砌筑墙体时预留和预埋，不得事后随意打凿墙体。现场施工时，砖墙每天砌筑的高度不宜超过 1.8m，雨天施工时，每天砌筑高度不宜超过 1.2m。

(3) 保证砖砌体整体性的砌筑要求。

① 为保证砌筑墙体的整体性，240mm 厚承重墙的每层最上一皮砖，挑出层应整砖丁砌；楼板、梁、梁垫及屋架的支撑处应整砖丁砌。

② 宽度小于 1m 的窗间墙应选用整砖砌筑，半砖和破损的砖应分散用于墙心或受力较小部位。

③ 墙体的下列部位不得留设脚手眼。

a. 120mm 厚墙、清水墙、料石墙、独立柱和附墙柱。

b. 过梁上与过梁成 60° 角的三角形范围及过梁净跨度 1/2 的高度范围内。

c. 宽度小于 1m 的窗间墙。

d. 门窗洞口两侧石砌体 300mm，其他砌体 200mm 范围内；转角处石砌体 600mm，其他砌体 450mm 范围内。

e. 梁或梁垫下及其左右 500mm 范围内。

f. 设计不允许设置脚手眼的部位。

g. 轻质墙体。

h. 夹心复合墙外叶墙。

(4) 构造柱施工。

钢筋混凝土构造柱是从构造角度考虑，在建筑物的四角、内外墙交接处及楼梯门与电梯间的 4 个角上设置的配筋柱体。构造柱的最小截面可采用 240mm×180mm，纵向钢筋采用 $4\phi12mm$，箍筋采用 $\phi4\sim6mm$，其间距不宜大于 250mm。构造柱与墙体应砌成马牙槎，马牙槎的高度不宜超过 300mm，沿墙高每 500mm 设置 $2\phi6mm$ 的水平拉结筋，每边伸入墙内不宜小于 1000mm。

3.3　混凝土小型空心砌块砌体工程

3.3.1　混凝土小型空心砌块的种类

1. 普通混凝土小型空心砌块

普通混凝土小型空心砌块以水泥、砂、碎石或卵石以及水等为材料预制而成。

普通混凝土小型空心砌块的主规格尺寸为 390mm×190mm×190mm，有两个方形孔，最小外壁厚应不小于 30mm，最小肋厚应不小于 25mm，空心率应不小于 25%。

普通混凝土小型空心砌块按其强度分为 MU3.5、MU5、MU7.5、MU10、MU15、MU20 六个强度等级。

2. 轻骨料混凝土小型空心砌块

轻骨料混凝土小型空心砌块以水泥、轻骨料、砂和水等为材料预制而成。

轻骨料混凝土小型空心砌块的主规格尺寸为 390mm×190mm×190mm，按其孔的排数可分为单排孔、双排孔、三排孔和四排孔 4 类。

轻骨料混凝土小型空心砌块按其密度可分为 500、600、700、800、900、1000、1200、1400 八个密度等级。

轻骨料混凝土小型空心砌块按其强度可分为 MU1.5、MU2.5、MU3.5、MU5、MU7.5、MU10 六个强度等级。

3.3.2 混凝土小型空心砌体构造

混凝土小型空心砌块砌体所用的材料除要满足强度计算要求外，还应符合下列要求。

(1) 砌块龄期不应小于 28d。

(2) 砌块外观质量合格且表面干净无污物。

(3) 小砌块应选用专用砌筑砂浆。

(4) 防潮要求砌块应采用强度等级不低于 C20(或 Cb20)的混凝土灌实小砌块的孔洞。

混凝土小型
空心砌块

(5) 砌筑普通混凝土小型空心砌块砌体，不需浇水湿润，实在干燥情况只需喷水湿润；轻骨料混凝土小砌块应提前浇水湿润，块体的相对含水率宜为 40%～50%。

(6) 承重墙体使用的小砌块应完整、无破损、无裂缝。

(7) 小砌块墙体应孔对孔、肋对肋错缝搭砌。单排孔小砌块的搭接长度应为块体长度的 1/2；多排孔小砌块的搭接长度可适当调整，但不宜小于小砌块长度的 1/3，且不应小于 90mm。当墙体的个别部位不能满足上述要求时，应在灰缝中设置拉结钢筋或钢筋网片，但竖向通缝仍不得超过两皮小砌块。

(8) 小砌块应将底面朝上反砌于墙上。

(9) 小砌块墙体宜逐块坐(铺)浆砌筑。

(10) 在散热器、厨房和卫生间等设备的卡具安装处砌筑的小砌块，宜在施工前用强度等级不低于 C20(或 Cb20)的混凝土将其孔洞灌实。

(11) 每步架墙(柱)砌筑完后，应随即刮平墙体灰缝。

3.3.3 芯柱设计

1) 墙体宜设置芯柱的部位

(1) 外墙转角、楼梯间四角的纵横墙交接处的 3 个孔洞，宜设置素混凝土芯柱。

(2) 5 层及 5 层以上的房屋，应在上述部位设置钢筋混凝土芯柱。

芯柱设计

2) 芯柱的构造要求

(1) 芯柱截面不宜小于 120mm×120mm，宜用不低于 C20 的细石混凝土浇灌。

(2) 钢筋混凝土芯柱每孔内插竖筋不应小于 $1×\phi10$mm，底部应伸入室内地面下 500mm 或与基础圈梁锚固，顶部与屋盖圈梁锚固。

(3) 在钢筋混凝土芯柱处，沿墙高每隔 600mm 应设 ϕ4mm 钢筋网片拉结，每边伸入墙体不小于 600mm，如图 3.15 所示。

(4) 芯柱应沿房屋贯通全高，并与各层圈梁整体现浇，可采用图 3.16 所示的做法。

在 6～8 度抗震设防的建筑物中，应按芯柱位置要求设置钢筋混凝土芯柱；对于医院、教学楼等横墙较少的房屋，应根据房屋增加的层数，按表 3.2 的要求设置芯柱。

芯柱竖向插筋应贯通墙身且与圈梁连接，插筋不应小于 $1\phi12$mm。芯柱应伸入室外地下 500mm 处或锚入浅于 500mm 的基础圈梁内。芯柱混凝土应贯通楼板，当采用装配式钢筋混凝土楼板时，可采用图 3.17 所示的方式实施贯通措施。

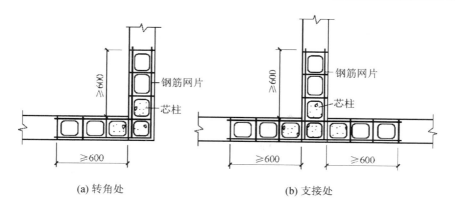

(a) 转角处　　　　　　　　　(b) 支接处

图 3.15　钢筋混凝土芯柱处拉筋

表 3.2　抗震设防区混凝土小型空心砌块房屋芯柱设置要求

房屋层数			设置部位	设置数量
6 度	7 度	8 度		
四	三	二	外墙转角、楼梯间四角、大房间内外墙交接处	外墙转角处灌实 3 个孔；内外墙交接处灌实 4 个孔
五	四	三		
六	五	四	外墙转角、楼梯间四角、大房间内外墙交接处、山墙与内纵墙交接处、隔开间横墙(轴线)与外纵墙交接处	
七	六	五	外墙转角、楼梯间四角、各内墙(轴线)与外墙交接处；8 度时，内纵墙与横墙(轴线)交接处和洞口两侧	外墙转角处灌实 5 个孔；内外墙交接处灌实 4 个孔；内墙交接处灌实 4～5 个孔；洞口两侧各灌实 1 个孔

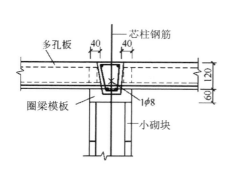

图 3.16　芯柱贯穿楼板的构造

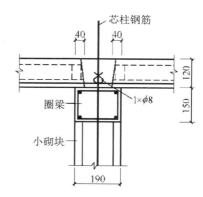

图 3.17　芯柱贯通楼板措施

抗震设防地区芯柱与墙体连接处应设置 ϕ4mm 钢筋网片拉结，钢筋网片每边伸入墙内不宜小于 1m，且沿墙高每隔 600mm 设置一处。

3.3.4 小型砌块施工

普通混凝土小砌块不需要浇水，除非在天气干燥炎热时，可以给砌块喷水使其稍微湿润即可；轻集料混凝土小砌块可洒水但不需要太湿润。对于龄期不足 28d 的砌块不可以使用进行砌筑。

砌块最好采用主规格小砌块，同时选择设计要求的等级砌块以及表面无污物的砌块。

按照技术原则设立皮数杆。当砌筑厚度大于 190mm 的小砌块墙体时，宜在墙体内、外侧双面挂线。

小型砌块砌筑应从转角或定位处开始，内外墙同时砌筑，纵横墙交错搭接。外墙转角处应使小型砌块隔皮露端面；T 形交接处应使横墙小砌块隔皮露端面，纵墙在交接处改砌两块辅助规格小型砌块(尺寸为 290mm×190mm×190mm，一头开口)，所有露端面用水泥砂浆抹平，如图 3.18 所示。

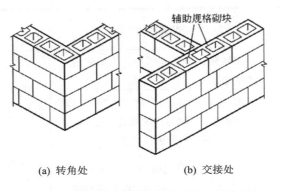

小型砌块施工

(a) 转角处   (b) 交接处

图 3.18 小型砌块墙转角处及 T 形交接处砌法

小型砌块应对孔错缝搭砌，上、下皮竖向灰缝相互错开190mm。当无法对孔砌筑时，普通混凝土小型砌块错缝长度不应小于 90mm，轻骨料混凝土小型砌块错缝长度不应小于120mm。当不能保证此规定时，应在水平灰缝中设置 $2\phi4mm$钢筋网片，钢筋网片每端均应超过该垂直灰缝，其长度不得小于 300mm，如图 3.19 所示。

小型砌块砌体的灰缝应横平竖直，全部灰缝均应铺填砂浆；水平灰缝的砂浆饱满度不得低于 90%；竖向灰缝的砂浆饱满度不得低于 80%；砌筑中不得出现瞎缝、透明缝。水平灰缝厚度和竖向灰缝宽度应控制在 8～12mm。当缺少辅助规格小砌块时，砌体通缝不应超过两皮砌块。

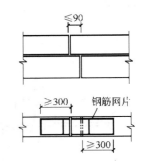

图 3.19 水平灰缝中拉结筋

墙体转角处和纵横交接处应同时砌筑。临时间断处应砌成斜槎，斜槎水平投影长度不应小于斜槎高度。临时施工洞口可预留直槎，但在补砌洞口时，应在直槎上下搭砌的小砌块孔洞内用强度等级不低于 C20 或 Cb20 的混凝土灌实。

承重砌体严禁使用断裂小砌块或壁肋中有竖向凹形裂缝的小型砌块砌筑，也不得采用小型砌块与烧结普通砖等其他块体材料混合砌筑。

　　小型砌块砌体内不宜设脚手眼，如必须设置时，可用辅助规格 190mm×190mm×190mm 的小砌块侧砌，利用其孔洞作脚手眼，砌体完工后用 C15 混凝土填实，但在砌体下列部位不得设置脚手眼。

(1) 过梁上部，与过梁成 60° 角的三角形及过梁跨度 1/2 范围内。

(2) 宽度不大于 800mm 的窗间墙。

(3) 梁和梁垫下及左右各 500mm 的范围内。

(4) 门窗洞口两侧 200mm 内和砌体交接处 400mm 的范围内。

(5) 结构设计规定不允许设脚手眼的部位。

　　小型砌块砌体相邻工作段的高度差不得大于一个楼层高度或 4m。

　　常温条件下，普通混凝土小型砌块的日砌筑高度应控制在 1.8m 内；轻骨料混凝土小型砌块的日砌筑高度应控制在 2.4m 内。

　　砌体表面的平整度和垂直度、灰缝的厚度和砂浆饱满度应随时检查、校正偏差。在砌完每一楼层后，应校核砌体的轴线尺寸和标高，在允许范围内的轴线及标高的偏差可在楼板面上予以校正。

3.3.5　芯柱施工

　　芯柱施工混凝土宜选用专用小砌块灌孔混凝土。浇筑芯柱混凝土应符合下列规定：

(1) 每次连续浇筑的高度宜为半个楼层，但不应大于 1.8m；

(2) 浇筑芯柱混凝土时，砂浆强度应大于 1MPa；

(3) 清除孔内掉落的砂浆等杂物，并用水冲淋孔壁；

(4) 浇筑芯柱混凝土前，应先注入适量与芯柱混凝土成分相同的去石砂浆；

(5) 每浇筑 400～500mm 高度捣实一次，或边浇筑边捣实。

　　芯柱部位宜采用不封底的通孔小砌块，当采用半封底小砌块时，砌筑前必须打掉孔洞毛边。

　　在楼(地)面砌筑第一皮小型砌块时，芯柱部位应用开口砌块(或 U 形砌块)砌出操作孔，操作孔侧面宜预留连通孔，必须清除芯柱孔洞内的杂物、削掉孔内凸出的砂浆，用水冲洗干净，校正钢筋位置并经过绑扎或焊接固定后，方可浇灌混凝土。

　　芯柱钢筋应与基础或基础梁中的预埋钢筋连接，上下楼层的钢筋可在楼板面上搭接，搭接长度不应小于 40d(d 为钢筋直径)。

　　砌完一个楼层高度后，应连续浇灌芯柱混凝土。每浇灌 400～500mm 高度需捣实一次，或边浇灌边捣实。浇灌混凝土前，先注入适量水泥砂浆；严禁灌满一个楼层后再捣实，宜采用插入式混凝土振动器捣实，混凝土坍落度不应小于 50mm。砌筑砂浆强度达到 1.0MPa 以上方可浇灌芯柱混凝土。

3.3.6　加气混凝土砌块施工

1. 加气混凝土砌块砌体构造

(1) 加气混凝土砌块的出厂龄期不少于 28d。

(2) 运输、装卸加气混凝土砌块过程中严禁抛掷和倾倒，现场堆放时须下垫上盖，防止雨淋，堆置高度不超过 2m。

(3) 砌块需提前 2d 浇水湿润，并将砌块表面的浮尘冲洗干净。

(4) 砌筑加气混凝土砌块墙体时，墙体底部应砌普通实心砖或设置现浇混凝土导墙，高度不小于 200mm。

(5) 加气混凝土砌块墙的灰缝应横平竖直、砂浆饱满，水平灰缝砂浆的饱满度不应小于 90%，竖向灰缝砂浆的饱满度不应小于 80%。水平灰缝的厚度宜为 15mm，竖向灰缝的宽度宜为 20mm。

(6) 砌块排列上下皮应错缝搭砌，搭砌长度为主砌块长度的 1/3 且不小于 150mm，不能满足时，应在水平灰缝处设置 $2\phi6$mm 的拉结筋或 $\phi4$mm 钢筋网片，拉结筋或网片的长度不小于 700mm，如图 3.20 所示。

(7) 加气混凝土砌块墙的转角处，应使纵横墙的砌块相互搭砌，隔皮砌块露端面。加气混凝土砌块墙的 T 形交接处，应使横墙砌块隔皮露端面，并坐中于纵墙砌块，如图 3.21 所示。

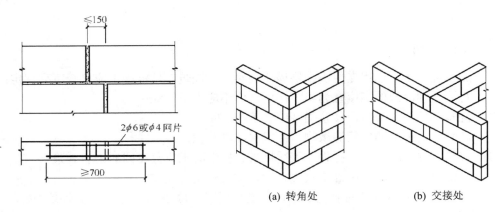

图 3.20　加气混凝土砌块墙中的拉结筋　　图 3.21　加气混凝土砌块墙的转角处、交接处砌法

2．加气混凝土砌块墙如无切实有效措施不得使用的部位

(1) 建筑物室内地面标高以下部位。

(2) 长期浸水或经常受干湿交替部位。

(3) 受化学环境侵蚀(如强酸、强碱)或高浓度二氧化碳等环境。

(4) 砌块表面经常处于 80℃以上的高温环境。

加气混凝土砌块墙上不得留设脚手眼。每一楼层内的砌块墙体应连续砌完，不留接槎。如必须留槎时应留成斜槎，或在门窗洞口侧边间断。

3．加气混凝土砌块的构造要求

(1) 加气混凝土可砌成单层墙或双层墙，双层墙间每隔 600mm 墙高在水平灰缝中放置 $\phi4\sim6$mm 的钢筋扒钉，扒钉间距为 600mm，空气层厚度为 70～80mm，如图 3.22 所示。

(2) 外墙转角处及纵横墙交接处的墙体应同时砌筑，对不能同时砌筑又必须留置的临时间断处，应留置斜槎。承重加气混凝土砌块墙沿墙高每 1m 左右在水平灰缝中放置 $3\phi6$mm 拉结筋，钢筋伸入墙内不小于 1m；非承重加气混凝土砌块墙放置 $2\phi6$mm 拉结筋，钢筋伸

入墙内　不小于 700mm。

(3) 圈梁、腰梁及构造柱。除规范及图纸要求设置外，下列部位应增设圈梁、腰梁及构造柱：自由端的墙体顶面、高度超过 4m 的墙体应增设钢筋混凝土圈梁；未开窗洞的外墙墙体(3m 以下)中部增设钢筋混凝土腰梁；宽度≥2m 洞口的两侧、长度＞2.5m 的独立墙体端部、墙体长度＞5m、外墙阳角、支承在悬臂梁板上的墙体等部位应增设钢筋混凝土构造柱。

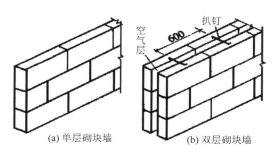

(a) 单层砌块墙　　　　(b) 双层砌块墙

图 3.22　加气混凝土砌块墙

【例 3.2】2020 年 6 月 C 市永宁区拟建一个大型商场。一年后，砌筑工程开始施工，采用混凝土小型空心砌块砌筑。

(1) 请阐述可以选择的混凝土小型空心砌块种类。

(2) 请阐述混凝土小型空心砌体构造除了材料和强度之外的要求。

(3) 请阐述加气混凝土砌块砌体构造要求。

3.4　配筋砌体工程

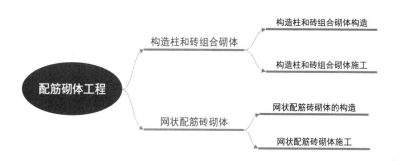

带着问题学知识

构造柱和砖组合墙由哪些部分组成？
构造柱和砖组合墙的施工程序是什么？
网状配筋砖砌体有哪些类型？

3.4.1 构造柱和砖组合砌体

1. 构造柱和砖组合砌体构造

构造柱和砖组合砌体仅有组合砖墙,如图3.23所示。

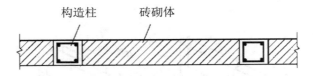

图3.23 构造柱和砖组合墙

构造柱和砖组合墙由钢筋混凝土构造柱、烧结普通砖墙以及拉结钢筋等组成。

钢筋混凝土构造柱的截面尺寸不宜小于240mm×240mm,其厚度不应小于墙厚,边柱、角柱的截面宽度宜适当加大。构造柱内设置的竖向受力钢筋,对于中柱不宜少于$4\phi12mm$;对于边柱、角柱不宜少于$4\phi14mm$。构造柱竖向受力钢筋的直径也不宜大于16mm,其一般部位箍筋宜采用$\phi6mm$钢筋,间距200mm;楼层上下500mm范围内宜采用$\phi6mm$钢筋,间距100mm。构造柱可以不单独设置基础,但应伸入室外地面下500mm或锚入浅于500mm的基础圈梁内。构造柱的混凝土强度等级不宜低于C20。烧结普通砖墙,所用砖的强度等级不应低于MU10,砌筑砂浆的强度等级不应低于M5。砖墙与构造柱的连接处应砌成马牙槎,每一个马牙槎的高度不宜超过300mm,并应沿墙高每隔500mm设置$2\phi6mm$拉结钢筋,拉结钢筋每边伸入墙内不宜小于600mm,如图3.24所示。

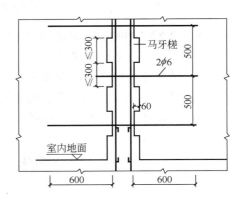

图3.24 砖墙与构造柱连接

构造柱和砖组合墙的房屋,应在纵横墙交接处、墙端部和较大洞口的洞边设置构造柱,其间距不宜大于4m。各层洞口宜设置在对应位置,并宜上下对齐。

构造柱和砖组合墙的房屋,应在基础顶面、有组合墙的楼层处设置现浇钢筋混凝土圈梁,圈梁的截面高度不宜小于240mm。

2. 构造柱和砖组合砌体施工

构造柱和砖组合墙的施工程序应为先砌墙后浇混凝土构造柱。构造柱的施工程序为绑扎钢筋→砌砖墙→支模板→浇混凝土→拆模。

构造柱可用木模板或组合钢模板。在每层砖墙及其马牙槎砌好后,应立即支设模板,模板必须与所在墙的两侧严密贴紧,支撑牢靠,从而防止模板缝漏浆。

构造柱的底部(圈梁面上)应留出两皮砖高的孔洞,以便清除模板内的杂物,清除后应立即封闭。

构造柱浇灌混凝土前,必须将马牙槎部位和模板浇水湿润,将模板内的落地灰、砖渣等杂物清理干净,并在结合面处注入适量与构造柱混凝土型号相同的去石水泥砂浆。

构造柱的混凝土坍落度宜为 50～70mm，石子粒径不宜大于 20mm。混凝土随拌随用，拌合好的混凝土应在 1.5h 内浇灌完。

构造柱的混凝土浇灌可以分段进行，每段高度不宜大于 2.0m。在施工条件较好并能确保混凝土浇灌密实时，也可每层浇灌一次。

捣实构造柱混凝土时，宜用插入式混凝土振动器，并分层振捣，振动棒随振随拔，每次振捣层的厚度不应超过振捣棒长度的 1.25 倍。振捣棒应避免直接碰触砖墙，严禁通过砖墙传振。钢筋的混凝土保护层厚度宜为 20～30mm。

构造柱与砖墙连接的马牙槎内使用的混凝土必须密实饱满。

构造柱从基础到顶层必须垂直，对准轴线。在逐层安装模板前，必须根据构造柱轴线随时校正竖向钢筋的位置和垂直度。

3.4.2　网状配筋砖砌体

1. 网状配筋砖砌体的构造

网状配筋砖砌体有配筋砖柱和配筋砖墙，即在烧结普通砖砌体的水平灰缝中配置钢筋网，如图 3.25 所示。

网状配筋砖砌体所用烧结普通砖强度等级不应低于 MU10，砂浆强度等级不应低于 M7.5。

钢筋网可采用方格网或连弯网，方格网的钢筋直径宜采用 3～4mm；连弯网的钢筋直径不应大于 8mm。钢筋网中钢筋的间距不应大于 120mm，并不应小于 30mm。

钢筋网在砖砌体中的竖向间距不应大于 5 皮砖高，并不应大于 400mm。当采用连弯网时，网的钢筋方向应互相垂直，沿砖砌体高度交错设置，竖向间距取同一方向网的间距。

设置钢筋网的水平灰缝厚度，应保证钢筋上下至少各有 2mm 厚的砂浆层。

2. 网状配筋砖砌体施工

钢筋网应按设计规定先制作成型。砖砌体部分按常规方法砌筑。在配置钢筋网的水平灰缝中，应先铺一半厚的砂浆层，放入钢筋网后再铺一半厚砂浆层，使钢筋网居于砂浆层厚度中间，钢筋网四周应有砂浆保护层。

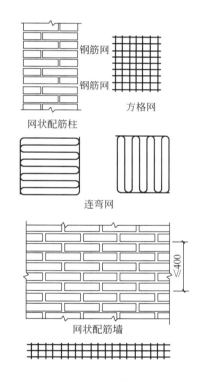

图 3.25　网状配筋砖砌体

配置钢筋网的水平灰缝厚度：当用方格网时，水平灰缝厚度为 2 倍钢筋直径加 4mm；当用连弯网时，水平灰缝厚度为钢筋直径加 4mm，确保钢筋上下各有 2mm 厚的砂浆保护层。

网状配筋砖砌体外表面宜用 1∶1 水泥砂浆勾缝或进行抹灰。

钢筋直径大于 22mm 时应采用机械连接接头，其他直径的钢筋可采用搭接接头，并应符合相关要求。

3.5　填充墙砌体工程

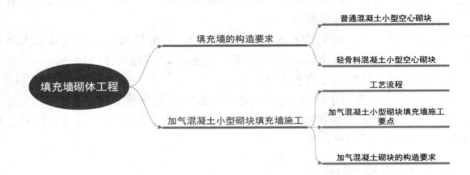

填充墙砌体工程

带着问题学知识

填充墙的块体湿润程度宜符合哪些规定？

加气混凝土小型砌块填充墙施工中立皮数杆、排砖摞底施工要点是什么？

填充墙砌至接近梁底、板底施工要点是什么？

3.5.1　填充墙的构造要求

(1) 砌筑填充墙时，轻骨料混凝土小型空心砌块和蒸压加气混凝土砌块的产品龄期不应小于28d，蒸压加气混凝土砌块的含水率宜小于30%。

(2) 烧结空心砖、蒸压加气混凝土砌块以及轻骨料混凝土小型空心砌块等的运输、装卸过程中，严禁抛掷和倾倒；进场后应按品种、规格堆放整齐，堆置高度不宜超过2m。蒸压加气混凝土砌块在运输及堆放中应防止雨淋。

(3) 吸水率较小的轻骨料混凝土小型空心砌块及采用薄灰砌筑法施工的蒸压加气混凝土砌块，砌筑前不应对其浇(喷)水湿润；在气候干燥炎热的情况下，可在砌筑前喷水湿润。

(4) 采用普通砌筑砂浆砌筑填充墙时，烧结空心砖和吸水率较大的轻骨料混凝土小型空心砌块应提前1～2d浇(喷)水湿润。蒸压加气混凝土砌块采用专用砂浆或普通砌筑砂浆砌筑时，应在砌筑当天对砌块砌筑表面喷水湿润，块体湿润程度宜符合下列规定：

① 烧结空心砖的相对含水率为60%～70%。

② 吸水率较大的轻骨料混凝土小型空心砌块、蒸压加气混凝土砌块的相对含水率为40%～50%。

(5) 在厨房、卫生间、浴室等处采用轻骨料混凝土小型空心砌块、蒸压加气混凝土砌块砌筑墙体时，墙底部宜现浇混凝土坎台，其高度宜为150mm。

(6) 填充墙拉结筋处的下皮小砌块宜采用半盲孔小砌块或用混凝土灌实孔洞的小砌块；采用薄灰砌筑法施工的蒸压加气混凝土砌块砌体，拉结筋应放置在砌块上表面设置的沟槽内。

(7) 蒸压加气混凝土砌块和轻骨料混凝土小型空心砌块不应与其他块体混砌，不同强度等级的同类块体也不得混砌。

　　窗台处和因安装门窗需要，门窗洞口处两侧填充墙上、中、下部可采用其他块体局部嵌砌；对与框架柱、梁不能脱开的填充墙，填充墙顶部与梁之间缝隙可采用其他砌块填塞。

　　(8) 填充墙砌体砌筑应待承重主体结构检验批验收合格后进行。填充墙与承重主体结构间的空(缝)隙部位施工，应在填充墙砌筑 14d 后进行。

3.5.2　加气混凝土小型砌块填充墙施工

1. 工艺流程

　　填充墙砌体施工工艺，如图 3.26 所示。

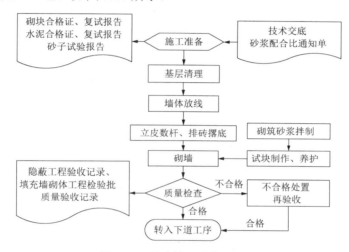

图 3.26　填充墙砌体施工工艺

2. 加气混凝土小型砌块填充墙施工要点

　　(1) 在砌筑砖体前应对墙基层进行清理，将楼层上的浮浆、灰尘清扫冲洗干净，并浇水使基层湿润。

　　(2) 墙体放线。根据楼层中的控制轴线，测放出每一楼层墙体的轴线和门窗洞口的位置线，将窗台和窗顶标高画在框架柱上。施工放线完成后，需经监理工程师验收合格，方可进行墙体砌筑。

　　(3) 立皮数杆、排砖摆底。

　　① 在皮数杆上标出砖的皮数及灰缝厚度，并标出窗台、洞口及墙梁等构造标高。

　　② 根据要砌筑的墙体长度、高度试排砖，摆出门、窗及孔洞位置。

　　③ 砌筑前应预先试排砌块，并优先使用整体砌块。当墙长与砌块不符合模数时，可锯裁加气混凝土砌块，长度不应小于砌块长度的 1/3。

　　(4) 砌墙。

　　① 框架柱、剪力墙侧面等结构部位应预埋 $\phi 6$ 的拉墙筋和圈梁的插筋，或者结构施工后植钢筋。

　　② 加气混凝土砌块宜采用铺浆法砌筑，垂直灰缝宜设置采用内外夹板夹紧后灌缝；水平灰缝厚度和竖向灰缝宽度分别宜为 15mm 和 20mm，灰缝设置应横平竖直、砂浆饱满，

宜进行勾缝。水平灰缝和垂直灰缝砂浆饱满度不小于 80%。砌块上下皮应错缝搭砌，搭砌长度为主砌块长度的 1/3，且不小于 150mm。如果不能满足时，应在水平灰缝设置 $2\phi6$ 的拉结筋或 $\phi4$ 的钢筋网片，拉结钢筋或网片的长度不小于 700mm。

③ 断开砌块时，应使用手锯、切割机等工具锯裁整齐，不允许用斧或瓦刀任意砍劈。蒸压加气混凝土砌块搭砌长度不应小于砌块总长的 1/3，竖向通缝不应大于两皮砌块。

④ 砌块墙的转角处及纵、横墙砌块相互搭砌。

⑤ 有抗震要求的填充墙砌体，严格按设计要求留设构造柱。构造柱马牙槎应先退后进，进退尺寸大于 60mm，进退高度宜为砌块 1～2 层高度，且在 300mm 左右。填充墙与构造柱之间以 $\phi6$ 拉结筋连接，拉结筋按墙厚每 120mm 放置一根。拉结筋埋于砌体的水平灰缝中，对于抗震设防烈度 6 度、7 度的地区，不应小于 1000mm，末端应作 90° 弯钩。

⑥ 加气混凝土砌块不得与砖或其他砌块混砌，但因构造要求在墙底、墙顶及门窗洞口处局部采用烧结普通砖和多孔砖砌筑不视为混砌。

⑦ 填充墙砌至接近梁底、板底时，应留一定的空隙，待填充墙砌筑完并至少间隔 14d 后，再将其补砌挤紧，防止上部砌体因砂浆收缩而开裂。当上部空隙不大于 20mm 时，用 1∶2 水泥砂浆嵌填密实，稍大的空隙用细石混凝土镶填密实；大空隙用烧结普通砖或多孔砖成 60° 角斜砌挤紧，且砌筑砂浆必须密实，不允许出现平砌、生摆等现象。

⑧ 砌筑填充墙的收口应设置在中间部位，收口部位的竖向灰缝按插浆法施工，宜用内外临时夹板夹住后灌缝，其宽度不大于 20mm。

⑨ 墙长大于 5m 时，墙顶与梁宜有拉结；墙长超过 8m 或层高 2 倍时，宜设置钢筋混凝土构造柱；墙高超过 4m 时，墙体半高宜设置与柱连接且沿墙全长贯通的钢筋混凝土水平系梁。

3.6 实 训 练 习

一、单选题

1. 关于砌筑工程常见的术语说法，正确的是(　　)。
   A. 混水墙和清水墙是两种施工工艺类似的砌体，但是混水墙的技术、质量要求比混水墙的高
   B. 混水墙是只需其表面作勾缝处理的墙体，目的是保持砖本身质地
   C. 清水墙是指墙体砌成后需要进行装饰处理才能使用的墙体
   D. 皮数杆是砌筑每皮块体的竖向尺寸和各构件标高的标志杆

2. 关于轻集料混凝土小型空心砌块特点，说法错误的是(　　)。
   A. 重量轻、隔音保温效果好　　　　　　B. 砌筑速度快、建筑使用面积大
   C. 综合造价高　　　　　　　　　　　　D. 主要用于保温的围护结构

3. 关于平毛石和乱毛石说法错误的是(　　)。
   A. 平毛石两个平面大致平行的不规则形状石块
   B. 平毛石中部厚度不小于 150mm，可用于砌筑基础、堤坝、挡土墙等
   C. 乱毛石是用作毛石混凝土的骨料或填筑路基的不规则形状石块
   D. 乱毛石是用作毛石混凝土的骨料或填筑路基的规则形状石块

4. 砖墙砌筑工艺流程，说法错误的是(　　)。

　　A. 砖墙的砌筑工序包括找平、放线、摆砖、立皮数杆、盘角、挂线、砌砖、清理等

　　B. 按标准的水准点定出各层标高，厚度不大于 20mm 时用 1∶3 水泥砂浆找平，厚度大于 20mm 时一般用 C20 细石混凝土找平

　　C. 建筑物底层墙身可按龙门板上定位轴线将墙身中心轴线放到基础面上，根据控制轴线，弹出纵横墙身中心线与边线，定出门洞口位置

　　D. 利用预先引测在外墙面上的复核墙身中心轴线，借助于经纬仪把墙身中心轴线引测到楼层上去；或用线锤，对准外墙面上的墙身中心轴线，从而向上引测

5. 关于普通混凝土小型空心砌块和轻骨料混凝土小型空心砌块，说法正确的是(　　)。

　　A. 普通混凝土小型空心砌块以水泥、轻骨料、砂、水等为材料预制而成

　　B. 普通混凝土小型空心砌块的主规格尺寸为 390mm × 190mm × 190mm，有两个方形孔，最小外壁厚应不小于 20mm，最小肋厚应不小于 25mm，空心率应不小于 25%

　　C. 轻骨料混凝土小型空心砌块以水泥、轻骨料、砂、水等为材料预制而成

　　D. 轻骨料混凝土小型空心砌块的主规格尺寸为 390mm × 180mm × 190mm。按其孔的排数可分为单排孔、双排孔、3 排孔和 4 排孔四类

6. 关于墙体设置芯柱，说法错误的是(　　)。

　　A. 外墙转角、楼梯间四角的纵横墙交接处的三个孔洞，宜设置素混凝土芯柱

　　B. 五层及五层以上的房屋，应在上述部位设置钢筋混凝土芯柱

　　C. 芯柱截面不宜小于 120mm × 120mm，宜用不低于 C15 的细石混凝土浇灌

　　D. 钢筋混凝土芯柱每孔内插竖筋不应小于 $1 × \phi10mm$，底部应伸入室内地面下 500mm 或与基础圈梁锚固，顶部与屋盖圈梁锚固

7. 关于小型砌块施工，说法正确的是(　　)。

　　A. 普通混凝土小砌块不需要浇水，天气干燥炎热，则可以给砌块浇水使其稍微湿润即可

　　B. 轻集料混凝土小砌块可洒水但不需要太湿润。对于龄期不足 30d 的砌块不可以使用进行砌筑

　　C. 砌块最好采用主规格小砌块，同时选择设计要求的等级砌块以及表面无污物的砌块

　　D. 按照技术原则设立皮数杆。当砌筑厚度大于 200mm 的小砌块墙体时，宜在墙体内外侧双面挂线

8. 关于网状配筋砖砌体施工，说法错误的是(　　)。

A. 钢筋网应按设计规定先制作成型

B. 砖砌体部分按常规方法砌筑。在配置钢筋网的水平灰缝中，应先铺一半厚的砂浆层，放入钢筋网后再铺一半厚砂浆层，使钢筋网居于砂浆层厚度中间。钢筋网四周应有砂浆保护层

C. 配置钢筋网的水平灰缝厚度：当用方格网时，水平灰缝厚度为 2 倍钢筋直径加 4mm；当用连弯网时，水平灰缝厚度为钢筋直径加 4mm，确保钢筋上下各有 2mm 厚的砂浆保护层

D. 网状配筋砖砌体外表面宜用 2∶1 水泥砂浆勾缝或进行抹灰

9. 关于填充墙的构造要求，说法错误的是( )。

A. 砌筑填充墙时，轻骨料混凝土小型空心砌块和蒸压加气混凝土砌块的产品龄期不应小于28d，蒸压加气混凝土砌块的含水率宜小于30%

B. 烧结空心砖、蒸压加气混凝土砌块、轻骨料混凝土小型空心砌块等的运输、装卸过程中，严禁抛掷和倾倒；进场后应按品种、规格堆放整齐，堆置高度不宜超过1m。蒸压加气混凝土砌块在运输及堆放中应防止雨淋

C. 吸水率较小的轻骨料混凝土小型空心砌块及采用薄灰砌筑法施工的蒸压加气混凝土砌块，砌筑前不应对其浇(喷)水湿润；在气候干燥炎热的情况下，可在砌筑前喷水湿润

D. 采用普通砌筑砂浆砌筑填充墙时，烧结空心砖、吸水率较大的轻骨料混凝土小型空心砌块应提前1～2d浇(喷)水湿润

二、多选题

1. 砌体工程中用的砖是指( )。

A. 烧结普通砖　　B. 烧结多孔砖　　C. 烧结空心砖　　D. 煤渣砖

2. 砖墙砌筑组砌方式有( )。

A. 全顺(120mm)　　B. 两平一侧(180mm 或 300mm)　　C. 全丁

D. 一顺一丁　　E. 梅花丁

3. 混凝土小型空心砌块砌体所用的材料应当符合下列( )要求。

A. 砌块龄期不应小于 28d

B. 砌块外观质量合格且表面干净无污物

C. 小砌块选用专用砌筑砂浆

D. 防潮要求砌块应采用强度等级不低于C20(或Cb20)的混凝土灌实小砌块的孔洞

E. 砌筑普通混凝土小型空心砌块砌体，不需浇水湿润，实在干燥情况只需喷水湿润；轻骨料混凝土小砌块，应提前浇水湿润，块体的相对含水率宜为40%～50%

4. 关于网状配筋砖砌体的构造，说法正确的有( )。

A. 网状配筋砖砌体有配筋砖柱、配筋砖墙，即在烧结普通砖砌体的水平灰缝中配置钢筋网

B. 网状配筋砖砌体所用烧结普通砖强度等级不应低于MU10，砂浆强度等级不应低于M7.5

C. 钢筋网可采用方格网或连弯网，方格网的钢筋直径宜采用3～4mm；连弯网的钢筋直径不应大于10mm。钢筋网中钢筋的间距不应大于120mm，并不应小于30mm

D. 钢筋网在砖砌体中的竖向间距不应大于 5 皮砖高，并不应大于400mm。当采用连弯网时，网的钢筋方向应互相垂直，沿砖砌体高度交错设置，竖向间距取同一方向网的间距

E. 设置钢筋网的水平灰缝厚度，应保证钢筋上下至少各有 4mm 厚的砂浆层

三、简答题

1. 简述加气混凝土小型砌块填充墙工艺流程。

2、加气混凝土砌块墙如无切实有效措施，不得使用于哪些部位?

3、简述砖墙砌筑工艺流程。

JS03 课后答案

实训工作单

班级		姓名		日期	
教学项目		砖砌体工程			
任务	掌握砖砌体工程要点		方式	实际工程工地参观学习结合视频学习	
相关知识	砖基础的砌筑、砖墙砌筑、砖基础大放脚砌筑、组砌方式及构造要求等、砌筑工艺流程				
其他要求	无				

学习总结记录

评语			指导教师	

第 4 章　钢筋混凝土与预应力混凝土工程

学习目标

(1) 了解模板系统的组成、构造要求、受力特点。
(2) 掌握模板安装、拆除的方法。
(3) 了解钢筋的种类、连接方式、加工工艺。
(4) 掌握钢筋下料长度和代换的计算方法。
(5) 了解混凝土工程原材料、施工设备和机具的性能。
(6) 掌握混凝土施工工艺、施工配料。
(7) 了解预应力混凝土工程的施工工艺。

JS04 拓展资源

JS04 图片库

教学要求

章节知识	掌握程度	相关知识点
混凝土结构工程概述	了解混凝土结构施工工艺	混凝土概念、施工工艺
模板工程	了解模板系统的组成、构造要求、受力特点，掌握模板安装、拆除的方法	模板的常见种类和构件、组合钢模板、木胶合板、脚手架与模板支架、拆除和安装要求
钢筋工程	了解钢筋的种类、连接方式、加工工艺；掌握钢筋下料长度和代换的计算方法	钢筋的种类、配料与代换、连接、加工、绑扎与安装
混凝土工程	了解混凝土工程原材料、施工设备和机具的性能；掌握混凝土施工工艺、施工配料	混凝土的制备、浇筑、养护与拆模、施工质量检查、缺陷的修整、强度评定方法
预应力混凝土工程	了解预应力混凝土工程的施工工艺	先张法、后张法、无黏结预应力混凝土施工

思政目标

通过观看三峡工程的施工视频，知晓钢筋混凝土工程在建设中有着举足轻重的地位。三峡工程的质量不仅优良，而且越来越好，这种精益求精的工匠精神值得传承。三峡工程在土石方开挖工程、大坝混凝土工程、金属结构制作与安装工程上取得的技术进步有目共睹，它是中国水电技术追赶并达到国际先进水平的重要标志。国家要强大、民族要复兴，必须靠我们自己砥砺奋进、不懈奋斗。

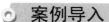

案例导入

　　钢筋混凝土结构工程在实际建设中占有很大的比例，我国的三峡大坝作为开发和治理长江的关键性骨干工程。大坝的主体工程是钢筋混凝土结构，在整个工程中占据着主要地位，每个环节都至关重要，关系着三峡大坝的质量。

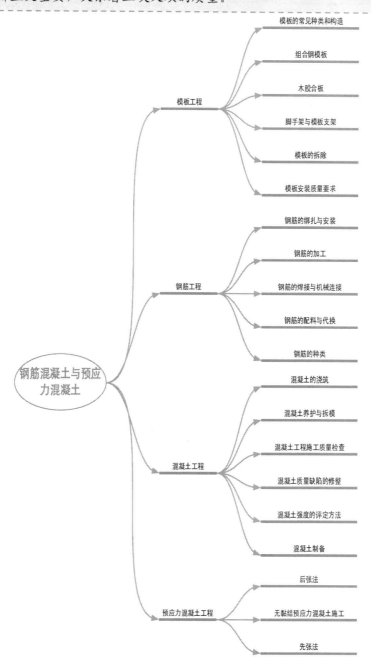

4.1　混凝土结构工程概述

带着问题学知识

混凝土结构是什么？
混凝土结构的工艺流程是什么？

混凝土结构是指以混凝土为主要材料制成的结构，包括素混凝土结构、钢筋混凝土结构和预应力混凝土结构等。

钢筋混凝土结构工程在施工中可分为钢筋工程、模板工程和混凝土工程3个部分。

钢筋混凝土结构是指用配有钢筋增强的混凝土制成的结构。混凝土是由胶凝材料水泥、粗骨料、细骨料、水、掺合料及外加剂等按一定比例拌合而成的混合物，经模板浇筑成型(可模性)，再经养护硬化后所形成的一种人造石材。

钢筋混凝土结构的施工，主要有整体现浇和预制装配两大类，还有现浇与装配相结合的施工方法，生产出来的结构称为装配整体式结构。

(1) 整体现浇式结构是在施工现场，在结构构件的设计位置支设模板、绑扎钢筋、浇灌混凝土、振捣成型，经养护待混凝土达到拆模强度时拆除模板，制成结构构件。整体现浇式结构的整体性和抗震性能都很好，施工时不需要大型起重机械，但要消耗大量模板，劳动强度高，施工中受气候条件影响较大。

(2) 预制装配式结构是预先在预制构件厂(场)生产制作结构构件，然后运至施工现场进行结构安装；或者在施工现场就地制作结构构件并进行结构构件的安装。一般大型构件在施工现场生产制作，以避免运输的困难。中小型构件均可在预制构件厂(场)生产制作。预制装配式与整体现浇式结构相比，其结构耗钢量较大，施工时对起重设备要求高、依赖性强。结构的整体性和抗震性则不如整体现浇式结构。

(3) 装配整体式结构是结合上述两种施工方法，结合现场施工条件和技术装备条件而形成的施工方式。由于装配整体式结构能够利用后张法进行混凝土预制构件整体拼装、梁板构件叠合浇制及节点区域整体浇筑等方法加强结构的整体性，因而同时具有预制装配式和整体现浇式的优点，有着良好的发展前景。

钢筋混凝土结构工程的施工工艺流程如图4.1所示。

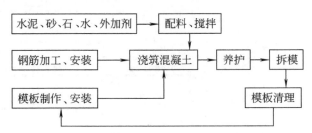

图 4.1　钢筋混凝土结构工程的施工工艺流程框图

4.2　模　板　工　程

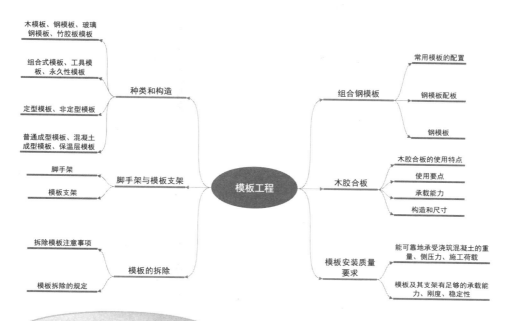

带着问题学知识

模板可按什么分类？
组合钢模板是什么？
木胶合板的使用特点是什么？
脚手架可分为哪几种？
模板拆除应注意什么？

　　模板工程指新浇混凝土成型的模板以及支承模板的一整套构造体系，其中，接触混凝土并控制预定尺寸、形状和位置的构造部分称为模板，支持和固定模板的杆件、桁架、连接件、金属附件以及工作便桥等构成支承体系，模板工程在混凝土施工中是一种临时结构。模板系统包括模板和支架系统两大主要部分，以及适量的紧固连接件。在现浇钢筋混凝土结构施工中，对模板的要求是保证工程结构各部分形状尺寸和相互位置的正确性，具有足够的承载能力、刚度和稳定性，构造简单，装拆方便，接缝处不得漏浆。由于模板工程量大，材料和劳动力消耗多，所以正确选择模板形式、材料及合理组织施工对加速现浇钢筋混凝土结构施工和降低工程造价具有重要作用。

4.2.1　模板的常见种类和构造

　　模板通常按以下方式分类。
　　(1)　按所用材料不同，可分为木模板、钢模板、塑料模板、玻璃钢模板、

模板的安装与作用

竹胶板模板、装饰混凝土模板及预应力混凝土模板等。

(2) 按模板的形式及施工工艺不同,可分为组合式模板(如木模板、组合钢模板)、工具模板(如大模板、滑模、爬模等)和永久性模板。

(3) 按模板规格形式不同,可分为定型模板(即定型组合模板,如小钢模)和非定型模板(散装模板)。

(4) 按模板的功能相同,可分为普通成型模板、混凝土成型模板、保温层模板等。

4.2.2 组合钢模板

组合钢模板由钢模板和配件两大部分组成,它可以拼成不同尺寸、不同形状的模板,以适应基础、柱、梁、板、墙施工的需要。组合钢模板尺寸适中、轻便灵活、装拆方便,既适用于人工装拆,也可预拼成大模板、台模等,然后用起重机吊运安装。

1. 钢模板

钢模板有通用模板和专用模板两类。通用模板包括平面模板、阴角模板、阳角模板和连接角模;专用模板包括倒棱模板、梁液模板、柔性模板、搭接模板、可调模板和嵌补模板。常用通用模板的平面模板如图4.2(a)所示,由面板、边框、纵横肋构成,面板与边框常用2.5～3.0mm厚的钢板冷轧冲压整体成型,纵横肋是3mm厚的扁钢,用来与面板及边框焊成一体。角模又分阴角模(见图4.2(b))、阳角模(见图4.2(c))及连接角模(见图4.2(d)),阴、阳角模用作成型混凝土结构的阴、阳角,连接角模用作两块平模拼成90°角的连接件。

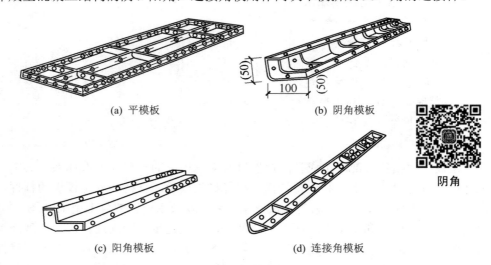

(a) 平模板   (b) 阴角模板

阴角

(c) 阳角模板   (d) 连接角模板

图4.2 组合钢模板

2. 钢模配板

采用组合钢模时,同一构件的模板展开可用不同规格的钢模作多种方式的组合排列,因而形成不同的配板方案。配板方案对支模效率、工程质量和经济效益都有一定影响,合理的配板方案应满足钢模块数少、木模嵌补量少、使支承件布置简单及受力合理等。配板原则如下:

(1)　优先采用通用规格及大规格的模板,这样模板的整体性好,又可以减少装拆工作。

(2)　合理排列模板。模板宜以其长边沿梁、板、墙的长度方向或柱的方向进行合理排列,以利于使用长度规格大的钢模,并扩大钢模的支承跨度。

(3)　合理使用角模。对于无特殊要求的阳角,可不用阳角模,用连接角模代替。阴角模宜用于长度大的阴角,柱头、梁口及其他短边转角(阴角)处,可用方木嵌补。

(4)　便于模板支承件(钢楞或桁架)的布置。当铺设面较方整的预拼装大模板及钢模端头接缝集中在一条线上时,可以直接支承钢模的钢楞,其间距布置要考虑接缝位置,应使每块钢模都有两道钢楞支承。对于端头错缝连接的模板,其直接支承钢模的钢楞或桁架之间的间距可不受接缝位置的限制。

3．常用模板的配备

表 4.1 给出了每 10 000 m² 钢模板规格编码。

表 4.1　钢模板规格编码表

模板名称		模板长度												
		450		600		750		900		1200		1500		1800	
		代号	尺寸	代号	尺寸	代号	尺寸	代号	尺寸	代号	尺寸	代号	尺寸	代号	尺寸
平面模板代号 P	宽度 350	P3504	350×450	P3506	350×600	P3507	350×750	P3509	350×900	P3512	350×1200	P3515	350×1500	P3518	350×1800
	300	P3004	350×450	P3006	300×600	P3007	300×750	P3009	300×900	P3012	300×1200	P3015	300×1500	P3018	300×1800
	250	P2504	250×450	P2506	250×600	P2507	250×750	P2509	250×900	P2512	250×1200	P2515	250×1500	P2518	250×1800
	200	P2004	200×450	P2006	200×600	P2007	200×750	P2009	200×900	P2012	200×1200	P2015	200×1500	P2018	200×1800
	150	P1504	150×450	P1506	100×600	P1507	150×750	P1509	150×900	P1512	150×1200	P1515	150×1500	P1518	150×1800
	100	P1004	100×450	P1006	100×600	P1007	100×750	P1009	100×900	P1012	100×1200	P1015	100×1500	P1018	100×1800
阴角模板(代号E)		E1504	150×150×450	E1506	150×600×600	E1507	150×150×750	E1509	150×150×900	E1512	150×150×1200	E1515	150×150×1500	E1518	150×150×1800
		E1004	100×100×450	E1006	100×150×600	E1007	100×150×750	E1009	100×150×900	E1012	100×150×1200	E1015	100×150×1500	E1018	100×150×1800
阳角模板(代号Y)		Y1004	100×100×450	Y1006	100×100×600	Y1007	100×100×750	Y1009	100×100×900	Y1012	100×100×1200	Y1015	100×100×1500	Y1018	100×100×1800
		Y0504	50×50×450	Y0506	50×50×600	Y0507	50×50×750	Y0509	50×50×900	Y0512	50×50×1200	Y0515	50×50×1500	Y0518	50×50×1800
连接角模(代号J)		J0004	50×50×450	J0006	50×50×600	J0007	50×50×750	J0009	50×50×900	J0012	50×50×1200	J0015	50×50×1500	J0018	50×50×1800

4.2.3　木胶合板

1．木胶合板的使用特点

木胶合板是一组单板(薄木片)按相邻层木纹方向相互垂直组坯,相互胶合而成的板材。其表板和内层板相互对称配置在中心层或板芯的两层。混凝土模板用的木胶合板是具有高耐气候性、耐水性的 I 类胶合板,胶合剂为酚醛树脂胶。

木胶合板

胶合板用作混凝土模板具有以下特点:

(1)　板幅大、板面平整,既可减少安装工作量,节省现场人工费用,又可减少混凝土外露表面的装饰及磨去接缝的费用。

(2) 承载能力大,特别是表面经处理后耐磨性好,能多次重复使用。

(3) 材质轻,厚18mm的木胶板,单位面积质量为50kg,模板的运输、堆放、使用和管理等都较为方便。

(4) 保温性能好,能防止温度变化过快,冬季施工时有助于混凝土的保温。

(5) 锯截方便,易加工成各种形状的模板。

(6) 便于按工程的需要弯曲成型,用作曲面模板。

2. 构造与尺寸

混凝土模板用的木胶合板通常由 5、7、9、11 层等奇数层单板经热压固化而胶合成型,相邻层的纹理方向相互垂直,通常最外层表板的纹理方向和胶合板板面的长向平行,如图 4.3 所示,因此整张胶合板的长向为强方向,短向为弱方向,使用时必须加以注意。

《混凝土模板用胶合板》(GB/T 17656—2018)指出,混凝土模板用胶合板的幅面尺寸和厚度应符合表 4.2 的规定。

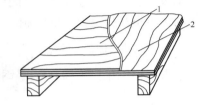

图 4.3 木胶合板纹理方向与使用

1—表板;2—芯板

表 4.2 常用模板木胶合板规格尺寸

单位:mm

幅面尺寸					厚度范围 t
模数制		非模数制			
宽度	长度	宽度	长度		
—	—	915	1830		12≤t<15
900	1800	1220	1880		15≤t<18
1000	2000	915	2135		18≤t<21
1200	2400	1220	2440		21≤t<24
—	—	1250	2500		

注:其他规格尺寸由供需双方协商。

3. 承载能力

木胶合板的承载能力与胶合板的厚度、静弯曲强度及弹性模量有关。表 4.3 列出了《混凝土模板用胶合板》(GB/T 17656—2018)中混凝土模板用胶合板的纵向弯曲强度与弹性模量指标值。

表 4.3 模板用胶合板物理力学性能要求

项目		单位	公称厚度 t/mm			
			12≤t<15	15≤t<18	18≤t<21	21≤t<24
含水量		%	5~14			
胶合强度		MPa	≥0.70			
静曲强度	顺纹	MPa	≥50.0	≥45.0	≥40.0	≥35.0
	横纹		≥30.0	≥30.0	≥30.0	≥25.0
弹性模量	顺纹	MPa	≥6000	≥6000	≥5000	≥5000
	横纹		≥4500	≥4500	≥4000	≥4000
浸渍剥离性能		—	贴面的浸渍胶膜纸与胶合板表层上的每一边累计剥离长度不超过 25mm			

4．使用要点

具体内容详见右侧二维码。

4．使用要点

4.2.4　脚手架与模板支架

1．脚手架

脚手架是为建筑施工而搭设的上料、堆料与施工作业用的临时结构架。模板支架是用于支撑模板的、采用脚手架材料搭设的架子。

脚手架是建筑工程施工时搭设的一种临时设施，主要用途是为建筑物空间作业时提供材料堆放和工人进行施工作业的场所。脚手架的各项性能(构造形式、装拆速度、安全可靠性、周转率、多功能性和经济合理性等)直接影响工程质量、施工安全以及劳动生产率。

按搭设位置，脚手架可分为外脚手架和里脚手架两大类；按搭设和支撑方式可分为多立柱式、门式、桥式、悬挂式及爬升式脚手架等。

脚手架可用木、竹和钢管等材料制作。

脚手架应满足以下基本要求：宽度(或面积)、步距高度、离墙距离等能满足工人操作、材料堆放和运输需要；有足够的强度、刚度和稳定性；构造简单、装拆和搬运方便，能够多次周转使用；因地制宜、就地取材及经济合理等。

1)　外脚手架

外脚手架是沿建筑物外围周边搭设的一种脚手架，用于外墙砌筑和外墙装饰。常用的有多立杆式脚手架、门式脚手架等。

(1)　多立杆式脚手架。多立杆式脚手架按所用材料可分为木脚手架、竹脚手架和钢管脚手架。多立杆式脚手架的主要构件有立杆、纵向水平杆、横向水平杆、剪刀撑、横向斜撑、抛撑以及连墙件等。

多立杆式脚手架的基本形式有单排和双排两种，如图 4.4 所示。单排脚手架仅在脚手架外侧设一排立杆，其横向水平杆一端与纵向水平杆连接，另一端搁置在墙上。单排脚手架节约材料，但稳定性较差且在墙上留有脚手眼，并且其搭设高度与使用范围受到一定的限制。双排脚手架在脚手架的里外侧均设有立杆，稳定性好，但较单排脚手架费工费料。

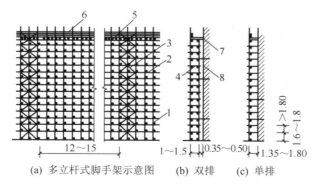

(a) 多立杆式脚手架示意图　　(b) 双排　　(c) 单排

图 4.4　多立杆式脚手架

1—立杆；2—大横杆；3—剪刀撑；4—小横杆；5—脚手板；6—栏杆；7—连墙杆；8—墙身

扣件式钢管脚手架是目前应用广泛的一种多立杆式脚手架,不仅可用作外脚手架,而且还可用作里脚手架、大跨度建筑内部的满堂脚手架和钢筋混凝土梁板结构模板系统的支架等。扣件式钢管脚手架由钢管、扣件和底座组成。

钢管间的连接扣件有3种形式(见图4.5):直角扣件(用于连接扣紧两根互相垂直交叉的钢管)、回转扣件(用于连接扣紧两根平行或呈任意角度相交的钢管)、对接扣件(用于钢管的对接接长)。立杆的底座,是用厚8mm、边长150mm的钢板作底板,与外径60mm、壁厚3.5mm、长度150mm的钢管套筒焊接而成;也可用可锻铸铁铸成,底板厚8mm、底板直径150mm、插芯直径60mm、高度150mm,如图4.6所示。

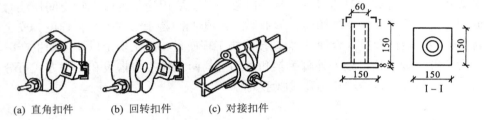

图4.5　钢管间的连接扣件　　　　图4.6　脚手架底座

脚手板可采用冲压钢板脚手板、钢木脚手板和竹脚手板等,如图4.7所示,每块脚手板的质量不宜超过30kg。

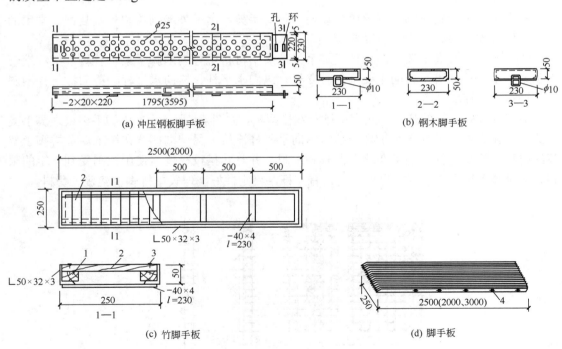

图4.7　脚手板

1—25mm×40mm 木条;2—20mm 厚木条;3—钉子;4—螺栓

扣件式钢管脚手架安装搭设要点如下。

① 立杆采用对接扣件接长，对接点沿竖向错开布置，相邻的立杆尽可能错开一个步距，其错开的垂直距离不应小于 500mm。每根立杆均应设置标准底座，自底座下皮向上 200mm 处，必须设置纵、横向扫地杆。对接扣件应尽量靠近中心节点(系指立杆、纵向水平杆、横向水平杆 3 杆的交点)和固定件节点。为保证立杆的稳定性，立杆必须用刚性固定件与建筑物可靠连接。立杆的间距、排距、最大架设高度可参考表 4.4。

表 4.4　立杆的间距、排距、最大架设高度

常用双排 ϕ48mm×3.5mm 钢管扣件脚手架构造尺寸与最大架设高度
(连墙固定件按三步三跨布置)

连墙固定图示	横杆向外水伸平长 a	排距 L_a	步距 h	施工荷载/(kN/m^2)			脚手架最大架设高度 H_{max}
				1	2	3	
				立柱柱距 l			
	0.5	1.05	1.35	1.8	1.5	1.2	80
			1.8	2.0	1.5	1.2	55
			2.0	2.0	1.5	1.2	45
		1.55	1.35	1.8	1.5	1.2	75
			1.8	1.8	1.5	1.2	50
			2.0	1.8	1.5	1.2	40

② 纵向水平杆与立杆的每一个相交点处必须采用直角扣件连接。纵向水平杆的接长必须采用对接扣件连接，且距立杆轴线的距离不宜大于跨度的 1/3，上、下、左、右相邻的纵向水平杆之间的对接扣件均应尽量错开一跨布置。

③ 纵向水平杆与立杆的每一个相交点处必须设置一根横向水平杆且距立杆轴线的距离不应大于 150mm。跨度中间的横向水平杆宜根据支撑脚手板的需要布置。横向水平杆用直角扣件扣接在纵向水平杆上。若是单排脚手架，则一端需用直角扣件扣接在纵向水平杆上，另一端可直接支撑在墙体上。

(2) 门式脚手架。门式脚手架又称多功能门型脚手架。门式脚手架是目前国际上应用较为普遍的脚手架之一。门式脚手架有多种用途，除可用于搭设外脚手架外，还可以用于搭设里脚手架、施工操作平台和用作模板支架等。

门式脚手架的主要构件是门架(见图 4.8)，门架由立杆、横杆及加强杆焊接组成。门式脚手架的基本单元(见图 4.9)由门架、交叉支撑、水平梁架或挂扣式脚手板构成。按照设计要求，使用时将门式脚手架的基本单元进行组合，在设计指定位置上安装水平加固杆、剪刀撑、扫地杆、封口杆、托座、底座及垫板等，并按要求设置连墙杆与建筑物相连，即构成完整的门式脚手架体系，如图 4.10 所示。

门式脚手架搭设前应进行施工设计。搭设时，门架垂直于墙面，其立杆离墙的净距一般不大于 150 mm，门架的内、外两侧均应设置交叉支撑，并沿高度两步一设(搭设高度不大于 45m)或每步一设(搭设高度大于 45m)连续水平梁架。在顶层门架的上部，连墙杆层必须设置连续水平梁架。另外，在脚手架的转角处、端部及间断处的一个跨距范围内应每步一设水平梁架。在脚手架底部门架的下端，应加设封口杆及内、外两侧的通长扫地杆。当脚

手架高度超过 20m 时，还应在脚手架的外侧连续设置剪刀撑和纵向水平加固杆，纵向水平加固杆一般设置在连墙杆所在层，每 4 步一道。为了保证脚手架的整体稳定性，需在脚手架和建筑物之间设置连墙件，一般其竖向间距不大于 3 步，水平间距不大于 4 跨。

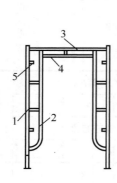

图 4.8　门架

1—立杆；2—立杆加强杆；3—横杆；
4—横杆加强杆；5—锁销

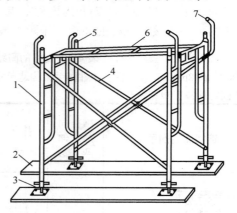

图 4.9　门式脚手架的基本单元

1—门架；2—垫板；3—螺旋基脚；4—交叉支撑；
5—连接棒；6—水平梁架；7—锁臂

门式脚手架的主要部件如图 4.11 所示，各部件之间的连接采用方便可靠的自锚装置，常用以下两种形式。

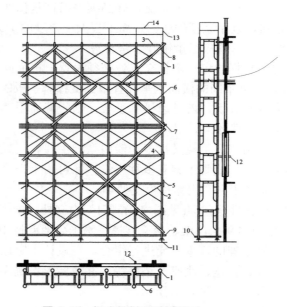

图 4.10　门式框架脚手架体系

1—门架；2—交叉支撑；3—脚手板；4—连接棒；5—锁臂；6—水平架；7—水平加固杆；
8—剪刀撑；9—扫地杆；10—封口杆；11—底座；12—连墙件；13—栏杆；14—扶手

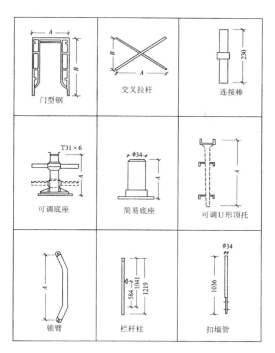

图 4.11　门式脚手架的主要部件

① 制动片式。如图 4.12(a)所示，在挂扣的固定片上锚有主制动片和被制动片，安装前两者脱开，其开口尺寸大于门架横杆直径，就位后，将被制动片沿逆时针方向转动卡住门架横梁，主制动片即自行落下将被制动片卡住，使水平架或挂扣式脚手板自锚于门架横梁上。

② 偏重片式。偏重片式结构如图 4.12(b)所示，用于门架与交叉支撑的连接。它是在门架立杆上焊一段端头开槽的 $\phi 12mm$ 圆钢，槽呈坡形，上口长 20mm，下口长 23mm，槽内设一偏重片，偏重片用 $\phi 10mm$ 圆钢制成，插入槽内的一端制成 2mm 厚并在其上开一椭圆形孔，另一端保持原直径。安装交叉支撑前偏重片置于虚线位置，交叉支撑套入 $\phi 12mm$ 圆钢后，将偏重片稍向外拉就会自然旋转到实线位置，达到自锁的目的。

2) 里脚手架

里脚手架是搭设在施工对象内部的脚手架，主要用于在楼层砌墙和进行内部装修等施工作业。常用的里脚手架有以下两种形式。

里脚手架

(1) 折叠式里脚手架。折叠式里脚手架可用角钢、钢筋与钢管等材料焊接制作，如图 4.13 所示。其架设间距的规定砌墙时宜为 1.0～2.0m；内部装修时宜为 2.2～2.5m。

(2) 支柱式里脚手架。支柱式里脚手架如图 4.14 所示，由支柱和横杆组成支架，在横杆上铺设脚手板。其架设间距：砌墙时宜为 2.0m；内部装修时不超过 2.5m。

3) 其他形式的脚手架

在建筑施工中，除了上述外脚手架和里脚手架外，还有一些其他形式的脚手架，应分别根据作业的部位、工艺操作的性质和内容、工作量的大小等合理选用。例如，在建筑外墙面上进行维修或局部装修时，可选用悬吊式脚手架或升降式脚手架；在大跨度或大空间条件下的某些建筑室内天棚下进行作业时，可采用固定或可移动的组合构架式脚手架。

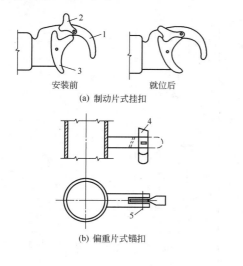

(a) 制动片式挂扣

(b) 偏重片式锚扣

图 4.12 门型脚手架连接形式

1—固定片；2—主制动片；3—被制动片
4—ϕ10mm 圆钢偏重片；5—铆钉

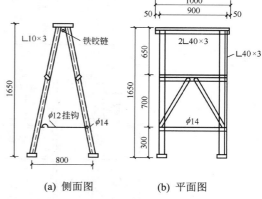

(a) 侧面图   (b) 平面图

图 4.13 角钢折叠式里脚手架

4) 脚手架的安全

为了确保脚手架的安全，脚手架必须具备足够的强度、刚度和稳定性。

对于常用的脚手架形式，如扣件式钢管脚手架等，要按照现行的技术规程、技术资料和数据，依据脚手架用途、施工荷载、搭设高度等条件，合理确定脚手架的立杆间距、排距、步距，设计和布置各类支撑系统，然后进行必要的计算或验算。在搭设脚手架时，必须严格按工艺操作规程操作和切实履行质量标准，进行质量验收。自行设计的脚手架必须经过严格的设计计算和试验，确定有安全保障时才可在工程中使用。

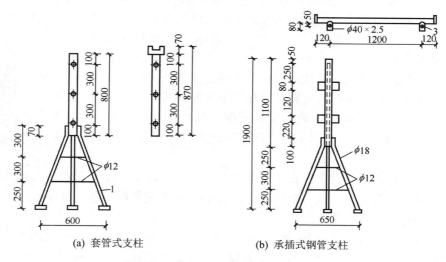

(a) 套管式支柱   (b) 承插式钢管支柱

图 4.14 支柱式里脚手架的主要部件

安全网的作用是防止施工人员从脚手架或其他高空作业面坠落，或阻挡施工中落物以防砸伤下面的行人。安全网须按照有关规定进行设置，当外墙砌砖高度超过 4m 或进行立体交叉作业时，必须设置安全网。当用里脚手架施工外墙时，要沿外墙架设安全网。多层、高层建筑用外脚手架时，也需在脚手架外侧搭设安全网。图 4.15 所示为用 ϕ48mm×3.5mm 钢管搭设的安全网。

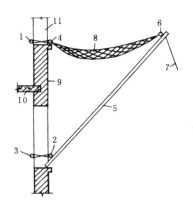

图 4.15　安全网的搭设

1、2、3—水平杆；4—内水平杆；5—斜杆；6—外水平杆；7—拉绳；
8—安全网；9—外墙；10—楼板；11—窗口

2．模板支架

模板支架是用于支撑模板的、采用脚手架材料搭设的架子。模板支架也是广泛采用扣件式钢管搭设的支架。

1)　模板支架的施工要求

(1)　施工准备。

钢管扣件搭设的模板支撑系统，应根据施工对象的荷载大小、支承高度及使用要求编制专项施工方案。对进入线程的钢管、扣件等配件进行验收时，钢管应符合现行《碳素结构钢》(GB/T 700—2006)中 Q235 钢的标准，扣件应符合现行《建筑施工扣件式钢管脚手架安全技术规范》(JGJ 130—2011)标准。

(2)　搭设。

模板支撑系统的立杆间距应按施工方案进行设置，先在地平面放线确定立杆位置，将立杆与水平杆用扣件连接成第一层支撑架体；完成一层搭设后，应对立杆的垂直度进行初步校正，然后搭设扫地杆并再次对立杆的垂直度进行校正，扫地杆离地距离不大于 200mm；逐层搭设支撑架体，每搭设一层纵向、横向水平杆时，应对立杆进行垂直度校正。支撑架体的水平杆位置应严格按施工方案的要求设置，逐层进行搭设，不得错层搭设。立杆在同一水平面内对接接长数量不得大于总数量的 1/3，接长点应在每层距端部的 1/3 距离范围内，接长杆应均匀分布在支撑架体平面范围内。严禁相邻两根立杆同步接长，立杆的接长应采取满足支撑高度最少节点的原则。立杆接长后仍不能满足所需高度且接长高度小于 800m 时，可以在立杆顶部采用绑扣件接长，用于调节立杆标高，绑接扣件数量不得少于两只且两只扣件之间的距离应为 350～400mm，扣件中心离立杆顶部距离不得小于 100mm，同一支撑架体上绑接扣件的距离应一致。

(3) 使用。

模板支撑系统搭设后至拆除的使用全过程中,立杆底部不得松动、不得任意拆除任何一根杆件、不得松动扣件、不得用作起重缆风绳的拉结。混凝土浇筑应尽可能使模板支撑系统均匀受载,严格控制模板支撑系统的施工荷载,不得超过设计荷载,在施工中应有专人监控。在混凝土浇筑过程中应有专人对模板支撑系统进行监护,发现有松动、变形等情况,必须立即停止浇筑并果断采取相应的加固措施。

(4) 模板及其支架拆除的顺序及安全措施应按施工技术方案进行。

2) 模板支架立杆的构造应符合的规定

(1) 模板支架立杆的构造应符合《建筑施工扣件式钢管脚手架安全技术规范》(JGJ 130—2011)第 6.3.1、6.3.2、6.3.3、6.3.5 条的规定。

(2) 支架立杆应竖直设置,2m 高度的垂直允许偏差为 15mm。

(3) 支架立杆根部的可调底座伸出长度超过 300mm 时,应采取可靠措施进行固定。

(4) 当梁模板支架采用单根立杆时,立杆应设在梁模板中心线外,其偏心距不应大于25mm。

3) 满堂模板支架的支撑设置应符合的规定

(1) 满堂模板支架四边与中间每隔 4 排支架立杆应设置一道纵向剪刀撑,由底至顶连续设置。

(2) 高于 4m 的模板支架,其两端与中间每隔 4 排立杆从顶层开始向下每隔 2 步设置一道水平剪刀撑。

(3) 剪刀撑的构造应符合《建筑施工扣件式钢管脚手架安全技术规范》(JGJ 130—2011)第 6.6.2 条的规定。

(4) 模板及其支架应根据工程结构形式、荷载大小、地基土类别、施工设备和材料供应等条件进行设计。模板及其支架应具有足够的承载能力、刚度和稳定性,能可靠地承受浇筑混凝土的重量、侧压力及施工荷载。

4.2.5　模板的拆除

现浇混凝土结构模板的拆除日期取决于结构的性质、模板的用途和混凝土硬化速度。及时拆模可提高模板的周转,为后续工作创造条件。但是如过早拆模,混凝土未达到一定强度,过早承受荷载会使混凝土产生变形甚至造成重大的质量事故。

1. 模板拆除的规定

(1) 非承重模板(如侧板)应在混凝土强度能保证其表面及棱角不因模板拆除而受损坏时,方可拆除。

(2) 承重模板应在与结构同条件养护的试块达到表 4.5 规定的强度,方可拆除。

(3) 在拆除模板过程中,如发现混凝土有影响结构安全的质量问题时,应立即暂停拆除。经过处理后方可继续拆除。

(4) 已拆除模板及其支架的结构,应在混凝土强度达到设计强度后才允许承受全部计算荷载。当结构承受施工荷载大于计算荷载时,必须经过核算,加设临时支撑。

表 4.5　整体式结构拆模时所需的混凝土强度

构件类型	构件跨度/m	达到设计的混凝土立方体抗压强度标准值的百分率/%
板	≤2	≥50
	>2，≤8	≥75
	>8	≥100
梁、拱、壳	≤8	≥75
	>8	≥100
悬臂构件	—	≥100

2．拆除模板注意事项

（1）拆模时不要用力过猛，拆下来的模板要及时运走、整理、堆放，以便再用。

（2）模板与其支架拆除的顺序及安全措施应按施工技术方案执行。

（3）拆除框架结构模板的顺序是：先拆柱模板，然后拆楼板底板和梁侧模板，最后拆梁底模板。拆除跨度较大的梁下支柱时，应先从跨中开始，分别拆向两端。

（4）楼层板支柱的拆除，应按下列要求进行：上层楼板正在浇筑混凝土时，下一层楼板的模板支柱不得拆除，再下一层楼板模板的支柱仅可拆除一部分。跨度 4m 及 4m 以上的梁下均应保留支柱，其间距不大于 3m。

（5）拆模时，应尽量避免混凝土表面或模板受到损坏，特别注意整块板落下时不要伤人。

（6）模板堆放时，高度不得超过 1.5m。

4.2.6　模板安装质量要求

模板安装必须符合《混凝土结构工程施工质量验收规范》(GB 50204—2015)及相关规范要求，即模板及其支架应具有足够的承载能力、刚度和稳定性，能可靠地承受所浇筑混凝土的重量、侧压力及施工荷载。

（1）主控项目。安装现浇结构的上层模板及其支架时，下层楼板应具有承受上层荷载的承载能力，或加设支架进行承载；上下层支架的立柱应对准，并铺设垫板。

检查数量：全数检查。

检验方法：对照设计文件和施工技术方案进行观察。

涂刷模板隔离剂时，不得沾污钢筋和混凝土接槎处。

检查数量：全数检查。

检验方法：观察。

（2）一般项目。

模板安装应满足下列要求。

①　模板的接缝应严密。

②　模板与混凝土的接触面应清理干净并涂刷隔离剂。

③　浇筑混凝土前，模板内的杂物应清理干净。

检查数量：全数检查。

检验方法：观察。

（3）对于跨度不小于 4m 的现浇钢筋混凝土梁、板，其模板应按设计要求起拱；当设计无具体要求时，起拱高度宜为跨度的 1/1000～3/1000。

检查数量：在同一检验批内，对于梁构件应抽查构件数量的 10%，且不少于 3 件；对于板构件，应按有代表性的自然间抽查 10%，且不少于 3 间；对于大空间结构，板可按纵、横轴线划分检查面，抽查 10%，且不少于 3 面。

检验方法：水准仪或接线、钢尺检查。

现浇结构模板安装的偏差应符合表 4.6 的规定。

(4) 模板垂直度控制。应严格控制模板垂直度，在模板安装就位前，必须对每一块模板线进行复测，确认无误后方可安装模板。

(5) 模板的变形控制。模板支立完毕后，拉水平、竖向通线，禁止模板与脚手架拉结，用于观察混凝土浇筑时模板的变形、跑位情况。浇筑前认真检查螺栓、顶撑及斜撑是否松动。浇筑混凝土时，做分层尺竿，并配好照明，分层浇筑，层高控制在 500mm 以内，严防振捣不实或过振，使模板变形。门窗洞口处应对称浇筑混凝土。

表 4.6　模板安装的允许偏差和检验方法

项　次	项　目		允许偏差/mm		检验方法
			国家规范标准	结构长标准	
1	轴线位移	柱、墙、梁			
2	底模上表面标高		5	3	尺量
3	截面模内尺寸	基础	±5	±3	水准仪或拉线、尺量
		梁、墙、柱	±10	±5	
4	层高垂直度	层高不大于5m	6	8	尺量
		层高大于5m	3	5	
5	相邻两板表面高低差		2	2	经纬仪或拉线、尺量
6	表面平整度		5	2	尺量
7	阴阳角	方正	—	2	靠尺、塞尺
		垂直	—	2	方尺、塞尺
8	预埋铁件中心线位移		—	2	线尺
9	预埋管、螺栓	中心线位移	3	2	拉线、尺量
		螺栓外露长度	+10, 0	+5, 0	
10	预留孔洞	中心线位移	+10	5	拉线、尺量
		尺寸	+10, 0	+5, 0	
11	门窗洞口	中心线位移	—	3	拉线、尺量
		宽、高	—	±5	
		对角线	—	6	
12	插筋	中心线位移	5	5	尺量
		外露长度	+10, 0	+5, 0	

(6) 模板的拼缝、接头。模板拼缝、接头不密实时用塑料密封条堵塞，钢模板如发生变形，应及时修整。

(7) 窗洞口模板。在窗台模板下口中间留置两个排气孔，以防浇筑混凝土时产生窝气，造成混凝土结构不密实。

(8) 清扫口的留置。楼梯模板清扫应留在平台梁下口，大小为 50mm×100mm，以便

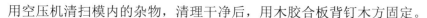

用空压机清扫模内的杂物，清理干净后，用木胶合板背钉木方固定。

(9) 跨度小于 4m 的板不考虑起搭，4～6m 的板起拱为 10mm，跨度大于 6m 的板起拱为 15mm。

(10) 与安装配合。合模前与钢筋、水、电安装等工种协调配合，合模通知书发放后方可合模。

(11) 浇筑混凝土时，所有墙板全长、全高拉通线，边浇筑边校正墙板垂直度，每次浇筑时，均派人专职检查模板，发现问题及时解决。

(12) 为提高模板周转、安装效率，应事先按工程轴线位置、尺寸与模板编号，以便定位使用。拆除后的模板按编号整理、堆放。安装操作人员应采取定段、定编号负责制。

4.3　钢 筋 工 程

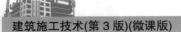

4.3.1 钢筋的种类

1. 钢筋的种类

钢筋的种类

热轧钢筋

钢筋按生产工艺不同可分为热轧钢筋、冷轧带肋钢筋、冷轧扭钢筋、钢绞线、消除应力钢丝和热处理钢筋等。建筑工程中常用的钢筋按轧制外形,可分为光面钢筋和变形钢筋(螺纹、人字纹及月牙纹)。

按化学成分,钢筋可分为碳素钢钢筋和普通低合金钢钢筋。碳素钢钢筋按含碳量多少,又可分为低碳钢(含碳量小于 0.25%)、中碳钢(含碳量为 0.25%~0.60%)和高碳钢钢筋(含碳量大于 0.60%)。

按结构构件的类型不同,钢筋分为普通钢筋(热轧钢筋)和预应力钢筋。普通钢筋是指用于钢筋混凝土结构中的钢筋和预应力混凝土结构中的非预应力钢筋。普通钢筋按强度分为 HPB300、HRB400、HRB500 及 RRB400 等,级别越高,强度及硬度越高,塑性则逐级降低。预应力钢筋宜采用预应力钢绞线、消除应力钢丝,也可采用热处理钢筋。强度和伸长率符合要求的冷加工钢筋或其他钢筋也可用作预应力钢筋,但必须符合专门标准的规定。

2. 钢筋的验收

钢筋进场时,应按国家现行相关标准的规定抽取试件做力学性能和重量偏差检验,检验结果必须符合有关标准的规定。

检查数量:按进场的批次和产品的抽样检验方案确定。

检验方法:检查产品合格证、出厂检验报告和进场复验报告。

对有抗震设防要求的结构,其纵向受力钢筋的强度应满足设计要求;当设计无具体要求时,具有一、二、三级抗震等级设计的框架和斜撑构件(含梯级)中的纵向受力钢筋应采用 HRB400E、HRB500E、HRBF400E 或 HRBF500E 钢筋,其强度和最大力下总伸长率的实测值应符合下列规定:

(1) 钢筋的抗拉强度实测值与屈服强度实测值的比值不应小于 1.25。

(2) 钢筋的屈服强度实测值与强度标准值的比值不应大于 1.30。

(3) 钢筋的最大力下总伸长率不应小于 9%。

检查数量:按进场的批次和产品的抽样检验方案确定。

检验方法:检查进场复验报告。

当发现钢筋脆断、焊接性能不良或力学性能显著不正常等现象时，应对该批钢筋进行化学成分检验或其他专项检验，检验有害成分如硫(S)、磷(P)、砷(As)的含量是否超过规定范围。

4.3.2 钢筋的配料与代换

1. 钢筋配料

1) 钢筋长度

结构施工图中所标注的钢筋长度是钢筋外缘至外缘之间的长度，即外包尺寸。外包尺寸是施工中量度钢筋长度的基本依据。

2) 混凝土保护层厚度

混凝土保护层厚度是指从箍筋外边缘至混凝土构件表面间的距离。保护层的功能是使混凝土结构中的钢筋免受大气的锈蚀。如设计无特殊要求时，应符合表 4.7 的规定。

表 4.7 纵向受力钢筋的混凝土保护层最小厚度

单位：mm

环境等级	板墙壳	梁 柱
一	15	20
二 a	20	25
二 b	25	35
三 a	30	40
三 b	40	50

注：1. 混凝土强度等级不大于 C25 时，表中保护层厚度数值应增加 5mm。

2. 钢筋混凝土基础宜设置混凝土垫层，其受力钢筋的混凝土保护层厚度应从垫层顶面算起，且不应小于 40mm。

3) 钢筋的弯弧内直径

《混凝土结构工程施工质量验收规范》(GB 50204—2015)对钢筋的弯钩和弯折所采用的弯弧内直径(即弯心直径)分别作了相应的规定。钢筋弯钩增加长度和弯折量度差值可根据这些规定计算出来。

4) 量度差值

结构施工图中注明钢筋的尺寸是钢筋的外包尺寸，钢筋弯曲后，弯曲处内皮收缩，外皮延伸，中心线长度不变，中心线长度为钢筋下料长度。因此，外包尺寸大于钢筋下料长度，两者之间的差值称为弯曲调整值。弯曲调整值可按表 4.8 选取。

表 4.8 钢筋弯曲调整值

钢筋弯曲角度	30°	45°	60°	90°	135°
钢筋弯曲调整值	0.35d	0.5d	1d	2d	2.5d

5) 钢筋下料长度计算

直钢筋下料长度=构件长度-保护层厚度+弯钩增加长度

弯起钢筋下料长度=直段长度+斜段长度-弯折量度差值+弯钩增加长度

箍筋下料长度=直段长度+弯钩增加长度-弯折量度差值

(或箍筋下料长度=箍筋周长+箍筋调整值)

上述钢筋采用绑扎接头搭接时，还应增加钢筋的搭接长度，受拉、受压钢筋绑扎接头的搭接长度应符合结构规范的规定，钢筋的锚固长度应符合设计要求和结构规范的规定。

2. 钢筋代换

钢筋的级别、钢号和直径应按设计要求采用，若施工中缺乏设计图中所要求的钢筋，在征得设计单位的同意并办理设计变更文件后，可按下述原则进行代换。

(1) 当构件按强度控制时，可按强度相等的原则代换，称"等强代换"。如设计中所用钢筋强度为 f_{y1}，钢筋总面积为 A_{s1}；代换后钢筋强度为 f_{y2}，钢筋总面积为 A_{s2}，应使代换前后钢筋的总强度相等，即

$$A_{s2} \cdot f_{y2} > A_{s1} \cdot f_{y1} \tag{4.1}$$

$$A_{s2} \geq \left(\frac{f_{y1}}{f_{y2}} \right) \cdot A_{s1} \tag{4.2}$$

(2) 当构件按最小配筋率配筋时，可按钢筋面积相等的原则进行代换，称为"等面积代换"，即 $A_{s2} \geq A_{s1}$

钢筋代换注意事项如下。

① 对于某些重要构件，如吊车梁、薄腹梁与桁架下弦等，不宜用 HPB300 级光圆钢筋代替 HRB400 级带肋钢筋。

② 钢筋代换后，应满足配筋构造规定，如钢筋的最小直径、间距、根数、锚固长度等。

③ 同一截面内，可同时配有不同种类和直径的代换钢筋，但每根钢筋的拉力差不应过大(如同品种钢筋的直径差值一般不大于 5mm)，以免构件受力不均匀。

④ 梁的纵向受力钢筋与弯起钢筋应分别代换，以保证正截面与斜截面强度。

⑤ 偏心受压构件(如框架柱、有吊车厂房柱、桁架上弦等)或偏心受拉构件作钢筋代换时，不取整个截面配筋量计算，应按受力面(受压或受拉)分别代换。

⑥ 当构件受裂缝宽度或挠度控制时，代换前后应进行裂缝宽度和挠度验算。

【例 4.1】某墙体设计配筋为 $\phi 14@200mm$，施工现场无此钢筋，拟用 $\phi 12mm$ 的钢筋代换，试计算代换后的钢筋数量(每米根数)。

解： 因钢筋的级别相同，所以可按面积相等的原则进行找换。

代换前墙体每米设计配筋的根数：$n_1 = 1000/200 = 5$(根)

$$n_2 \geq \frac{n_1 d_1^2 f_{y1}}{d_2^2 f_{y2}} = (5 \times 14^2)/12^2 = 6.8$$

故取 $n_2 = 7$，即代换后每米 7 根 $\phi 12mm$ 的钢筋。

4.3.3 钢筋的焊接与机械连接

钢筋的连接方法有焊接机械连接、绑扎连接 3 种。

1. 钢筋焊接

采用焊接可改善结构的受力性能、提高工效、节约钢材、降低成本。钢筋的焊接质量与钢材的可焊性、焊接工艺有关。在相同的焊接工艺条件下，能获得良好焊接质量的钢材，

称其在这种条件下的可焊性好。钢筋的可焊性与其含碳及合金元素的数量有关。含碳、锰数量高，则可焊性差；加入适量的钛，可改善焊接性能。焊接参数和操作水平也影响焊接质量。

钢筋焊接的接头形式、焊接工艺和质量验收，应符合《钢筋焊接及验收规程》(JGJ 18—2012)的规定。

焊接方法及适用范围如表 4.9 所示。

表 4.9　焊接方法及适用范围

项次	焊接方法		接头形式	适用范围	
				钢磨级别	直径/mm
1	电阻点焊			HPB400 级	6～16
				HRB500 级	6～16
				CRB550 级	4～12
				CDW550 级	3～8
2	闪光对焊			HRB400 级	8～40
				HRB500 级	8～40
				RRB400 级	8～32
3	帮条焊	双面焊		HRB400 级	10～40
				HRB500 级	10～32
				RRB400 级	10～25
		单面焊		HRB400 级	10～40
				HRB500 级	10～32
				RRB400 级	10～25
	熔接焊	双面焊		HRB400 级	10～40
				HRB500 级	10～32
				RRB400 级	10～25
		单面焊		HRB400 级	10～40
				HRB500 级	10～32
				RRB400 级	10～25
	熔槽帮条焊			HRB400 级	20～40
				HRB500 级	20～32
				RRB400 级	20～25
	坡口焊	平焊		HRB400 级	18～40
				HRB500 级	18～32
				RRB400 级	18～25
		立焊		HRB400 级	18～40
				HRB500 级	18～32
				RRB400 级	18～25
	钢筋与钢板搭接焊			HRB400 级	8～40
				HRB500 级	8～32
				RRB400 级	8～25
	预埋件 T 形接头电弧焊	贴角焊		HRB400 级	6～25
				HRB500 级	10～20
				RRB400 级	10～20
		穿孔塞焊		HRB400 级	20～32
				HRB500 级	20～28
				RRB400 级	20～28

续表

项次	焊接方法	接头形式	适用范围	
			钢磨级别	直径/mm
4	电渣压力焊		HRB400 级 HRB500 级	12～32 12～32
5	预埋T形接头埋弧压力焊		HPB400 级	6～28

2. 钢筋机械连接

钢筋机械连接常用挤压连接和锥螺纹套管连接两种形式,是近年来大直径钢筋现场连接的主要方法。

1) 套筒挤压连接

套筒挤压连接是将需连接的变形钢筋插入特制钢套内,利用液压驱动的挤压机进行径向或轴向挤压,使钢套筒产生塑性变形,紧紧咬住变形钢筋实现连接,如图 4.16 所示。它适用于竖向、横向及其他方向较大直径变形钢筋的连接。与焊接相比,它具有节省电能、不受钢筋可焊性能的影响、不受气候影响、无明火、施工方便和接头可靠性高等特点。

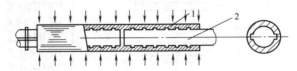

图 4.16 钢筋径向挤压连接原理

1—钢套筒;2—被连接钢筋

2) 钢筋滚轧螺纹连接

钢筋套管螺纹连接分锥套管螺纹和直套管螺纹两种形式。用于这种连接的钢套管内壁用专用机床加工有螺纹,钢筋的对端头也在套螺纹机上加工有与套管匹配的螺纹。连接时,检查螺纹无油污后,先用手旋入钢筋,然后用扭矩扳手紧固至规定的扭矩即完成,如图 4.17所示。它施工速度快、不受气候影响、质量稳定、对中性好。

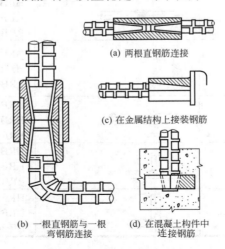

(a) 两根直钢筋连接

(c) 在金属结构上接装钢筋

(b) 一根直钢筋与一根
弯钢筋连接

(d) 在混凝土构件中
连接钢筋

图 4.17 钢筋套管螺纹连接

4.3.4　钢筋的加工

钢筋的加工包括调直、除锈、切断、弯曲等工作。

1. 钢筋调直

钢筋宜采用机械调直，也可利用冷拉进行调直。若冷拉只是为了调直，而不是为了提高钢筋的强度，HRB400 级钢筋不宜大于 1%。如所使用的钢筋无弯钩弯折要求时，调直冷拉可适当放宽，HRB400 级钢筋不超过 2%。对于不准采用冷拉钢筋的结构，钢筋调直冷拉率不得大于 1%。除利用冷拉调直外，粗钢筋还可采用锤直和扳直的方法；直径为 4～14mm 的钢筋可采用调直机进行调直。经调直的钢筋应平直、无局部曲折。

2. 钢筋除锈

为保证钢筋与混凝土之间的握裹力，在使用钢筋之前，应将其表面的油渍、漆污及铁锈等清除干净。钢筋除锈，一是在钢筋冷拉或调直过程中进行，这种方法适用于大量钢筋除锈，较为经济；二是采用电动除锈机，对钢筋局部除锈较为方便；三是采用手工(用钢丝刷、沙盘)、喷沙和酸洗等。在除锈过程中若发现钢筋严重锈蚀并已损伤钢筋截面或在除锈后钢筋表面有严重麻坑、斑点伤蚀钢筋截面时，应降级使用或剔除不用。

3. 钢筋切断

切断钢筋采用钢筋切断机或手动切断器。手动切断器一般用于切断直径小于 12mm 的钢筋；钢筋切断机有电动和液压两种，可切断直径为 40mm 的钢筋。直径大于 40mm 的钢筋常用氧乙炔焰或电弧切割或锯断。

钢筋应按下料长度切断，下料长度应力求准确，允许偏差为±10mm。

4. 钢筋弯曲

钢筋下料后，应按弯曲设备特点及钢筋直径和弯曲角度进行划线，以便弯曲成设计所要求的尺寸。在弯曲钢筋两边对称时，划线工作宜从钢筋中线开始向两边进行；当弯曲形状比较复杂的钢筋时，可先放出实样，再进行弯曲。

钢筋弯曲采用弯曲机进行弯曲。弯曲机可弯直径 6～40mm 的钢筋，直径小于 25mm 的钢筋也可采用扳手弯曲。

加工钢筋的允许偏差：受力钢筋顺长度方向全长的净尺寸偏差不应超过±10mm；弯起筋的弯折位置偏差不应超过±20mm；箍筋内净尺寸偏差不应超过 5mm。

4.3.5　钢筋的绑扎与安装

钢筋加工完以后，要进行绑扎、安装，绑扎、安装钢筋前，应先熟悉图纸，核对钢筋配料单和钢筋加工牌，积极与有关工种的配合，确定施工方法。

钢筋的接长、钢筋骨架或钢筋网的成型应优先采用焊接或机械连接，如不能采用焊接(如缺乏电焊机或电焊机功率不够)或骨架过大过重不便于运输安装时，可采用绑扎的方法。

绑扎钢筋一般采用 20～22 号铁丝(火烧丝)或镀锌铁丝，其中 22 号铁丝只用于绑扎直径 12mm 以下的钢筋。

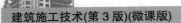
钢筋绑扎程序: 划线→摆筋→穿箍→绑扎→安装垫块。画线时应注意钢筋间距、数量, 标明加密箍筋位置。板类摆筋顺序一般为先排主筋后排负筋; 梁类一般先排纵筋。排放有焊接接头和绑扎接头的钢筋应符合规范规定。有变截面的箍筋, 应先将箍筋排列清楚, 然后安装纵向钢筋。

1. 钢筋绑扎应符合的规定

钢筋绑扎

(1) 钢筋的交点须用铁丝扎牢。

(2) 板和墙的钢筋网片, 除靠外周两行钢筋的相交点须全部扎牢外, 中间部分的相交点可间隔交错扎牢, 但必须保证受力钢筋不发生位移。双向受力的钢筋网片须全部扎牢。

(3) 梁和柱的钢筋, 除设计有特殊要求外, 箍筋应与受力筋垂直设置。在箍筋弯钩叠合处, 应沿受力钢筋方向错开设置。对于梁, 箍筋弯钩在梁面左右错开 50%, 对于柱, 箍筋弯钩在柱四角相互错开。

(4) 柱中的竖向钢筋搭接时, 角部钢筋的弯钩应与模板成 45°(多边形柱为模板内角的平分角; 圆形柱应与柱模板切线垂直); 中间钢筋的弯钩应与模板成 90°; 如采用插入式振捣器浇筑小截面柱时, 弯钩与模板之间的角度最小不得小于 15°。

(5) 板、次梁与主梁交叉处, 板的钢筋在上, 次梁的钢筋居中, 主梁的钢筋在下; 当有圈梁或垫梁时, 主梁的钢筋在上。

2. 钢筋搭接长度及绑扎点位置应符合的规定

(1) 同一构件中相邻纵向受力钢筋的绑扎搭接接头宜相互错开。绑扎搭接接头中钢筋的横向净距不应小于钢筋直径, 且不应小于 25mm。

钢筋绑扎搭接接头连接区段的长度为 $1.3l_L$(l_L 为搭接长度), 凡搭接接头中点位于该连接区段长度内的均属于同一连接区段。同一连接区段内, 纵向钢筋搭接接头面积百分率为该区段内有搭接接头的纵向受力钢筋截面面积与全部纵向受力钢筋截面面积的比值, 如图 4.18 所示。

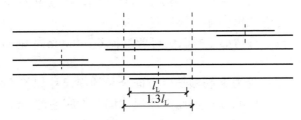

l_L

$1.3l_L$

图 4.18 钢筋绑扎搭接接头连接区段及接头面积百分率

同一连接区段内, 纵向受拉钢筋搭接接头面积百分率应符合设计要求; 当设计无具体要求时, 应符合下列规定:

① 梁类、板类及墙类构件, 不宜大于 25%;

② 柱类构件, 不宜大于 50%;

③ 当工程中确有必要增大接头面积百分率时, 梁类构件不应大于 50%; 其他构件可根据实际情况放宽。

纵向受力钢筋绑扎搭接接头的最小搭接长度应符合 22G 101-1 图案的规定。

检查数量：在同一检验批内，对于梁、柱和独立基础，应抽查其构件数量的 10%，且不少于 3 件；对于墙和板，应按有代表性的自然间抽查 10%，且不少于 3 间；对于大空间结构，墙可按相邻轴线间高度 5m 左右划分检查面，板可按纵、横轴线划分检查面，抽查 10%，且均不少于 3 面。

检验方法：观察，钢尺检查。

(2) 在梁、柱类构件的纵向受力钢筋搭接长度范围内，应按设计要求配置箍筋。当设计无具体要求时，应符合下列规定：

① 箍筋直径不应小于搭接钢筋较大直径的 0.25 倍；

② 受拉搭接区段的箍筋间距不应大于搭接钢筋较小直径的 5 倍，且不应大于 100mm；

③ 受压搭接区段的箍筋间距不应大于搭接钢筋较小直径的 10 倍，且不应大于 200mm；

④ 当柱中纵向受力钢筋直径大于 25mm 时，应在搭接接头两个端面外 100mm 范围内各设置两个箍筋，其间距宜为 50mm。

检查数量：在同一检验批内，对于梁、柱和独立基础，抽查构件数量的 10%，且不少于 3 件；对于墙和板，应按有代表性的自然间抽查 10%，且不少于 3 间；对于大空间结构，墙可按相邻轴线间高度 5m 左右划分检查面，板可按纵、横轴线划分检查面，抽查 10%，且均不少于 3 面。

检验方法：钢尺检查。

钢筋保护层应按设计或规范的要求正确确定。工地常用预制水泥垫块垫在钢筋与模板之间，以控制保护层厚度。垫块应布置成梅花形，其相互间距不大于 1m。上下双层钢筋之间的尺寸，可用绑扎短钢筋或设置撑脚来控制。

4.4　混凝土工程

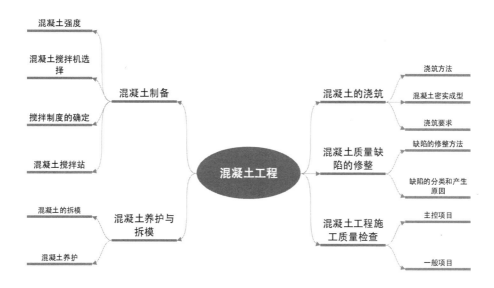

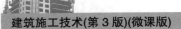

如何制备混凝土？

混凝土搅拌机该怎么选择？

浇筑混凝土有什么要求？

混凝土应如何养护？

如何评定混凝土的强度？

混凝土施工应保证结构的外形和尺寸都符合设计要求，施工后混凝土的强度等级符合设计要求，有良好的整体性，并满足设计和施工的特殊要求。混凝土工程包括混凝土的拌制、运输、浇筑、捣实和养护等施工工序，各个施工工序既相互联系又相互影响。在混凝土施工过程中除按有关规定控制混凝土原材料质量外，任一施工过程处理不当都会影响混凝土的最终质量。因此，如何在施工过程中控制每一施工环节，是混凝土工程需要研究的课题。

4.4.1 混凝土制备

混凝土制备应采用符合质量要求的原材料，按规定的配合比配料，混合料应拌合均匀，以保证达到结构设计所规定的混凝土强度等级，满足设计提出的特殊要求(如抗冻、抗渗等)和施工和易性的要求，而且还需要符合节约水泥、减轻劳动强度等原则。

1. 混凝土强度

1) 混凝土配制强度($f_{cu, o}$)

混凝土配制强度应按式(4.3)计算，即

$$f_{cu, o} \geq f_{cu, k} + 1.645\sigma \tag{4.3}$$

式中 $f_{cu, o}$——混凝土配制强度，MPa；

$f_{cu, k}$——混凝土立方体抗压强度标准值，MPa；

σ——混凝土强度标准差，MPa。

混凝土强度标准差应根据同类混凝土统计资料按式(4.4)计算确定，即

$$\sigma = \sqrt{\frac{\sum_{i=1}^{n} f_{cu,i}^2 - n f_{cu,m}^2}{n-1}} \tag{4.4}$$

式中 $f_{cu, i}$——统计周期内同一品种混凝土第i组试件的强度值，MPa；

$f_{cu, m}$——统计周期内同一品种混凝土N组强度的平均值，MPa；

n——统计周期内同一品种混凝土试件的总组数，$n \geq 25$。

当混凝土强度等级为C20和C25级，若强度标准差计算值小于2.5MPa时，计算配制强度用的标准差应取不小于2.5MPa；当混凝土强度等级不小于C30级，若强度标准差计算值小于3.0MPa时，计算配制强度用的标准差应取不小于3.0MPa。

对于预拌混凝土厂和预制混凝土构件厂，其统计周期可为一个月；对于现场拌制混凝

土的施工单位，其统计周期可按实际情况确定，但不宜超过 3 个月。

施工单位若无近期同一品种、同一强度等级混凝土的强度统计资料时，σ 可按表 4.10 取值：

表 4.10　混凝土强度标准差 σ

混凝土强度等级	≤C20	C25~C45	C45~C55
σ/MPa	4.0	5.0	6.0

当混凝土设计强度等级不小于≤C20 时，取 4 MPa；当混凝土设计强度在 C25～C40 之间时，取 5 MPa；当混凝土设计强度等级不大于 C45 时，取 6 MPa。

2)　混凝土施工配合比及施工配料

混凝土的配合比是在实验室根据混凝土的配制强度经过试配和调整确定的，称为实验室配合比。实验室配合比试验所用砂、石都是不含水分的，而施工现场砂、石都有一定的含水率，且含水率大小随气温等环境条件不断变化，为保证混凝土的质量，施工中应按砂、石实际含水率对原配合比进行调整。根据现场砂、石含水率调整后的配合比称为施工配合比。

设实验室配合比为水泥∶砂∶石=1∶x∶y，水灰比 W/C，现场砂、石含水率分别为 W_x、W_y，则施工配合比为：

水泥∶砂∶石=1∶$x(1+W_x)$∶$y(1+W_y)$，水灰比 W/C 不变，但加水量应扣除砂、石中的含水量。

施工配料是确定每拌一次混凝土所需要用的各种原材料量，它是根据施工配合比和搅拌机的出料容量计算的。

【例 4.2】某混凝土实验室配合比为 1∶2.25∶4.45，水灰比 W/C=0.6，每立方米混凝土水泥用量 m_c=290kg，现场测得砂、石含水率分别为 3%、1%，求施工配合比及每立方米混凝土各种材料用量。

解：施工配合比

$$1∶x(1+W_x)∶y(1+W_y)=1∶2.25(1+0.03)∶4.45(1+0.01)=1∶2.32∶4.40$$

按施工配合比计算每立方米混凝土各种材料用量如下。

水泥：m_c=290kg

砂：m_s=290×2.32=672(kg)

石：m_g=290×4.49=1303(kg)

用水量：m_w=290×0.6-2.25×290×0.03-4.45×290×0.01

$\qquad\qquad$=174-19.6-12.9=141(kg)

2．混凝土搅拌机选择

混凝土搅拌是将各种组成材料拌制成质地均匀、颜色一致且具备一定流动性的混凝土拌合物。如果搅拌得不均匀就不能获得密实的混凝土，就会影响混凝土的质量，所以搅拌是混凝土施工工艺中很重要的一道工序。由于人工搅拌混凝土质量差、使用水泥多，而且劳动强度大，所以只有在工程量很小时才用人工搅拌，一般均采用机械搅拌。

混凝土搅拌机按其搅拌原理分为自落式和强制式两类，如图 4.19 所示。

自落式搅拌机的搅拌筒内壁焊有弧形叶片，当搅拌筒绕水平轴旋转时，叶片不断将物料提升到一定高度，在重力的作用下自由落下。由于各物料颗粒下落的时间、速度、落点和滚动距离不同，从而使物料颗粒达到混合的目的。自落式搅拌机适宜于搅拌塑性混凝土和低流动性混凝土。

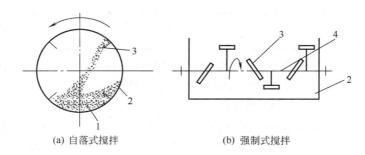

(a) 自落式搅拌　　　　　　　　(b) 强制式搅拌

图 4.19　混凝土搅拌机工作原理示意图

1—混凝土拌合物；2—搅拌筒；3—叶片；4—转轴

锥形反转出料搅拌机是自落式搅拌机中较好的一种，由于它的主、副叶片分别与搅拌筒轴线成 45°和 40°夹角，故搅拌时叶片使物料做轴向窜动，搅拌运动比较强烈。它正转搅拌，反转出料，功率消耗大。这种搅拌机构造简单、重量轻、搅拌效率高、出料干净且维修保养方便。

我国规定混凝土搅拌机以其出料容量(m^3)×1000 标定规格，现行混凝土搅拌机的系列为 50、150、250、350、500、750、1000、1500 和 3000。

选择搅拌机时，要根据工程量大小、混凝土的坍落度去考虑，既要满足技术上的要求，也要考虑经济效果和节约能源。

3. 搅拌制度的确定

为了获得质量优良的混凝土拌合物，除正确选择搅拌机外，还必须正确确定搅拌制度，即投料顺序、搅拌时间和进料容量等。

(1) 投料顺序。投料顺序应从提高搅拌质量，减少叶片、衬板的磨损，减少拌合物与搅拌筒的黏结，减少水泥飞扬，改善工作条件等方面综合考虑确定，常用方法如下：

① 一次投料法，即在上料斗中先装石子，再加水泥和砂，然后一次投入搅拌机；在鼓筒内先加水或在料斗提升进料的同时加水的加料方法。这种上料顺序使水泥夹在石子和砂中间，上料时不致水泥飞扬，又不致粘住斗底，且水泥和砂先进入搅拌筒形成水泥砂浆，可缩短包裹石子的时间。

② 二次投料法，它又分为预拌水泥砂浆法和预拌水泥净浆法。预拌水泥砂浆法是先将水泥、砂和水加入搅拌筒内进行充分搅拌，形成均匀的水泥砂浆，再投入石子搅拌成均匀的混凝土。预拌水泥净浆法搅拌的混凝土与一次投料法相比较，混凝土强度提高约 15%，在强度相同的情况下，可节约水泥 15%～20%。

(2) 搅拌时间。搅拌时间是影响混凝土质量及搅拌机生产率的重要因素之一，时间过短，拌合不均匀，会降低混凝土的强度及和易性；时间过长，不仅会影响搅拌机的生产率，而且会使混凝土和易性降低或产生分层离析现象。搅拌时间与搅拌机的类型、鼓筒尺寸、骨料的品种和粒径以及混凝土的坍落度等有关，混凝土搅拌的最短时间(即自全部材料装入搅拌筒中起到卸料止)可按表 4.11 采用。

表 4.11　混凝土搅拌的最短时间

单位：s

混凝土坍落度/mm	搅拌机机型	搅拌机出料容量/L		
		<250	250~500	>500
≤30	自落式	90	120	150
	强制式	60	90	120
>30	自落式	90	90	120
	强制式	60	60	90

注：掺有外加剂时，搅拌时间应适当延长。

(3) 进料容量 V_j(干料容量)。进料容量为搅拌前各种材料体积之和。进料容量 V_j 与搅拌机搅拌筒的几何容量 V_g 有一定的比例关系，一般情况下两者比值为 $V_j/V_g=0.22\sim0.4$，鼓筒式搅拌机可用较小值。如进料容量超过搅拌筒容量 10%以上，就会使材料在搅拌筒内无充分的空间进行拌合，影响混凝土拌合物的均匀性；如装料过少，则又不能充分发挥搅拌机的效率。进料容量可根据搅拌机的出料容量按混凝土的施工配合比计算。

使用搅拌机时，应注意安全。在鼓筒正常转动之后，才能装料入筒；在运转时，不得将头、手或工具伸入筒内；因故(如停电)停机时，要立即设法将筒子内的混凝土取出，以免其凝结。在搅拌工作结束以后，也应立即清洗鼓筒内外。叶片磨损面积如超过 10%左右时，就应按原样修补或更换。

4. 混凝土搅拌站

混凝土拌合物在搅拌站集中拌制，可以做到自动上料、自动称量、自动出料和集中操作控制，机械化、自动化程度较高，劳动强度大大降低，同时混凝土的质量得到改善，可以取得较好的技术经济效果。施工现场可根据工程任务的大小、现场具体条件、机具设备情况，因地制宜地选用，比如采用移动式混凝土搅拌站等。

一些城市已建立了混凝土集中搅拌站，搅拌站的机械化及自动化水平一般较高，用自卸汽车直接供应搅拌好的混凝土，然后直接浇筑入模。这种供应"商品混凝土"的生产方式，在改进混凝土的供应、提高混凝土的质量以及节约水泥、骨料这些方面很占优势。

4.4.2　混凝土的浇筑

混凝土浇筑要保证其均匀性和密实性，而且还要保证结构的整体性、尺寸准确和钢筋预埋件的位置正确，拆模后混凝土表面要平整、光洁。

混凝土浇筑前应检查模板、支架、钢筋和预埋件位置是否正确，并进行验收。由于混凝土工程属于隐蔽工程，因而对混凝土量大的工程、重要工程或重点部位的浇筑，以及其他施工中的重大问题，均应随时填写施工记录。

混凝土浇筑

1. 浇筑要求

1) 防止离析

浇筑混凝土过程中，混凝土拌合物由料斗、漏斗、混凝土输送管及运输车内卸出时，如自由倾落高度过大，粗骨料在重力作用下，克服黏着力后的下落动能大，下落速度较砂浆快，因而可能造成混凝土离析。为此，混凝土自高处倾落的自由高度不应超过 2m，在竖向结构(如柱、墙等)中限制自由倾落高度不宜超过 3m；否则应沿串筒、斜槽、溜管等下料。在浇筑竖向结构混凝土前，应先在底部填以 50～100mm 厚与混凝土内砂浆成分相同的水泥砂浆。

混凝土要分层灌注，分层捣实，并应在前层混凝土凝结前，将次层混凝土浇筑完毕，以保证混凝土的密实性和整体性。分层厚度，应使混凝土能捣固密实，当采用插入式振动器时，为振动棒长的 1.25 倍；当采用表面振动器时，为 200mm；当用人工捣固时，根据钢筋疏密程度不同，一般为 150～250mm。

2) 正确留置施工缝

混凝土结构大多要求整体浇筑，如因技术或组织上的原因，不能连续浇筑完毕，且停顿时间有可能超过混凝土的初凝时间，则应预先确定在适当位置留置施工缝。

(1) 施工缝的位置。

施工缝宜留在结构剪力较小的部位，同时要方便施工。柱子施工缝宜留在基础顶面、梁或吊车梁牛腿的下面、吊车梁的上面以及无梁楼盖柱帽的下面，如图 4.20 所示；和板连成整体的大截面梁施工缝应留在板底面以下 20～30mm 处，当板下有梁托时，留置在梁托下部。单向板施工缝应留在平板短边的任何位置，有主次梁的楼盖宜顺着次梁方向浇筑，施工缝应留在次梁跨度中间 1/3 长度范围内(见图 4.21)。墙施工缝可留在门洞口过梁跨中 1/3 范围内，也可留在纵横墙的交接处。双向受力的楼板、大体积混凝土结构、拱、薄壳、多层框架等及其他复杂结构，应按设计要求留置施工缝。

(2) 施工缝的处理。在施工缝处继续浇筑混凝土时，应除掉水泥浮浆和松动石子，并用水冲洗干净，待已浇筑的混凝土的强度不低于 1.2MPa 时才允许继续浇筑。继续浇筑前应在结合面先铺抹一层水泥浆或与混凝土砂浆成分相同的砂浆；在重新浇筑混凝土的过程中，施工缝处应仔细捣实，使新、旧混凝土结合牢固。

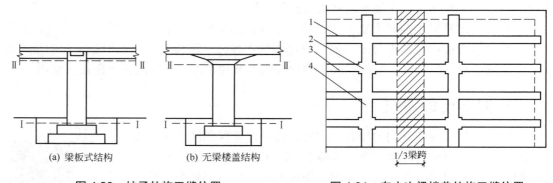

(a) 梁板式结构　　　(b) 无梁楼盖结构

图 4.20　柱子的施工缝位置

(Ⅰ—Ⅰ、Ⅱ—Ⅱ为施工缝的位置)

图 4.21　有主次梁楼盖的施工缝位置

1—楼板；2—柱；3—次梁；4—主梁

2．浇筑方法

1) 多层钢筋混凝土框架结构的浇筑

浇筑多层钢筋混凝土框架结构首先要划分施工层和施工段，施工层一般按结构层划分，而每一施工层如何划分施工段，则要考虑工序数量、技术要求、结构特点等因素。要做到在第一施工层木工要安装完模板，准备转移到第二施工层的第一施工段上时，该施工段所浇筑的混凝土强度应达到允许工人在其上操作的强度(1.2MPa)。

混凝土浇筑前应做好必要的准备工作，如模板、钢筋和预埋管线的检查和清理以及隐蔽工程的验收；浇筑用脚手架、走道的搭设和安全检查；根据实验室下达的混凝土配合比通知单准备和检查材料；准备好施工用具等。

浇筑柱子时，施工段内的每排柱子应由外向内对称地依次浇筑，不要由一端向另一端推进浇筑，预防柱子模板因湿胀引起受推倾斜而积累误差难以纠正。截面在 400mm×400mm 以内，或有交叉箍筋的柱子，应在柱子模板侧面开孔处用斜溜槽分段浇筑，每段高度不超过 2m。截面在 400mm×400mm 以上、无交叉箍筋的柱子，如柱高不超过 4.0m，可从柱顶浇筑；如用轻骨料混凝土从柱顶浇筑，则柱高不得超过 3.5m。柱子开始浇筑前，应先在底部浇筑一层厚 50～100mm 与所浇筑混凝土成分相同的水泥砂浆。浇筑完毕，如柱顶处有较大厚度的砂浆层，则应加以处理。柱子浇筑后，应间隔 1～1.5h，待所浇混凝土拌合物初步沉实后，再浇筑上面的梁板结构。

梁和板一般应同时浇筑，顺次梁方向从一端开始向前推进。只有当梁高大于 1m 时才允许将梁单独浇筑，此时的施工缝留在楼板板面下 20～30mm 处。梁底侧面注意振实，振动器不要直接接触钢筋和预埋件。楼板混凝土的虚铺厚度应略大于板厚，用表面振动器或内部振动器振实，用铁插尺检查混凝土厚度，振捣完后用长的木抹子抹平。

为保证捣实质量，混凝土应分层浇筑，每层厚度见表 4.12。

表 4.12　混凝土浇筑层的厚度

项次	捣实混凝土的方法		浇筑层厚度/mm
1	插入式振动		振动器作用部分长度的 1.25 倍
2	表面振动		200
3	人工捣实	基础或无筋混凝土和配筋稀疏的结构；	250
		梁、墙、板、柱结构；	200
		配筋密集的结构	150
4	轻骨料混凝土	插入式振动	300
		表面振动(振动时需加荷)	200

浇筑叠合式受弯构件时，应按设计要求确定是否设置支撑，叠合面应根据设计要求预留凸凹差(当无要求时，凸凹差为6mm)，形成延期粗糙面。

2)　大体积混凝土结构浇筑

大体积混凝土结构在工业建筑中多为设备基础与高层建筑基础等；在高层建筑中多为厚大的桩基承台或基础底板等，整体性要求较高，往往不允许留施工缝，要求一次连续浇筑完毕。

(1)　整体浇筑方案。为保证大体积混凝土结构的整体性，混凝土应连续浇筑，要求每一处的混凝土在初凝前就被后部分混凝土覆盖并捣实成整体。根据结构特点不同，可分为全面分层、分段分层和斜面分层等浇筑方案，如图 4.22 所示。

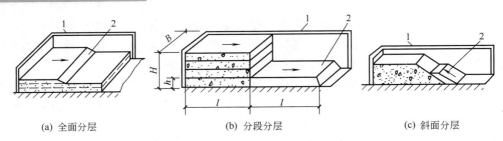

(a) 全面分层　　　　　　(b) 分段分层　　　　　　(c) 斜面分层

图 4.22　大体积混凝土结构浇筑方案

1—模板；2—新浇筑的混凝土

①　全面分层。当结构平面面积不大时，可将整个结构分为若干层进行浇筑，即第一层全部浇筑完毕后，再浇筑第二层，如此逐层连续浇筑，直到结束。为保证结构的整体性，要求次层混凝土在前层混凝土初凝前浇筑完毕。若结构平面面积为 A，浇筑分层厚为 h，每小时浇筑量为 Q，混凝土从开始浇筑至初凝的延续时间为 T(一般等于混凝土初凝时间减去运输时间)，为保证结构的整体性，则应满足

$$A \cdot h \leqslant Q \cdot T \tag{4.5}$$

故
$$A \leqslant \frac{QT}{h} \tag{4.6}$$

即采用全面分层建筑方案时，结构平面面积应满足式(4.6)的条件。

②　分段分层。当结构平面面积较大时，全面分层已不适用，这时可采用分段分层浇筑方案，即将结构划分为若干段，每段又分为若干层，先浇筑第一段各层，然后浇筑第二段各层，如此逐层连续浇筑，直至结束。为保证结构的整体性，要求次段混凝土应在前段混凝土初凝前浇筑并与之捣实成整体。若结构的厚度为 H，宽度为 b，分段长度为 L，为保证结构的整体性，则应满足

$$L \leqslant \frac{QT}{b}(H-h) \tag{4.7}$$

③　斜面分层。当结构的长度超过厚度的 3 倍时，可采用斜面分层的浇筑方案。振捣工作应从浇筑层斜面下端开始，逐渐上移，且振动器应与斜面垂直。

(2)　大体积混凝土裂缝控制方法。

①　优先选用低水化热的矿渣水泥拌制混凝土，并适当加入缓凝减水剂。

②　在保证混凝土设计强度等级的前提下，适当降低水灰比，减少水泥用量。

③　降低混凝土的入模温度，控制混凝土内外的温差。

④　及时对混凝土覆盖保温保湿材料，并进行养护。

⑤　可预埋冷却水管，通入循环水将混凝土内部热量带出，进行人工导热。

⑥　在拌合混凝土时，还可掺入适量的微膨胀剂或膨胀水泥。

⑦　设置后浇带以减小外应力和温度应力，同时利于散热，降低混凝土内部温度。

⑧　大体积混凝土必须进行二次抹面工作，减少表面收缩裂缝。

后浇带是在现浇混凝土结构施工过程中，克服由于温度、收缩可能产生有害裂缝而设置的临时施工缝，其构造如图 4.23 所示。该缝需根据设计要求保留一段时间后再浇筑混凝土，然后将整个结构连成整体。

后浇带的留置位置应按设计要求和施工技术方案确定；设置距离，应在考虑有效降低

温度和收缩应力的条件下,通过计算来获得。在正常的施工条件下,有关规范对此的规定是:如混凝土置于室内和土中,后浇带的设置距离为 30m,露天为 20m。

后浇带的保留时间应根据设计确定,若设计无要求时,一般至少保留 28d 以上。后浇带的宽度应考虑施工简便,避免应力集中,一般为 700～1000mm,后浇带内的钢筋应完好保存。

后浇带混凝土浇筑应严格按照施工技术方案进行。在浇筑混凝土前,必须将整个混凝土表面按照施工缝的要求进行处理。填充后浇带混凝土可采用微膨胀或无收缩水泥,也可采用普通水泥加入相应的外加剂拌制,但要求填筑混凝土的强度等级必须比原来结构强度提高一级,并保持至少 15d 的湿润养护。

(3) 泌水处理。大体积混凝土的另一特点是上、下浇筑层施工间隔时间较长,各分层之间易产生泌水层,它会使混凝土强度降低,产生酥软、脱皮、起砂等不良后果。如果采用自流方式和抽吸方法排除泌水,会带走一部分水泥浆,影响混凝土的质量。因此,泌水处理的措施主要有在同一结构中使用两种坍落度的混凝土或在混凝土拌合物中掺减水剂等。

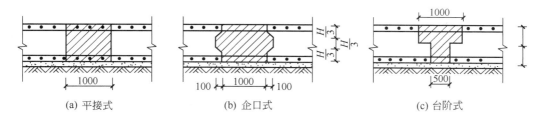

(a) 平接式　　　　(b) 企口式　　　　(c) 台阶式

图 4.23　后浇带的构造

3. 混凝土密实成型

混凝土浇入模板以后是较疏松的,里面含有空洞与气泡,所以不能达到要求的密实度。而混凝土的密实度直接影响其强度,因此混凝土入模后,还需经振捣密实成型。目前主要方法是用人工或机械捣实混凝土。人工捣实是用人力的冲击来使混凝土密实成型,只有在缺乏机械、工程量不大或机械不便工作,部位采用。机械捣实的方法有多种。

1) 混凝土机械振捣密实原理

由电动机、内燃机或压缩空气电动机带动偏心块转动而产生的简谐振动将振动能量传递给混凝土使其受到强迫振动,在振动力作用下混凝土内部的黏着力和内摩擦力显著减少,骨料犹如悬浮在液体中,在其自重作用下向新的位置沉落,紧密排列,水泥砂浆均匀分布填充空隙,气泡逸出、孔缝减小、游离水被挤压上升,使混凝土填满模板并形成密实体积。机械振捣混凝土可以大大减轻工人的劳动强度,减少蜂窝麻面的发生,提高混凝土的强度和密实度,加快模板周转并且还可以节约水泥 10%～15%。

2) 振动机械的选择

振动机械可分为内部振动器、表面振动器、外部振动器和振动台,如图 4.24 所示。

(1) 内部振动器。内部振动器又称为插入式振动器,是建筑工地应用最多的一种振动器,多用于振实梁、柱、墙、厚板和基础等。其工作部分是一棒状空心圆柱体,内部装有偏心振子,在电动机带动下高速转动而产生频微的振动。根据振动棒激振的原理,内部振动器有偏心轴式和行星滚锥式(简称行星式)两种,其激振结构的工作原理,如图 4.25 所示。

偏心轴式内部振动器的振动频率为 5000～6000 次/min。行星滚锥式内部振动器的振动频率为 120 000～15 000 次/min，振捣效果好，且构造简单、使用寿命长，是当前常用的内部振动器，电动软轴行星式内部振动器构造，如图 4.26 所示。

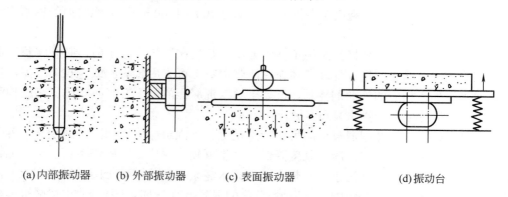

(a)内部振动器　(b) 外部振动器　(c) 表面振动器　(d) 振动台

图 4.24　振动机示意图

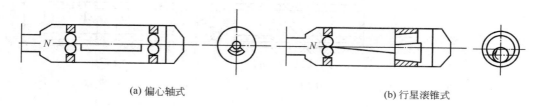

(a) 偏心轴式　　　　　　　　(b) 行星滚锥式

图 4.25　振动棒的激振原理

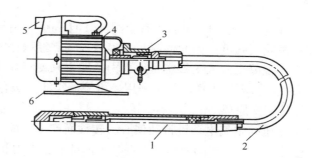

图 4.26　电动软轴行星式内部振动器

1—振动棒；2—软轴；3—防逆装置；4—电动机；5—电器开关；6—支座

　　用插入式振动器振动混凝土时，应将振动器垂直插入，并达到下层混凝土 50mm 处，以促使上下层混凝土结合成整体。每一振点的振捣延续时间，应使混凝土捣实(即表面呈现浮浆和不再沉落为限)。采用插入式振动器捣实普通混凝土的移动间距，不宜大于作用半径的 1.5 倍；捣实轻骨料混凝土的间距，不宜大于作用半径的 1 倍；振动器与模板的距离不应大于振动器作用半径的 1/2，并应尽量避免碰撞钢筋、模板以及预埋件等。插点的分布有行列式和交替式两种，如图 4.27 所示。

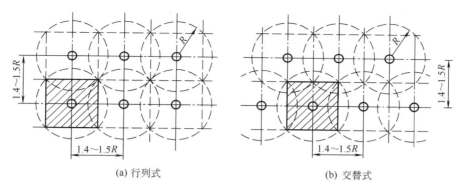

图 4.27　插点的分布

（2）表面振动器。表面振动器又称为平板振动器，它是为电动机装上左、右两个偏心块并固定在一块平板上，其振动作用可直接传递到混凝土面层上。这种振动器适用于捣实楼板、地面、板形构件和薄壳等薄壁结构。在无筋或单层钢筋结构中，每次振实的混凝土厚度不宜大于 250mm；在双层钢筋结构中，每次振实厚度不宜大于 120mm。表面振动器移动间距应保证振动器的平板覆盖已振实混凝土部分的边缘，并以该处的混凝土振实出浆为准。

（3）附着式振动器。附着式振动器又称为外部振动器，它通过螺栓或夹钳等固定在模板外侧的横挡或竖挡上，偏心块旋转所产生的振动力通过模板传给混凝土，使之振实，但该方法要求模板应有足够的刚度。对于小截面直立间距，插入式振动器的振动棒很难插入，可使用附着式振动器，附着式振动器的设置间距应通过试验确定，在一般情况下，可每隔 1～1.5m 设置一个。

4.4.3　混凝土养护与拆模

1. 混凝土养护

混凝土浇筑捣实后，逐渐凝固硬化，这个过程主要由水泥的水化作用来实现，而水化作用必须在适当的温度和湿度条件下才能完成。因此，为了保证混凝土有适宜的硬化条件，使其强度不断增长，必须对其进行养护。混凝土的养护就是创造一个具有一定湿度和温度的环境，使混凝土凝结硬化，达到设计要求的强度。因而养护对于保证混凝土的质量是至关重要的。

混凝土养护方法分自然养护和人工养护。自然养护是指利用平均气温高于 5℃ 的自然条件，用保水材料或草帘等对混凝土加以覆盖并适当浇水，使混凝土在一定的时间内在湿润状态下硬化。当最高气温低于 25℃ 时，混凝土浇筑完后应在 12h 以内加以覆盖和浇水；最高气温高于 25℃ 时，应在 6h 以内开始养护，混凝土采用覆盖浇水养护的时间如下。

（1）对于硅酸盐水泥、普通硅酸盐水泥及矿渣硅酸盐水泥，不得少于 7d。

（2）对于火山灰质硅酸盐水泥和粉煤灰硅酸盐水泥，不得少于 14d。

（3）对于掺用缓凝型外加剂、矿物掺合料以及有抗渗性要求的，不得少于 14d。

混凝土必须养护至其强度达到 1.2MPa 以后，方能在其上踩踏和安装模板及支架。

人工养护就是用人工来控制混凝土的养护温度和湿度，使混凝土强度增长，如蒸汽养

护、热水养护以及太阳能养护等，主要用来养护预制构件，现浇构件大多用自然养护。

2．混凝土的拆模

模板拆除日期取决于混凝土的强度、模板的用途、结构的性质及混凝土硬化时的气温。

承重的侧模，在混凝土强度能保证其表面棱角不因拆除模板而受损坏时，即可拆除。承重模板，如梁、板等底模，应待混凝土达到规定强度后方可拆除。

已拆除承重模板的结构，应在混凝土达到规定的强度等级后，才允许承受全部设计荷载。拆模后应由监理(建设)单位、施工单位对混凝土的外观质量和尺寸偏差进行检查，并做好记录，如发现缺陷，应及时进行修补。对于面积小、数量不多的蜂窝或露石的混凝土，先用钢丝刷或压力水洗刷基层，然后用1：2～1：2.5的水泥砂浆抹平；对于较大面积的蜂窝、露石、露筋，应按其全部深度凿去薄弱的混凝土层，然后用钢丝刷或压力水冲刷，再用比原混凝土强度高一个级别的细骨料混凝土填塞，并仔细捣实。对影响结构性能的缺陷，应与设计单位研究处理。

4.4.4　混凝土工程施工质量检查

混凝土工程的施工质量应按主控项目、一般项目规定的检验方法进行检验。检验批合格质量应符合下列规定：主控项目的质量经抽样检验合格；一般项目的质量经抽样检验合格；当采用计数检验时，除有专门要求外，一般项目的合格点率应达到不大于80%，且不得有严重缺陷；具有完整的施工操作依据和质量验收记录。

1．主控项目

(1) 水泥进场时应对其品种、级别、包装或散装仓号、出厂日期等进行检查，并应对其强度、安定性及其他必要的性能指标进行复检，其质量必须符合现行国家标准的要求。当在使用中对水泥质量有怀疑或水泥出厂超过3个月(快硬硅酸盐水泥超过1个月)时，应进行复验，并按复验结果使用。

检查数量：按同一生产厂家、同一等级、同一品种、同一批号且连续进场的水泥，袋装不超过200t为一批，散装不超过500t为一批，每批抽样不得少于一次。

检验方法：检查产品合格证、出厂检验报告和进场复验报告。

(2) 混凝土中掺用外加剂的质量及应用技术应符合国家标准和有关环境保护的规定。预应力混凝土结构中，严禁使用含氯化物的外加剂。钢筋混凝土结构中，当使用含氯化物的外加剂时，氯化物的总含量应符合现行国家标准的规定。

检查数量：按进场的批次和产品的抽样检验方案确定。

检验方法：检查产品合格证、出厂检验报告和进场复验报告。

(3) 混凝土强度等级、耐久性和工作性能等应按《普通混凝土配合比设计规程》(JGJ 55—2011)的有关规定进行配合比设计。对有特殊要求的混凝土，其配合比设计还应符合国家现行有关标准的专门规定。

检查方法：检查配合比设计资料。

(4) 结构混凝土的强度等必须符合设计要求。用于检查结构构件混凝土强度的试件，应在混凝土的浇筑地点随机抽取。取样与试件留置应符合下列规定。

每拌制 100 盘且不超过 100m³ 的同配合比混凝土，取样不得少于一次；每工作班拌制的同一配合比的混凝土不足 100 盘时，取样不得少于一次；当一次连续浇筑超过 1000 m³ 的混凝土时，同一配合比的混凝土每 200 m³ 取样不得少于一次；每一楼层、同一配合比的混凝土，取样不得少于一次；每次取样应至少留置一组标准养护试件，同条件养护试件的留置组数应根据其实际需要确定。

检验方法：检查施工记录及试件强度试验报告。

(5) 对有抗渗要求的混凝土结构，其混凝土试件应在浇筑地点随机取样。同一工程、同一配合比的混凝土，取样不应少于一次，留置组数可根据实际需要确定。

检验方法：检查试件抗渗试验报告。

(6) 混凝土原材料每盘称量的偏差应符合规定，水泥、掺合料±5%；粗骨料±3%；水、外加剂±2%。

检查数量：每工作班抽查不应少于一次。当遇雨天或空气含水率有显著变化时，应增加含水率检测次数，并及时调整水和骨料的用量。

检验方法：复称。

(7) 混凝土运输、浇筑及间歇的全部时间不应超过混凝土的初凝时间。同一施工段的混凝土应连续浇筑，并应在底层混凝土初凝之前将上一层混凝土浇筑完毕。当底层混凝土初凝后浇筑上层混凝土时，应按施工技术方案要求对施工缝进行处理。

检验数量：全数检查。

检验方法：观察，检查施工记录。

(8) 现浇结构的外观质量不应有严重缺陷。对已经出现的严重缺陷，应由施工单位提出技术处理方案，并经监理(建设)单位认可后进行处理。对经处理后的部位，应重新检查验收。

检验数量：全数检查。

检验方法：观察，检查施工记录。

(9) 现浇结构不应有影响结构性能和使用功能的尺寸偏差。对超过尺寸允许偏差且影响结构性能和安装、使用功能的部位，应由施工单位提出技术处理方案，并经监理(建设)单位认可后进行处理。对经处理后的部位，应重新检查验收。

检验数量：全数检查。

检验方法：量测，检查技术处理方案。

2．一般项目

(1) 混凝土中掺用矿物掺合料，粗、细骨料及拌制混凝土用水的质量应符合现行国家标准的规定。

检查数量：按进场的批次和产品的抽样检验方案确定。

检验方法：检查出厂合格证和进场复验报告，粗、细骨料检查进场复验报告，拌制混凝土用水检查水质试验报告。

(2) 首次使用的混凝土配合比应进行开盘鉴定，其工作性能应满足设计配合比的要求。开始生产时应至少留置一组标准养护试件，作为验证配合比的依据。

检查数量：检查开盘鉴定资料和试件强度试验报告。

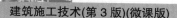

(3) 混凝土拌制前，应测定砂、石含水率，并根据测试结果调整材料用量，提出施工配合比。

检查数量：每工作班检查一次。

检验方法：检查含水率测试结果和施工配合比通知单。

(4) 施工缝、后浇带的位置应在混凝土浇筑前按设计要求和施工技术方案确定。施工缝处理与后浇带混凝土浇筑应按施工技术方案执行。

检验数量：全数检查。

检验方法：观察，检查施工记录。

(5) 现浇结构和混凝土设备基础拆模后的尺寸偏差应符合表 4.13 和表 4.14 的规定。

检查数量：按楼层、结构缝或施工段划分检验批。同一检验批内，梁、柱独立基础应抽查构件数量的 10%，且不少于 3 件；墙和板应按有代表性的自然间抽查 10%，且不少于 3 间；大空间结构的墙可按相邻轴线间高度 5m 左右划分检查面，板可按纵、横轴线划分检查面，抽查 10%，且均不少于 3 面；电梯井应全数检查；设备基础应全数检查。

表 4.13 现浇结构尺寸的允许偏差和检验方法

项 目		允许偏差/mm	检验方法
轴线位移	基础	15	尽量检查
	独立基础	10	
	柱、墙、梁	8	
	剪力墙	5	
标高	层高	±10	用水准仪或拉线、钢尺检查
	全高	±30	
截面尺寸		+8，−5	钢尺检查
垂直度	层高 ≤5m	8	用经纬仪或吊线、钢尺检查
	层高 >5m	10	
	全高 H	$H/1000$ 且 ≤30	用经纬仪或吊线、钢尺检查
表面平整度		8	用 2m 靠尺和塞尺检查
预埋设施中心线位置		10	钢尺检查
		5	
		5	
预留洞中心线位置		15	钢尺检查
电梯井	井筒长、宽对定位中心线	+25，0	钢尺检查
	井筒全高(H)垂直度	$H/1000$ 且 ≤30	经纬仪，钢尺检查

注：检查轴线、中心线位置时，应沿纵、横两个方向测量，并取其中的较大值。

表 4.14 混凝土设备基础的允许偏差和检验方法

项 目		允许偏差/mm	检验方法
坐标位置		20	钢尺检查
不同平面的标高		0，−20	用水准仪或拉线、钢尺检查
平面外形尺寸		±20	钢尺检查
凸台上平面外形尺寸		0，−20	
凹穴尺寸		+20，0	
平面水平度	每米	5	水平尺、塞尺检查
	全长	10	用水准仪或拉线、钢尺检查

续表

项　目		允许偏差/mm	检验方法
垂直度	每米	5	用经纬仪或吊线、钢尺检查
	全高	10	
预埋地脚螺栓	标高(顶高)	+20，0	用水准仪或拉线、钢尺检查
	中心距	±2	钢尺检查
预埋地脚螺栓孔	中心线位置	10	钢尺检查
	深度尺寸	20，0	钢尺检查
	孔垂直度	10	吊线、钢尺检查
预埋活动地脚螺栓锚板	标高	+20	用水准仪或拉线、钢尺检查
	中心线位置	5	钢尺检查
	带槽锚板平整度	5	钢尺、塞尺检查
	带螺纹孔锚板平整度	2	

注：检查轴线、中心线位置时，应沿纵、横两个方向测量，并取其中的较大值。

4.4.5　混凝土质量缺陷的修整

具体内容详见右侧二维码。

混凝土质量
缺陷的修整

4.4.6　混凝土强度的评定方法

评定混凝土强度的试块，必须按《混凝土强度检验评定标准》(GB/T 50107—2010)的规定取样、制作、养护和试验，其强度必须符合下列规定。

(1) 用统计方法评定混凝土强度时，其强度应同时符合下列两式的规定，即

$$mf_{xu} - \lambda_1 sf_{cu} \geqslant 0.9 f_{cu,k} \tag{4.8}$$

$$f_{cu,min} \geqslant \lambda_2 f_{cu,k} \tag{4.9}$$

(2) 用非统计方法评定混凝土强度时，其强度应同时符合下列两式的规定，即

$$mf_{xu} \geqslant 1.15 f_{cu,k} \tag{4.10}$$

$$f_{cu,min} \geqslant 0.95 f_{cu,k} \tag{4.11}$$

式中　mf_{xu}——同一验收批混凝土立方体抗压强度的平均值，N/mm^2；

sf_{cu}——同一验收批混凝土强度的标准差，N/mm^2，当 sf_{cu} 的计算值小于 $0.06 f_{cu,k}$ 时，取 $sf_{cu}=0.06 f_{cu,k}$；

$f_{cu,k}$——设计混凝土立方体抗压强度标准值，N/mm^2；

$f_{cu,min}$——同一验收批混凝土立方体抗压强度的最小值，N/mm^2；

λ_1、λ_2——合格判定系数，按表 4.15 取用。

表 4.15　合格判定系数

合格判定系数	试块组数		
	10～14	15～24	≥25
λ_1	1.70	1.65	1.60
λ_2	0.90	0.85	0.90

注：混凝土强度按单位工程内强度等级、龄期及生产工艺条件、配合比基本相同的混凝土为同一验收批评定。但单位工程中仅有一组试块时，其强度不应低于 $1.15 f_{cu,k}$。

4.5　预应力混凝土工程

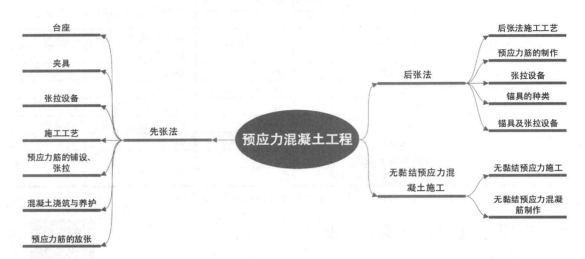

带着问题学知识

预应力混凝土结构是什么？
预应力混凝土的先张法是什么？
先张法的施工工艺是什么？
预应力混凝土的后张法是什么？
后张法的施工工艺是什么？

预应力混凝土结构(构件)在使用阶段产生的拉应力先抵消预压应力，推迟了裂缝的出现和限制了裂缝的开展，提高了结构(构件)的抗裂度和刚度。这种施加预应力的混凝土，叫作预应力混凝土。

与普通混凝土相比，预应力混凝土除了提高构件的抗裂度和刚度外，还具有减轻自重、增加构件的耐久性与降低造价等优点。

预应力混凝土按施工方法的不同，可分为先张法和后张法两大类；按钢筋张拉方式不同，可分为机械张拉法、电热张拉法与自应力张拉法等。

4.5.1　先张法

先张法是在浇筑混凝土之前，先张拉预应力钢筋，并将预应力筋临时固定在台座或钢模上，待混凝土达到一定强度(一般不低于混凝土设计强度标准值的75%)，与预应力筋具有一定的黏结力时，放松预应力筋，在预应力筋的反弹力作用下，使构件受拉区的混凝土承受预压应力。预应力筋的张拉力，主要是由预应力筋与混凝土之间的黏结力传递给混凝土。

第 4 章　钢筋混凝土与预应力混凝土工程

图 4.28 为预应力混凝土构件先张法(台座)示意图。

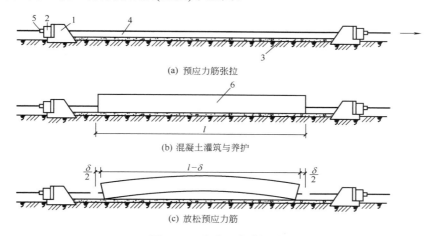

(a) 预应力筋张拉

(b) 混凝土灌筑与养护

(c) 放松预应力筋

图 4.28　先张法台座示意

1—台座承力结构；2—横梁；3—台面；4—预应力筋；5—锚具夹；6—混凝土构件

先张法生产又可分为台座法和机组流水法。台座法是在台座上生产构件，即预应力筋的张拉、固定、混凝土浇筑、养护和预应力筋的放松等工序均在台座上进行，如图 4.29 所示。机组流水法是利用钢模板制作构件。

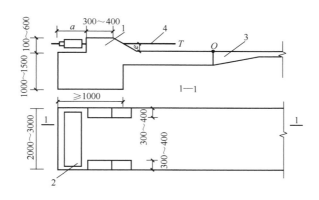

图 4.29　墩式台座

1—台墩；2—横梁；3—台面；4—预应力筋

1．台座

台座是先张法施工张拉和临时固定预应力筋的支承结构，它承受预应力筋的全部张拉力，因此要求台座具有足够的强度、刚度和稳定性。台座按构造形式分为墩式台座和槽式台座，槽式台座如图 4.30 所示。槽式台座适用于张拉吨位较大的构件，如吊车梁、屋架与薄腹梁等。

2．夹具

夹具是预应力筋张拉和临时固定的锚固装置，用在先张法施工中。按其用途不同，可分为钢质锥形夹具、锚固夹具和张拉夹具等。

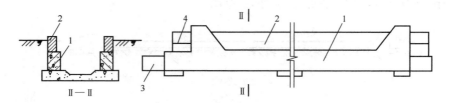

图 4.30　槽式台座

1—传力柱；2—砖墙；3—下横梁；4—上横梁

1)　钢质锥形夹具

钢质锥形夹具主要用来锚固直径为 3～5mm 的单根钢丝夹具，如图 4.31 所示。钢质锥形夹具一般都可以重复使用，要求工作可靠、加工方便、成本低和能多次周转使用。

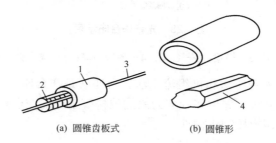

(a) 圆锥齿板式　　　　(b) 圆锥形

图 4.31　钢质锥形夹具

1—套筒；2—齿板；3—钢丝；4—锥塞

2)　锚固夹具

锚固夹具适用于预应力钢丝固定端的锚固，如图 4.32 所示。

3)　张拉夹具

张拉夹具是将预应力筋与张拉机械连接起来进行预应力张拉的工具。常用的张拉夹具有月牙夹具、偏心式夹具和楔形夹具等，如图 4.33 所示。

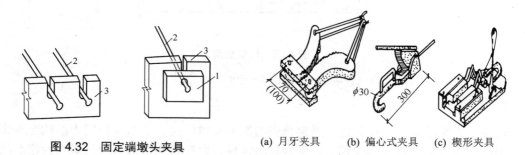

图 4.32　固定端墩头夹具

1—垫片；2—墩头钢丝；3—承力板

(a) 月牙夹具　　(b) 偏心式夹具　　(c) 楔形夹具

图 4.33　张拉夹具

3. 张拉设备

张拉设备要求工作可靠、控制应力准确，能以稳定的速率加大拉力。常用的张拉设备有油压千斤顶、卷扬机和电动螺杆张拉机等，如图 4.34 和图 4.35 所示。

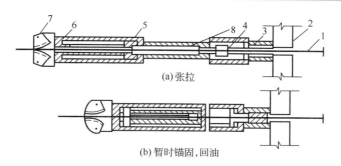

图 4.34　YC-20 穿心式千斤顶张拉过程示意

1—钢筋；2—台座；3—穿心式夹具；4—弹性顶压头；5、6—油嘴；7—偏心式夹具；8—弹簧

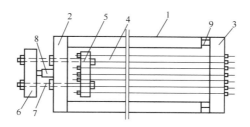

图 4.35　油压千斤顶成组张拉

1—台座；2、3—前后横梁；4—钢筋；5、6—拉力架横梁；7—大螺丝杆；8—油压千斤顶；9—放松装置

4．先张法施工工艺

先张法施工工艺流程，如图 4.36 所示。

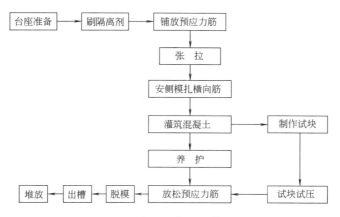

图 4.36　先张法施工工艺流程

5．预应力筋的铺设和张拉

(1) 预应力筋铺设前要先做好台面的隔离层，应选用非油类模板隔离剂，隔离剂不得使预应力筋受污，以免影响预应力与混凝土的黏结性。碳素钢丝绳强度高、表面光滑、与混凝土黏结力较差，因此必要时可采取表面刻痕和压波措施，以提高钢丝与混凝土的黏结力。

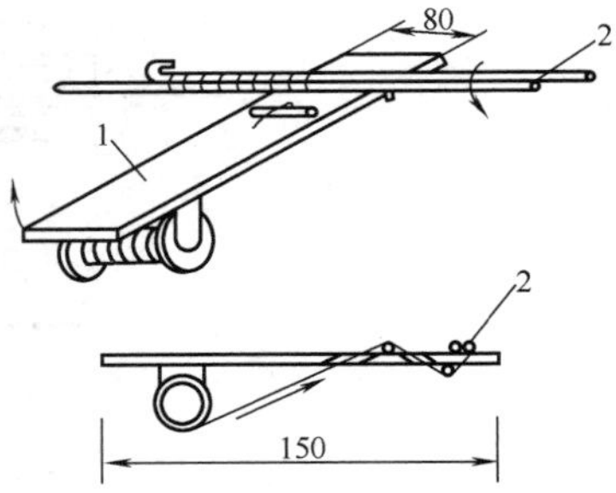

钢丝接长可借助钢丝拼接器用 20～22 号铁丝密排扎，如图 4.37 所示。

(2) 预应力筋张拉控制应力的确定。预应力筋的张拉控制应力，应符合设计要求。如采用超张拉法施工，张拉控制应力可比设计要求提高 5%，但其最大不得超过表 4.16 的规定。

(3) 预应力筋张拉力的计算。预应力筋张力 P 按式(4.12)计算，即

$$P=(1+m)\sigma_{con}A_p \ (kN) \tag{4.12}$$

式中　m——超张拉百分率(%)；

　　　σ_{con}——张拉控制应力；

　　　A_p——预应力筋截面面积。

图 4.37　钢丝拼接器
1—拼接器；2—钢丝

表 4.16　最大张拉控制应力值

钢　种	张拉方法	
	先张法	后张法
清除应力钢丝、钢绞线	$0.75f_{ptk}$	$0.75f_{ptk}$
热处理钢筋	$0.70f_{ptk}$	$0.65f_{ptk}$

注：f_{ptk} 为预应力筋极限抗拉强度标准值。

(4) 张拉程序。预应力筋的张拉可按下列程序进行：$0 \to 103\%\sigma_{con}$ 或 $0 \to 105\%\sigma_{con} \to$ 持荷 2min σ_{con}。

第一种张拉程序中，超张拉 3%是为了弥补预应力筋的松弛而引起的预应力损失，这种张拉程序施工简便，一般较多采用。

第二种张拉程序中，超张拉 5%并持荷 2min，其目的是为了减少预应力筋的松弛损失。钢筋松弛的数值与控制应力、延续时间有关，控制应力越高，松弛也就越大，同时还随着时间的延续不断增加，但在第一分钟内完成损失总值的50%左右，24h 内则完成80%。上述程序中，超张拉 5%σ_{con}持荷 2min，可以减少 50%以上的松弛损失。

(5) 预应力筋伸长值与应力的测定。

预应力筋张拉后，应校核其伸长值。如实际伸长值与计算伸长值的偏差超过±6%，应暂停张拉，查明原因并采取措施予以调整后，方可继续张拉。预应力筋的伸长值 ΔL 按式(4.13)计算，即

$$\Delta L = F_p \cdot \frac{F}{A_p} \cdot E_N \tag{4.13}$$

式中　F_p——预应力筋张拉力；

　　　L——预应力筋长度；

　　　A_p——预应力筋截面面积；

　　　E_N——预应力筋的弹性模量。

预应力筋的实际伸长值宜在初应力约为 $10\%\sigma_{con}$ 时开始测量，且必须加上初应力以下的推算伸长值。

预应力筋的位置不允许有过大偏差，与设计位置的偏差不得大于 5mm，也不得大于构件截面最短边长的 4%。

多根钢丝同时张拉时，必须事先调整初应力使其相互间的应力一致。断丝和滑脱钢丝的数量不得大于钢丝总数的 3%，一束钢丝中只允许断丝一根。构件在浇筑混凝土前发生断丝或滑脱的预应力钢丝必须予以更换。

采用钢丝作为预应力筋时，可以不作伸长值校核，但应在钢丝锚固后，用钢丝测力计或半导体频率计数测力计测定其钢丝应力，其偏差不得大于或小于一个构件全部钢丝预应力总值的 5%。

6．混凝土浇筑与养护

为了减少预应力损失，在设计混凝土配合比时应考虑减少混凝土的收缩和徐变，采用低水灰比，控制水泥用量，使用良好的级配及振捣密实。

振捣混凝土时，振动器不得碰撞预应力钢筋。混凝土未达到一定强度前也不允许碰撞和踩动预应力筋，以保证预应力筋与混凝土有良好的黏结力。

预应力混凝土可采用自然养护和湿热养护。当采用湿热养护时应遵守正确的养护制度，减少由于温差引起的预应力损失。在台座上为生产的构件进行湿热养护时，由于温度的升高，预应力筋膨胀而台座长度并无变化，因而预应力筋的应力减少，在这种情况下混凝土逐渐硬结后，预应力筋减少的应力将无法恢复，形成温差应力损失。因此，为了减少温差应力损失，应在混凝土达到一定强度($100N/mm^2$)前，将温度升高限制在一定范围内(一般不超过 20℃)。用机组流水法钢模制作预应力构件时，由于湿热养护时钢模与预应力筋同样伸缩，所以不存在因温差引起的预应力损失。

7．预应力筋的放张

1)　放张要求

放张预应力筋前，混凝土应达到设计要求的强度。如设计无要求时，混凝土强度应不得低于设计强度等级的 75%。

2)　放张顺序

预应力筋的放张顺序应满足设计要求，如设计无要求时应满足下列规定。

(1)　轴心受预压构件(如压杆、桩等)，所有预应力筋应同时放张。

(2)　偏心受预压构件(如梁等)，先同时放张预压力较小区域的预应力筋，再同时放张预压力较大区域的预应力筋。

(3)　如不能按上述规定放张时，应分阶段、对称、相互交错地放张，以防止在放张过程中构件发生翘曲、裂纹及预应力筋断裂等现象。

3)　放张方法

对于配筋不多的中小型构件，钢丝可用砂轮锯或切断机等方法放张。对于配筋多的钢筋混凝土构件，钢丝应同时放张，如逐根放张，最后几根钢丝将由于承受过大的拉力而突然断裂，使得构件端容易开裂。

对于钢丝、热处理钢筋不得用电弧切割，宜用砂轮锯或切断机切断。预应力钢筋数量较多时，可用千斤顶、砂箱、楔块等装置同时放张，如图 4.38 所示。

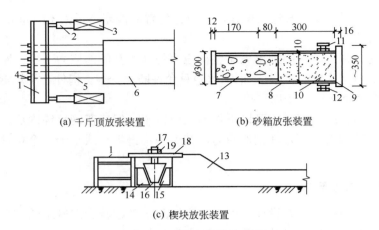

(a) 千斤顶放张装置　　　　　　(b) 砂箱放张装置

(c) 楔块放张装置

图 4.38　预应力筋放张装置

1—横梁；2—千斤顶；3—承力架；4—夹具；5—钢丝；6—构件；7—活塞；8—套箱；
9—套箱底板；10—砂；11—进砂口；12—出砂口；13—台座；14、15—固定楔块；
16—滑动楔块；17—螺杆；18—承力板；19—螺母

4.5.2　后张法

后张法是先制作构件，预留孔道，待构件混凝土强度达到设计规定的数值后，在孔道内穿入预应力筋进行张拉，并用锚具在构件端部将预应力筋锚固，最后进行孔道灌浆。预应力筋的张拉力主要是靠构件端部的锚具传递给混凝土，使混凝土产生预应力。图 4.39 所示为预应力混凝土后张法生产示意图。后张法预应力施工时不需要台座设备，其灵活性大，广泛用于施工现场生产大型预制预应力混凝土构件和就地浇筑预应力混凝土结构。后张法预应力施工，又可分为有黏结预应力施工和无黏结预应力施工两类。

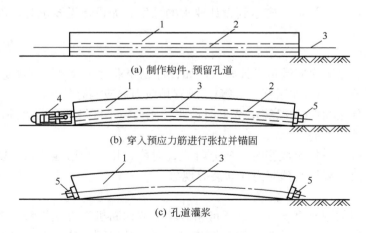

(a) 制作构件，预留孔道

(b) 穿入预应力筋进行张拉并锚固

(c) 孔道灌浆

图 4.39　后张法施工顺序

1—混凝土构件；2—预留孔道；3—预应力筋；4—千斤顶；5—锚具

1. 锚具及张拉设备

锚具是预应力筋张拉和永久固定在预应力混凝土构件上传递预应力的工具。按锚固性能不同，可分为Ⅰ类锚具和Ⅱ类锚具。Ⅰ类锚具适用于承受动载、静载的预应力混凝土结构；Ⅱ类锚具仅适用有黏结预应力混凝土结构，且锚具只能处于预应力筋应力变化不大的部位。

2．锚具的种类

后张法所用锚具根据其锚固原理和构造形式不同，分为螺杆锚具、夹片锚具、锥销式锚具和镦头锚具 4 种体系。

1）单根粗钢筋锚具

单根预应力钢筋根据构件的长度和张拉工艺要求，可以在一端或两端张拉，锚具与预应力筋的配套使用基本有 3 种情况：两端张拉时，在两端头均使用螺栓端杆锚具；一端张拉时，张拉端应使用螺栓端杆锚具，另一端使用帮条锚具或墩头锚具。

(1) 螺栓端杆锚具。螺栓端杆锚具由螺栓端杆、垫板和螺母组成，适用于锚固直径不大于 36mm 的热处理钢筋，如图 4.40(a)所示。使用时，螺栓端杆锚具与预应力筋对焊，用张拉设备张拉螺栓端杆，然后用螺母锚固。

(2) 帮条锚具。帮条锚具由一块方形衬板与 3 根帮条组成，如图 4.40(b)所示。衬板采用普通低碳钢板，帮条采用与预应力筋同类型的钢筋。安装时，3 根帮条与衬板相接触的截面应在一个垂直平面上，以免受力时产生扭曲，帮条锚具一般用在单根粗钢筋作预应力筋的固定端。

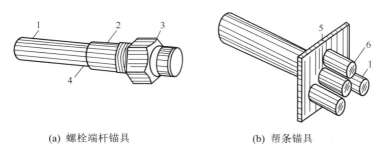

(a) 螺栓端杆锚具　　　　　(b) 帮条锚具

图 4.40　单根筋锚具

1—钢筋；2—螺栓端杆；3—螺母；4—焊接接头；5—衬板；6—帮条

2）钢筋束、钢绞线束锚具

钢筋束和钢绞线束目前使用的锚具有 KT-Z 型、JM 型、XM 型、QM 型号和镦头锚具等，如图 4.41 至图 4.44 所示。

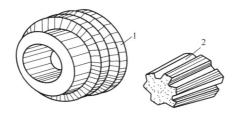

图 4.41　KT-Z 型锚具

1—锚环；2—锚塞

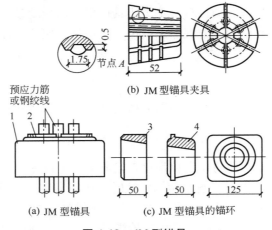

(b) JM 型锚具夹具

(a) JM 型锚具　　　(c) JM 型锚具的锚环

图 4.42　JM 型锚具

1—锚环；2—夹片；3—圆锚环；4—方锚环

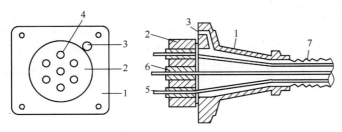

图 4.43　QM 型锚具

1—锚垫板；2—挤压锚；3—螺旋筋；4—圆形 P 锚；
5—预立力筋；6—固定螺栓；7—波纹管

图 4.44　固定端用镦头锚具

1—锚固板；2—预应力筋；3—镦头

3)　钢丝束锚具

目前国内常用的钢丝束锚具有钢质锥形锚具、锥形螺杆锚具、钢丝束镦头锚具、XM 型锚具和 QM 型锚具，如图 4.45 至图 4.47 所示。

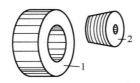

图 4.45　钢质锥形锚具

1—锚环；2—锚塞

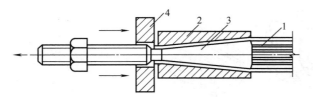

图 4.46　锥形螺杆锚具

1—钢丝；2—套筒；3—锥形螺杆；4—垫板

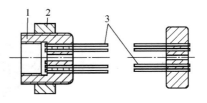

图 4.47　钢丝束镦头锚具

1—锚环；2—钢丝束；3—锚板

3. 张拉设备

后张拉法主要张拉设备包括千斤顶和高压油泵。

1) 拉杆式千斤顶(YL 型)

拉杆式千斤顶主要用于张拉带有螺栓端杆锚具的粗钢筋、锥形螺杆、锚具钢丝束及镦头锚具钢丝束等。

拉杆式千斤顶构造如图 4.48 所示，由主缸、主缸活塞、副缸、副缸活塞、连接器、顶杆和拉杆等组成。张拉预应力筋时，首先使连接器与预应力筋的螺栓端杆连接，并使顶杆支承在构件端部的预埋钢板上。当高压油泵将油液从主缸油嘴抽入主缸时，推动主缸活塞向左移动，带动拉杆和连接在拉杆末端的螺栓端杆，预应力筋即被拉伸，当达到设计张拉力后，拧紧预应力筋端部的螺母，使预应力筋锚固在构件端部。锚固完毕后，改用副油嘴使进油液回到油泵中，工地上常用的为 600kN 拉杆式千斤顶，其主要技术性能见表 4.17。

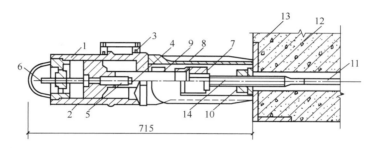

图 4.48　拉伸机构造示意

1—主缸；2—主缸活塞；3—主缸油嘴；4—副缸；5—副缸活塞；6—副缸油嘴；7—连接器；
8—顶杆；9—拉杆；10—螺母；11—预应力筋；12—混凝土构件；13—预埋钢板；14—螺栓端杆

表 4.17　拉杆式千斤顶主要性能

项　　目	单　位	技术性能
最大张拉力	kN	600
张拉行程	mm	150
主缸活塞面积	cm^2	152
最大工作油压	MPa	40
质量	kg	68

2) 锥锚式千斤顶(YZ 型)

锥锚式千斤顶主要用于张拉 KT-Z 型锚具锚固的钢筋束或钢绞线束和使用锥形锚具锚固的预应力钢丝束。其张拉油缸用以张拉预应力筋，顶压油缸用于顶压锥塞，因此又称双作用千斤顶，如图 4.49 所示。

张拉预应力筋时，主缸进油，主缸活塞被压移，使固定在其上的钢筋被张拉。钢筋张拉后，改由副缸进油，随即由副缸活塞将锚塞顶入锚圈中。主、副缸的回油则是借助设置在主缸和副缸中的弹簧作用来进行的。

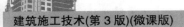

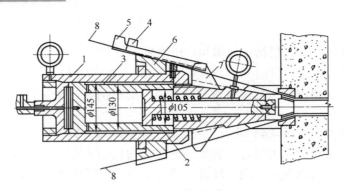

图 4.49　锥锚式千斤顶构造

1—主缸；2—副缸；3—退楔缸；4—楔块(张拉时位置)；5—楔块(退出时位置)；
6—锥形卡环；7—退楔翼片；8—预应力筋

3)　穿心式千斤顶(YC 型)

穿心式千斤顶适用性很强，它适用于张拉使用 JM12 型、QM 型和 XN 型锚具锚固的预应力钢丝束、钢筋束和钢绞线束。穿心式千斤顶的特点是千斤顶中心有穿通的孔道，根据张拉力和构造不同，有 YC60、YC20D、YCD120、YCD200 和无顶压机构的 YCQ 型千斤顶。

4)　千斤顶的校正

采用千斤顶张拉预应力筋，预应力的大小通过油压表的读数表达，油压表读数表示千斤顶活塞单位面积的油压力。如张拉力为 N，活塞面积是 F，则油压表的相应读数为 P，即

$$P=\frac{N}{F} \tag{4.14}$$

由于千斤顶活塞与油缸之间存在着一定的摩阻力，所以实际张拉力往往比式(4.14)计算的小。为保证预应力筋张拉应力的准确性，应定期校验千斤顶与油压表读数的关系，制成表格或绘制 P 与 N 的关系曲线，供施工中直接查用。校验时千斤顶活塞方向应与实际张拉时活塞的运行方向一致，校验期限不应超过半年。如在使用过程中发现张拉设备出现反常现象，应重新校验。

千斤顶校正的方法主要有标准测力计校正、压力机校正及两台千斤顶互相校正等。

5)　高压油泵

高压油泵与液压千斤顶配套使用，它的作用是向液压千斤顶的各个油缸供油，从而使其活塞按照一定速度伸出或回缩。

高压油泵按驱动方式分为手动和电动两种，一般采用电动高压油泵。油泵型号有 $ZB_{0.8}/500$、$ZB_{0.6}/630$、$ZB_4/500$、$ZB_{10}/500$(分数线上数字表示每分钟的流量，分数线下数字表示工作油压(kg/cm^2))等数种，选用时，应使油泵的额定压力不小于千斤顶的额定压力。

4．预应力筋的制作

1)　单根预应力筋制作

单根预应力筋一般用热处理钢筋，其制作过程包括配料、对焊、冷拉等工序。为保证质量，宜采用控制应力的方法对其进行冷拉；配料时应根据钢筋的品种测定其冷拉率，如果一批钢筋中冷拉率变化较大时，应尽可能把冷拉率相近的钢筋对焊在一起进行冷拉，以

保证钢筋冷拉力的均匀性。

钢筋对焊接长在冷拉前进行，钢筋的下料长度由计算确定。

当构件两端均采用螺栓端杆锚具时(见图 4.50)，预应力筋下料长度为

$$L=\frac{l+2l_2-l_1}{1+\gamma-\sigma}+n\Delta \tag{4.15}$$

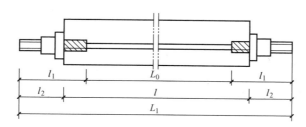

图 4.50　预应力筋下料长度计算图

当一端采用螺栓端杆锚具，另一端采用帮条锚具或镦头锚具时，预应力筋下料长度为

$$L=\frac{l+l_2+l_3-l_1}{1+\gamma-\sigma}+n\Delta \tag{4.16}$$

式中　l——构件的孔道长度；

l_1——螺栓端杆长度，一般为 320mm；

l_2——螺栓端杆伸出构件外的长度，一般为 120～150mm 或按下式计算，即

张拉端：$l_2=(2H+h+5)$mm；

锚固端：$l_2=(H+h+10)$mm；

l_3——帮条或镦头锚具所需钢筋长度；

γ——预应力筋的冷拉率(由试验确定)；

σ——预应力筋的冷拉回弹率，一般为 0.4%～0.6%；

n——对焊接头数量；

Δ——每个对焊接头的压缩量，取一个钢筋直径；

H——螺母高度；

h——垫板厚度。

2)　钢筋束和钢绞线束的制作

钢筋束由直径为 10mm 的热处理钢筋编束而成，钢绞线束由直径为 12mm 或 15mm 的钢绞线编束而成。制作过程一般包括开盘冷拉、下料和编束等工序，每束 3～6 根，一般不需对焊接长，下料在钢筋冷拉后进行。钢绞线下料前应在切割口两侧各 50mm 处用铁丝绑扎，切割后应立即焊牢切割口，以免松散。

为了保证构件孔道穿入筋和张拉时不发生扭结，应对预应力筋进行编束。编束时先把预应力筋理顺，用 18～22 号铁丝，每隔 1mm 左右绑扎一道，形成束状。

预应力钢筋束或钢绞线束的下料长度 L 计算为

一端张拉时：$L=l+a+b$

两端张拉时：$L=l+2a$

式中　l——构件孔道长度；

    a——张拉端留量,与锚具和张拉千斤顶尺寸有关;

    b——固定端留量,一般为80mm。

  3) 钢丝束制作

钢丝束制作随锚具的不同而异,一般需经过调直、下料、编束和安装锚具等工序。

当采用 XM 型锚具、QM 型锚具、钢质锥形锚具时,预应力钢丝束的制作和下料长度计算基本与预应力钢筋束、钢绞线束相同。

当采用镦头锚具时,一端张拉,应考虑钢丝束张拉锚固后螺母位于锚环中部,钢丝下料长度 *L* 可按图 4.51 所示,用式(4.17)计算,即

$$L = L_0 + 2a + 2\delta - 0.5(H - H_1) - \Delta L - C \tag{4.17}$$

式中 L_0——孔道长度;

    a——锚板厚度;

    δ——钢丝镦头留量,取钢丝直径的 2 倍;

    H——锚环高度;

    H_1——螺母高度;

    ΔL——张拉时钢丝伸长值;

    C——混凝土弹性压缩(若很小可忽略不计)。

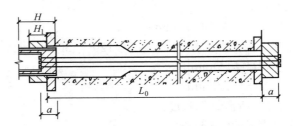

图 4.51   用镦头锚具时钢丝下料长度计算简图

为了保证各钢丝张拉时应力均匀,用锥形螺杆锚具和镦头锚具的钢丝束,要求每根钢丝长度要相等,下料长度相对误差要控制在 *L*/5000 以下且不大于 5mm。因此,下料时应在应力状态下切断钢丝,下料的控制应力为 300MPa。

为了保证钢丝不发生扭结,编束前应对钢丝直径进行测量,直径相对误差不得超过 0.1mm,以保证成束钢丝与锚具可靠连接。采用锥形螺杆锚具时,先在平整的场地上把钢丝理顺放平,用 22 号铁丝将钢丝每隔 1mm 编成帘子状,然后每隔 1mm 放置 1 个螺旋衬圈,最后再将编好的钢丝帘绕衬圈围成圆束,用铁丝绑扎牢固,如图 4.52 所示。

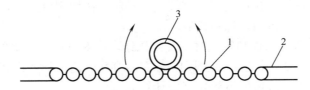

图 4.52   钢丝束的编束

1—钢丝;2—铅丝;3—衬圈

当采用镦头锚具进行编束时,根据钢丝分圈布置的特点,首先将内圈和外圈钢丝分别

用铁丝顺序编扎，然后将内圈钢丝放在外圈钢丝内扎牢。编束好后，先在一端安装锚环并完成镦头工作，另一端钢丝的镦头等钢丝束穿过孔道安装上锚板后再进行。

5. 后张法施工工艺

后张法施工工艺与预应力施工有关的主要是孔道留设、预应力筋张拉和孔道灌浆 3 部分，图 4.53 所示为后张法施工工艺流程框图。

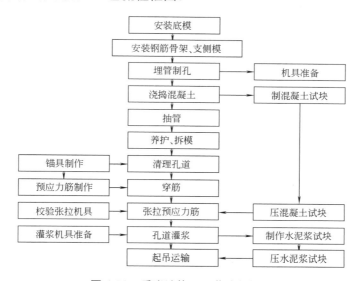

图 4.53　后张法施工工艺流程框图

1)　孔道留设

后张法构件中孔道留设一般采用钢管抽芯法、胶管抽芯法以及预埋管法。预应力筋的孔道形状有直线、曲线和折线 3 种。钢管抽芯法只适用于直线孔道，胶管抽芯法和预埋管法适用于直线、曲线和折线孔道。

孔道留设是后张法构件制作的关键工序之一，所留孔道的尺寸与位置应正确，孔道要平顺，端部的预埋钢板应垂直于孔中心线。孔道直径一般比预力筋的外径或需穿入孔道的外径大 10～15mm，以利于穿入预应力筋。

(1)　钢管抽芯法。将钢管预埋设在模板内孔道位置，在混凝土浇筑和养护过程中，每隔一段时间要慢慢转动钢管一次，以防止混凝土与钢管黏结。在混凝土初凝后、终凝前抽出钢管，即在构件中形成孔道。为保证预埋孔道质量，施工中应注意以下 5 点。

①　钢管要平直、表面光滑、安放位置准确。钢管不直，在转动及拔管时易将混凝土管壁挤裂。钢管预埋前应除锈、刷油，以便抽管。钢管位置的固定一般采用钢筋井字架，井字架间距一般为 1～2m。在灌筑混凝土时，应防止振动器直接接触钢管，以免产生位移。

②　钢管每根长度最好不超过 15m，以便于施工时旋转和抽管。钢筋两端应各伸出构件 500mm 左右。较长构件可用两根钢管接长，接头处可用 5mm 厚铁皮做成的套管连接，如图 4.54 所示。套管内表面要与钢管外表面紧密结合，用来预防漏浆或堵塞孔道。

③　恰当地控制抽管时间，抽管时间与水泥品种、气温和养护条件有关。抽管宜在混凝土终凝前、初凝后进行，以用手指按压混凝土表面不显指纹时为宜。常温下抽管时间为混凝土浇筑后 3～6h。抽管时间过早，会造成坍孔事故；太晚，混凝土与钢管黏结牢固，抽

管困难，甚至抽不出来。

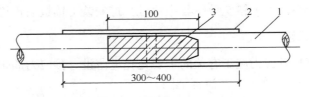

图 4.54　钢管连接方式

1—钢管；2—铁皮套筒；3—硬木塞

④　抽管顺序和方法。抽管顺序宜先上后下，抽管时速度要均匀，边抽边转，并与孔道保持在一直线上。抽管后，应及时检查孔道，并做好孔道清理工作，以免增加穿入钢筋的困难。

⑤　灌浆孔和排气孔的留设。由于孔道灌浆的需要，每个构件与孔道垂直的方向应留设若干个灌浆孔和排气孔，孔距一般不大于 12m，孔径为 20mm，可用木塞或白铁皮管成孔。

(2) 胶管抽芯法。留设孔道用的胶管一般有 5 层或 7 层夹布管和供预应力混凝土专用的钢丝网橡皮管两种。前者必须在管内充气或充水后才能使用；后者质硬，且有一定弹性，预留孔道时与钢管一样使用。

胶管采用钢筋井字架固定，间距不宜大于 0.5m，并与钢筋骨架绑扎牢固；然后充水(或充气)加压到 $0.5\sim0.8\text{N/mm}^2$，此时胶管直径可增大 3mm，待混凝土初凝后，放出压缩空气或压力水，胶管直径变小并与混凝土脱离，以便于抽出形成孔道。为了保证留设孔道质量，应注意以下 3 个问题。

①　胶管必须要有良好的密封装置，勿漏水、漏气。密封的方法是将胶管一端外表皮及帆布削去 1～3 层，然后将外表面带有粗丝扣的钢管(钢管一端用铁板密封焊牢)插入胶管端头孔内，再用 20 号铅丝与胶管外表面密缠牢固，铅丝头用锡焊牢。胶管另一端接上阀门，其方法与密封端基本相同。

②　胶管接头处理。图 4.55 所示为胶管接头方法，图中 1mm 厚钢管用无缝钢管加工而成，其内径等于或略小于胶管外径，以便于打入硬木塞后起到密封作用。铁皮套管与胶管外径相等或稍大(在 0.5mm 左右)，以防止在振捣混凝土时胶管受振外移。

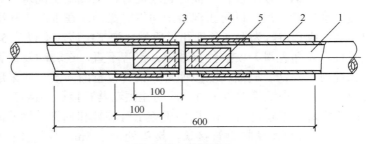

图 4.55　胶管接头

1—胶管；2—白铁皮套筒；3—钉子；4—厚 1mm 的钢管；5—硬木塞

③　抽管时间和顺序。胶管抽管时间比钢管略迟，一般可在气温和浇筑后小时数的乘积达 $200\,^\circ\text{C}\cdot\text{h}$ 左右时抽取。抽管顺序一般为先上而下、先曲后直。

(3) 预埋管法。预埋管法是将与孔道直径相同的金属波纹管埋在构件中，无须抽出，一般采用黑铁皮管、薄钢管或镀锌双波纹金属软管制作。预埋管法省去了抽管工序，且孔道留设在预埋位置，形状也易保证，目前应用较为普遍。金属波纹管重量轻、风度好、弯折方便且与混凝土黏结好。金属波纹管每根长 4～6m，也可根据需要现场制作，其长度不限。波纹管在 1kN 径向力作用下不变形，使用前应做灌水试验，检查有无渗漏现象。

波纹管采用钢筋井字架固定，间距不宜大于 0.8m，曲线孔道时应加密，并用铁丝绑扎牢。波纹管的连接可采用大一号同型波纹管，接头管长度应大于 200mm，用密封胶带或塑料热塑管封口。

2) 预应力筋张拉

用后张法张拉预应力筋时，混凝土强度应符合设计要求，如设计无规定时，不应低于设计强度等级的 75%。

(1) 张拉控制应力。张拉控制应力越高，建立的预应力值就越大，构件抗裂性就越好。但是张拉控制应力过高，就会使构件使用过程中经常处于高应力状态，出现裂缝的荷载与破坏荷载很接近，往往在破坏前没有明显预兆；而且当控制应力过高，构件混凝土预压应力过大而导致混凝土的徐变应力损失增加。因此，控制应力应符合设计规定。在施工中预应力筋需要超张拉时，控制应力可比设计要求提高 5%，但其最大不得超过表 4.16 的规定。

为了减少预应力筋的松弛损失，预应力筋的张拉程序可为

$$0 \rightarrow 1.05\sigma_{con}(持荷 2min)$$

或

$$0 \rightarrow 1.03\sigma_{con}$$

(2) 张拉顺序。预应力筋张拉顺序应使构件不扭转与侧弯，不产生过大偏心力。预应力筋一般应对称张拉。对配有多根预应力筋的构件，不可能同时张拉时，应分批、分阶段对称张拉，张拉顺序应符合设计要求。

分批张拉时，由于后批张拉的作用力使混凝土再次产生弹性压缩导致先批预应力筋应力下降产生应力损失。此应力损失可按式(4.18)计算后加到先批预应力筋的张拉应力中去。分批张拉的应力损失也可以采取对先批预应力筋逐根复位补足的办法处理。

$$\Delta\sigma = E_s(\sigma_{con} - \sigma_1)\frac{A_p}{E_c A_n} \tag{4.18}$$

式中　$\Delta\sigma$——先批张拉钢筋应增加的应力；

E_s——预应力筋弹性模量；

σ_{con}——控制应力；

σ_1——后批张拉预应力筋引起的第一批预应力损失(包括锚具变形后和摩擦损失)；

E_c——混凝土弹性模量；

A_p——后批张拉的预应力筋面积；

A_n——构件混凝土净截面面积(包括构造钢筋折算面积)。

【例 4.3】某屋架下弦截面面积尺寸为 240mm×220mm，有 4 根预应力筋；预应力筋采用 HRB335 级钢筋，直径为 25mm，张拉控制应力 $\sigma_{con}=0.85f_{pyk}=0.85\times500=425(N/mm^2)$。采用 $0 \rightarrow 1.03\sigma_{con}$ 张拉程序，沿对角线分两批对称张拉，屋架下弦杆构造配筋为 4×φ10mm，

孔道直径 D=48mm，试计算第一批预应力筋张拉应力增加值 $\Delta\sigma$。

解： 采用两台 YL60 型千斤顶，考虑到第二批张拉对第一批预应力筋的影响，则第一批预应力筋张拉应力应增加 $\Delta\sigma$，即

$$\Delta\sigma=\frac{E_s(\sigma_{con}-\sigma_1)A_p}{E_cA_n}$$

其中

E_s=180 000N/mm^2，E_c=32 500N/mm^2，σ_{con}=425N/mm^2，

σ=28N/mm^2(计算略去)，A_p=491×2=982mm^2

A_n=240×220-4× $\dfrac{\pi\times48\times48}{4}$ ×4×78.5×1

=200 000/32 500=47 498(mm^2)

代入计算公式中，得

$$\Delta\sigma=\frac{180\,000\times(425-28)\times982}{32\,500\times47\,498}=45.4(\text{N/mm}^2)$$

则第一批预应力筋张拉应力为

(425+45.4)×1.03=485>0.9f_{pyk}=450(N/mm^2)

上述计算表明，分批张拉的影响若计算补加到先批预应力筋张拉应力中，将使张拉应力过大，超过了规范规定，应采取重复张拉补足的办法。

(3) 叠层构件的张拉。对于叠浇生产的预应力混凝土构件，上层构件产生的水平摩阻力会阻止下层构件预应力筋张拉时混凝土弹性压缩的自由变形，当上层构件吊起后，由于摩阻力影响消失，将增加混凝土弹性压缩变形，从而引起预应力损失，该损失值与构件形式、隔离层和张拉方式有关。为了减少和弥补该项预应力损失，可自上而下逐层加大张拉力，但不应比上层张拉力大 5%(钢丝、钢绞线、热处理钢筋)。

为了使逐层加大的张拉力符合实际情况，最好在正式张拉前对第一、二层构件的张拉压缩量进行实测，然后按式(4.19)计算各层应增加的张拉力，即

$$\Delta N=(n-1)\frac{\Delta_1-\Delta_2}{L}\cdot E_sA_p \tag{4.19}$$

式中　ΔN——层间摩阻力；

n——构件所在层数(自上而下计算)；

Δ_1——第一层构件张拉压缩值；

Δ_2——第二层构件张拉压缩值；

L——构件长度；

E_s——预应力筋弹性模量；

A_p——预应力筋截面面积。

此外，为了减少叠层摩阻力损失，应进一步改善隔离层的性能，并限制重叠层数，一般为 3～4 层。

(4) 张拉端的设置。为了减少预应力筋与预留孔摩擦引起的预应力损失，对于抽芯成型孔道，曲线预应力筋和长度大于 24m 的直线预应力筋，应在两端张拉；对于长度不大于 24m 的直线预应力筋，可在一端张拉，预埋波纹管孔道；对于曲线预应力筋和长度大于 30m

的直线预应力筋可在一端张拉。当同一截面中有多根一端张拉的预应力筋时，张拉端宜分别设在构件的两端，以免构件受力不均匀。

（5）预应力值的校核和伸长值的测定。为了了解预应力值建立的可靠性，需对预应力筋的应力及损失进行检验和测定，以便在张拉时补足和调整预应力值。检验应力损失最方便的办法是在预应力筋张拉 24h 后孔道灌浆前重拉一次，测读前后两次应力值之差，即为钢筋预应力损失(并非应力损失全部，但已完成很大部分)。预应力筋张拉锚固后，实际预应力值与工程设计规定检验值的相对允许偏差为±5%。

在测定预应力筋伸长值时，须先建立 $10\%\sigma_{con}$ 的初应力，预应力筋的伸长值也应从建立初应力后开始测量，但须加上初应力的推算伸长值，推算伸长值可根据预应力弹性变形呈直线变化的规律求得。例如，某筋应力自 $0.2\sigma_{con}$ 增至 $0.3\sigma_{con}$ 时，其变形为 4mm，即应力每增加 $0.1\sigma_{con}$ 变形增加 4mm，故该筋初应力为 $10\%\sigma_{con}$ 时的伸长值为 4mm。对后张法还应扣除混凝土构件在张拉过程中的弹性压缩值。在预应力筋张拉时，通过伸长值的校核，可以综合反映出张拉应力是否满足、孔道摩阻损失是否偏大，以及预应力筋是否有异常现象等。如实际伸长值与计算伸长值的偏差超过±6%时，应暂停张拉，分析原因后采取相应处理措施。

3）孔道灌浆

预应力筋张拉完毕后，应进行孔道灌浆。灌浆的目的是为了防止钢筋锈蚀、增加结构的整体性和耐久性、提高结构的抗裂性和承载力。

灌浆用的水泥浆应有足够的强度和黏结力及较好的流动性、较小的干缩性和泌水性，水灰比控制在 0.4～0.45，搅拌后 3h 泌水率宜控制在 2%，最大不得超过 3%。对孔隙较大的孔道，可采用砂浆灌浆。

为了增加孔道灌浆的密实性，可在水泥浆或砂浆内掺入对预应力筋无腐蚀作用的外加剂，如掺入占水泥重量 0.25%的木质素磺酸钙，或掺入占水泥重量 0.05%的铝粉。

灌浆用的水泥浆或砂浆应过筛，并在灌浆过程中不断搅拌，以免沉淀析水。灌浆前，用压力水冲洗和湿润孔道，用电动或手动灰浆泵进行灌浆。灌浆工作应连续进行，不得中断，并应防止空气进入孔道而影响灌浆质量，灌浆压力以 0.5～0.6MPa 为宜。灌浆顺序应先下后上，以避免上层孔道漏浆时把下层孔道堵塞。

当灰浆强度达到 15N/mm^2 时，方能移动构件，灰浆强度达到 100%设计强度时，才允许吊装。

4.5.3　无黏结预应力混凝土施工

具体内容详见右侧二维码。

无黏结预应力
混凝土施工

4.6　实 训 练 习

一、单选题

1. 组合钢模板由(　　)组成。

    A. 钢模板和配件　　　　　　　　　　　　B. 平面模板和阴角模板

C. 阳角模板和连接角模   D. 可调模板和嵌补模板

2. 环境等级为二 a 的梁、柱纵向受力钢筋的混凝土保护层最小厚度为( )。

   A. 15   B. 20   C. 25   D. 30

3. 钢筋按结构类型可分为( )。

   A. 碳素钢钢筋和普通低合金钢钢筋   B. 冷轧扭钢筋和钢绞线

   C. 普通钢筋和预应力钢筋   D. 消除应力钢丝和热处理钢筋

4. 在先张法中，混凝土强度达到( )才能放松预应力筋。

   A. 70%   B. 75%   C. 80%   D. 85%

二、多选题

1. 钢筋混凝土结构工程在施工中可分为( )。

   A. 模板工程   B. 钢筋工程

   C. 混凝土工程   D. 预应力混凝土工程

2. 模板按形式及施工工艺可分为( )。

   A. 组合式模板   B. 工具模板   C. 混凝土模板   D. 永久性模板

3. 通用钢模板包括( )。

   A. 平面模板   B. 阴角模板   C. 阳角模板   D. 连接角模

4. 钢筋机械连接的方式为( )。

   A. 套筒挤压连接   B. 钢筋滚轧螺纹连接   C. 焊接   D. 绑扎连接

5. 混凝土工程的施工质量应按( )规定的检验方法进行检验。

   A. 主控项目   B. 主要项目   C. 特殊项目   D. 一般项目

6. 后张法所用锚具根据其锚固原理和构造形式不同，分为( )。

   A. 螺杆锚具   B. 夹片锚具   C. 锥销式锚具   D. 镦头锚具

三、简答题

1. 简述模板有哪些类型。

2. 简述钢模板的种类及其特点。

3. 简述木胶合板的使用要点。

4. 扣件式钢管脚手架安装搭设要点是什么？

5. 模板支架的施工要求是什么？

6. 如何对进场的钢筋进行验收？

7. 简述钢筋的加工。

8. 如何计算钢筋下料长度？

9. 简述混凝土的搅拌制度。

10. 混凝土在浇筑时有哪些要求？

11. 简述先张法与后张法的区别。

12. 简述无黏结预应力混凝土施工工艺。

13. 对先张法所用夹具有何要求？

14. 超张拉的作用是什么？有什么要求？

15. 后张法常用的锚具有哪些？对锚具有何要求？

16. 后张法的张拉顺序如何确定？

17. 试述无黏结预应力施工工艺。

18. 某构件原设计用 7 根 10mm 钢筋，现拟用 12mm 钢筋代换，试计算代换后的钢筋根数。

19. 某屋架下弦截面积尺寸为 240mm×220mm，有 4 根预应力筋；预应力筋采用 HRB335 级钢筋，直径为 25mm，张拉控制应力 $\sigma_{con}=0.85f_{pyk}=0.85×500=425N/mm^2$。采用 $0 \rightarrow 1.03\sigma_{con}$ 张拉程序，沿对角线分两批对称张拉，屋架下弦杆构造配筋为 4×10mm，孔道直径 $D=48mm$，第一批预应力筋张拉应力增加值为 12N/mm²。计算第一批、第二批预应力筋的张拉力及油压表读数。

习题案例答案及
课件获取方式

实训工作单

班级		姓名		日期	
教学项目		钢筋混凝土与预应力混凝土工程			
任务	为某一工程设计混凝土		方式	查找书籍，资料，参考、学习总结	
相关知识	混凝土结构工程概述； 模板工程； 钢筋工程； 混凝土工程； 预应力混凝土工程				
其他要求					

学习总结编制记录

评语				指导教师	

第 5 章　结构安装工程

JS05 拓展资源

JS05 图片库

教学要求

章节知识	掌握程度	相关知识点
起重机械和索具设备	了解结构安装工程常用起重机械及其性能和使用范围	桅杆式起重机、履带式起重机、汽车式起重机、轮胎式起重机
单层装配式混凝土结构工业厂房安装	熟悉单层工业厂房结构的安装工艺、安装方法及安装方案的制定	准备工作、结构安装方法及技术要求、起重机的选用
多层装配式框架结构安装	了解多层装配式框架结构的安装方案	结构简介、安装方案、柱吊装、构件接头施工
.	掌握结构安装工程的质量标准和安全技术要求	钢筋混凝土结构安装质量要求、结构安装工程的安全技术要求

思政目标

结构安装工程是人们在实践中创造的一种对工程科学有效的安装方法，是建筑施工中的重要组成部分。通过结合自己所学知识及工程案例，谈谈对结构安装工程的理解和看法，学会逻辑的表达，培养独立思考的能力，养成认真的学习态度。

案例导入

结构安装工程是建筑施工中的重要一环。通过对结构安装工程的学习，可以让我们更加深刻、全面地理解装配式结构的安装，明白安装过程和步骤，能够更完美、更科学、更合理地完成工程项目，实现项目目标。

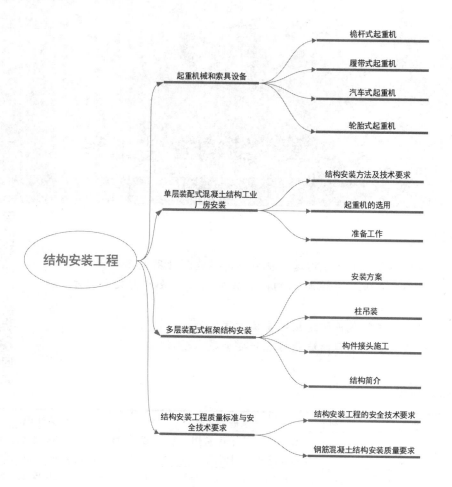

5.1 起重机械和索具设备

人字拔杆

带着问题学知识

结构安装工程常用的起重机械有哪些？
常用的索具设备有哪些？

结构安装工程常用的起重机械有桅杆式起重机、履带式起重机、汽车式起重机、轮胎式起重机和塔式起重机等。

　　常用的索具设备有卷扬机、钢丝绳、滑轮吊钩、卡环、吊索和横吊梁等，这些都是起重机所必须具备的辅助工具及设备。

5.1.1　桅杆式起重机

　　建筑工程中常用的桅杆式起重机有独脚拔杆式、人字拔杆式、悬臂拔杆式和牵缆式等。桅杆式起重机制作简单、装拆方便、起重量较大、受地形限制小，适用于其他起重机械不能安装的一些特殊工程和设备，但这类机械的服务半径小、移动困难、使用时需要较多的缆风绳。

1．独脚拔杆

　　独脚拔杆是由拔杆、起重滑车组、卷扬机、缆风绳和锚碇等组成，如图 5.1(a)所示。它只能举升重物，但不能使重物做水平方向上的运动。使用时，β 角应该保持不大于 10°，以便吊装的构件不碰撞拔杆，底部要设置拖子以便移动，缆风绳数量一般为 6～12 根，缆风绳与地面的夹角 α 为 30°～45°。根据独脚拔杆所用的材料，可以分为木独脚拔杆、钢管独脚拔杆和金属格构式独脚拔杆，这 3 种独脚拔杆的起重高度和起重量是不同的。木独脚拔杆起重高度一般为 8～15m，起重量在 10t 以下；钢管独脚拔杆起重高度可达 30m，起重量可达 45t；金属格构式独脚拔杆起重高度可达 70～80m，起重量可达 100t。

2．人字拔杆

　　人字拔杆一般是由两根圆木或者两根钢管用钢丝绳绑扎或者铁件铰接而成，两杆夹角一般为 20°～30°。底部设有拉杆或拉绳，以平衡水平推力，拔杆下端两脚的距离为高度的 1/3～1/2，如图 5.1(b)所示。其中一根拔杆的底部装有一导向滑轮，起重索通过它连到卷扬机，另用一根丝绳连接到锚碇，以保证起重时底部稳定。人字拔杆是前倾的，但每高 1m，前倾不超过 10cm，并在后面用两根缆风绳拉结。

履带式起重机

　　人字拔杆的特点是侧向稳定性比独脚拔杆好，但是构件起吊活动范围小，缆风绳的数量较少。人字拔杆缆风绳的数量由拔杆的起重量和起重高度决定，一般不少于 5 根。人字拔杆一般用于安装重型构件或者作为辅助设备以吊装厂房屋盖体系上的构件。

3．悬臂拔杆

　　在独脚拔杆的中部或者 2/3 高度处装上一根可以回转和起伏的起重臂，即成悬臂拔杆。由于悬臂起重杆铰接于拔杆中部，所以起吊重量大的构件会使拔杆产生较大的弯矩。为了使拔杆在铰接处得到加强，可用撑杆和拉条(或者钢丝绳)进行加固。悬臂拔杆的主要特点是能够获得较大的起重高度，起重杆能够左右摆动 120°～270°，但是起重量比较小，一般用于吊装轻型构件，但能够获得较大的起重高度，宜于吊装高炉等构筑物，如图 5.1(c)所示。

4．牵缆式桅杆起重机

　　在独脚拔杆下端装一根可以回转和起伏的起重臂，即成牵缆式桅杆起重机，如图 5.1(d)所示。起重臂可以起伏，机身可以回转 360°，起重半径大且灵活，可以把构件吊到工作范围内任何位置上。

牵缆式桅杆起重机所用的材料不同，其性能和作用也是不相同的。用角钢组成的格构式截面杆件的牵缆式起重机，桅杆高度可达 80m，起重量可达 60t 左右，大多用于重型工业厂房的吊装、化工厂大型塔罐或者高炉的安装等。起重量在 5t 以下的牵缆式桅杆起重机，大多数用圆木制作，适用于吊装一般小型构件。起重量在 10t 左右的牵缆式桅杆起重机，大多数用无缝钢管制作，桅杆高度可达 25m，适用于一般工业厂房的吊装。牵缆式桅杆起重机要设较多的缆风绳，一般用于构件多且集中的工程。

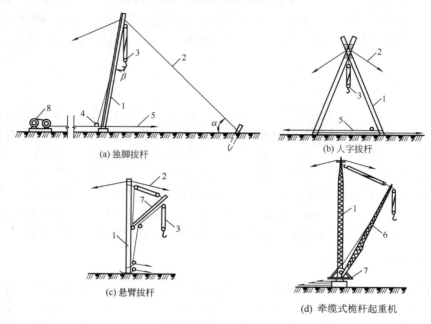

(a) 独脚拔杆　　　　　　　　(b) 人字拔杆

(c) 悬臂拔杆　　　　　　　　(d) 牵缆式桅杆起重机

图 5.1　桅杆式起重机

1—拔杆；2—缆风绳；3—起重滑轮组；4—导向装置；5—拉索；6—起重臂；7—回转盘；8—卷扬机

5.1.2　履带式起重机

履带式起重机主要由机身、回转装置、行走装置(履带)、工作装置(起重臂、滑轮组、卷扬机)以及平衡重等组成。履带式起重机是一种 360°全回转的起重机，利用两条面积较大的履带着地行走。它的优点是操作灵活、行走方便，有较大的动力，能够负载行驶。缺点是稳定性差，行走时对路面破坏较大，行走速度慢，在城市中和长距离转移时，需要拖车进行运输，不宜超负荷吊装。

履带式起重机

起重臂是用角钢组成的格构式杆件，下端铰接在机身的前面，能够随机身回转。起重臂可分节接长，设有两套滑轮组，其钢丝绳通过起重臂顶端连到机身内的卷扬机上。常用的履带式起重机有 W1-50、W1-100、W1-200、ε-1252、西北 78D 等几种。

5.1.3　汽车式起重机

汽车式起重机是把机身和起重作业装置安装在汽车通用或专用底盘上，汽车的驾驶室与起重的操纵室分开，具有载重汽车行驶性能的轮式起重机。汽车式的吊臂可分为定长臂、接长臂和伸缩臂 3 种，前两种多采用桁架结构臂，后一种采用箱形结构臂。其动力传动可分为机械传动、液压传动和电力传动 3 种。汽车式起重机的特点是灵活性好，能够迅速地转换场地，所以广泛地应用在建筑工地上。

汽车式起重机的品种和产量近年来得到极大的发展，我国生产的汽车式起重机型号有 QY5、QY8、QY12、QY16、QY40、QY65、QY100 型等。

5.1.4　轮胎式起重机

轮胎式起重机

轮胎式起重机的构造基本上与履带式起重机相同，但其行驶装置是轮胎。轮胎式起重机不使用汽车底盘，而另行设计轴距较小的专门底盘。轮胎式起重机的底盘上装有可伸缩的支腿，起重时可使用支腿来增加机身的稳定性，并保护轮胎，必要时还可以在支腿下面加垫，以扩大支承面。

轮胎式起重机的优点是：行驶速度快；能够迅速在工作场地间转移；不破坏路面；便于在城市道路上作业。其缺点是不适合在松软或者泥泞的地面上作业。

国产轮胎式起重机分为机械传动和液压传动两种。常用的轮胎式起重机的型号有 QL2-8、QL3-16、QL3-25、QL3-40、QL1-16 等，多用于工业厂房结构安装。

5.2　单层装配式混凝土结构工业厂房安装

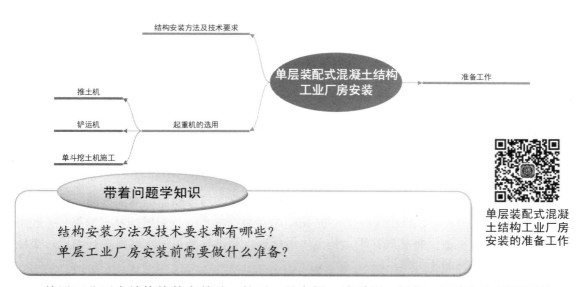

单层工业厂房结构构件有基础、柱子、吊车梁、连系梁、屋架、天窗架与屋面板等。除了基础是现浇外，其余可为预制构件。预制构件在现场或预制构件厂预制，然后运输到施工现场进行安装。因此，单层工业厂房的施工关键是制定一个切实可行的构件运输和结构安装方案。

1．准备工作

准备工作的内容包括场地清理，道路修筑，基础准备，构件的检查、清理、运输、堆放，弹线放样以及吊装机具的准备等。

1) 场地清理和道路修筑

(1) 清理施工场地，使得有一个平整、舒适的作业场所。

(2) 道路修筑是使运输车辆和起重机械能够很方便地进出施工现场。

(3) 符合施工现场要求的三通一平。

2) 构件的检查与清理

为保证吊装的安全和建筑工程的质量，在结构吊装之前，应该对所有的构件进行全面检查。

(1) 检查构件的外形尺寸和安装位置尺寸。

(2) 检查预埋件的位置和大小。

(3) 检查构件的表面外形有无损伤、缺陷、变形、扭曲和裂缝等，表面是否有污物，若有需要加以清除。

(4) 检查构件吊环的位置，吊环有无损伤和变形等。

(5) 检查构件的强度。构件吊装时其混凝土强度不应低于设计强度的 75%，对于一些大跨度的构件，如屋架，其混凝土强度则应达到 100%。

3) 构件的弹线放样

在每一个构件上弹出安装的定位墨线和校正所用的墨线，作为构件安装、定位及校正的依据。

(1) 柱子。在柱身三面弹出安装中心线，所弹中心线的位置与柱基杯口上的安装中心线相吻合。此外，还要在柱顶与牛腿面上弹出安装屋架及吊车梁的定位线。

(2) 屋架。在屋架上弦顶面弹出几何中心线，并从跨中间向两端分别弹出天窗架、屋面板或檩条的安装定位线；在屋架两端弹出安装中心线以及安装构件的两侧端线。

(3) 梁。梁在两端及顶面弹出安装中心线和两端线。

(4) 编号。按图纸将构件与安装的位置进行对应编号，安装时可以根据相对应的编号进行安装、定位、校正。

4) 杯形基础的准备

杯形基础的准备工作主要是在柱子安装前对杯底抄平，并在杯口顶面弹线放出柱子安装的位置线。

杯底的抄平是对杯底标高的检查和调整，以确保吊装后牛腿面标高的准确。杯底标高在制作时一般比设计要求低(一般预留 50mm)，以便柱子长度有误差时能抄平调整。一般用水泥砂浆或细石混凝土将杯底抹平，垫至所需标高。基础标高可用水准仪进行测量，小柱测中间一点，大柱测 4 个角点。

基础顶面定位弹线要根据厂房的定位轴线测出，并与柱的安装中心线相对应。一般在基础顶面弹十字交叉的安装中心线，并画上红三角。

5) 构件的运输

一些重量不大而数量很多的构件，可在预制厂制作，用汽车运到工地。在运输过程中要确保构件不变形、不损坏。构件的混凝土强度达到设计强度的 75%时方可运输。构件的支垫位置要正确，要符合构件的受力情况，上下垫木要在同一水平线上。

构件的运输顺序及下车位置应按施工组织设计的规定进行，以免造成构件二次运输而导致损伤。

6)　构件的堆放

构件的堆放场地应先行平整压实，并按设计的受力情况搁置好垫木或支架，构件按设计的受力情况搁置在垫木或支架上。重叠堆放时，一般可堆放 2～3 层，大型屋面板不超过 6 块，空心板不宜超过 8 块。构件吊环要向上，标志要向外。

构件堆放原则：每跨的构件尽量堆放在本跨内，便于吊装；应该便于支模和浇筑混凝土，有足够的作业空间；应该满足工艺安装的要求，尽可能在起重机的半径内一次性起吊；应该保持场内车辆运输的畅通；要注意吊装时的朝向，尽量避免起吊时在空中转向；构件应该摆放在坚实的地基上，避免地基下沉给构件造成意想不到的损坏。

2．结构安装方法及技术要求

单层工业厂房结构的主要构件有柱子、吊车梁、连系梁、屋架、天窗架、屋面板等。

单层工业厂房结构的安装方法有以下两种。

1)　分件安装法

起重机每开行一次，仅吊装一种或几种构件。根据构件所在结构部位的不同，通常分 3 次开行吊装完全部构件。

(1)　第一次吊装时，应安装全部柱子，经校正、固定及柱接头施工后，当接头混凝土强度达到 70%的设计强度后可进行第二次吊装。

(2)　第二次吊装时，应安装全部吊车梁、连系梁及柱间支撑，经校正、固定及柱接头施工之后可进行第三次吊装。

(3)　第三次吊装时，应依次按节间安装屋架、天窗架、屋面板及屋面支撑等。

吊装的顺序如图 5.2 所示。由于分件安装法每次吊装的基本是同类型构件，索具不需经常更换，操作方法也基本相同，所以吊装速度快，能充分发挥起重机效率；构件可以分批供应，现场平面布置比较简单，也能给校正构件、焊接接头、灌筑混凝土以及养护提供充分的时间。缺点是：不能为后续工序及早提供工作面，起重机的开行路线较长。但本法仍为目前国内装配式单层工业厂房结构安装中广泛采用的一种方法。

2)　综合安装法

起重机在厂房内一次开行中(每移动一次)就安装一个节间内的各种类型的构件。综合安装法是以每节为单元，一次性安装完毕，吊装顺序如图 5.3 所示。先安装 4～6 根柱子，并加以校正和最后固定，随后吊装这个节间内的吊车梁、连系梁、屋架、天窗架和屋面板等构件。一个节间的全部构件安装完后，起重机移至下一节间进行安装，直至整个厂房结构吊装完毕。综合安装法的优点是：起重机开行路线短、停机点少、能持续作业，吊完一个节间，其后续工种就可进入节间内工作，使各工种进行交叉平行流水作业，有利于缩短工期。缺点是：由于同时安装不同类型的构件，需要更换不同的索具，安装速度较慢；使构件供应紧张和平面布置复杂；构件的校正困难，最后固定时间紧迫。综合安装法需要进行周密的安排和布置，施工现场需要很强的组织能力和管理水平，目前这种方法很少采用。

对于某些有特殊要求的结构(如门式框架结构)，或采用桅杆式起重机移动比较困难的场地，常采用综合安装法。

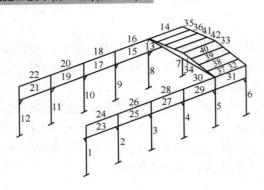

图 5.2　分件吊装时构件的吊装顺序

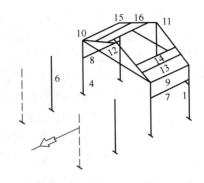

图 5.3　综合吊装时构件的吊装顺序

3. 起重机的选用

一般钢筋混凝土单层工业厂房结构的吊装多采用履带式、汽车式、轮胎式起重机。在没有上述起重机的情况下，也可采用桅杆式起重机等。

起重机型号的选择取决于 3 个工作参数，即起重量、起重高度和起重半径。3 个工作参数均应满足结构安装的要求。

1) 起重量 Q

起重机的起重量必须大于所吊装构件的重量与索具重量之和，即

$$Q \geqslant Q_1 + Q_2 \tag{5.1}$$

式中　Q——起重机的起重量，t；

　　　Q_1——构件的重量，t；

　　　Q_2——索具的重量，t。

2) 起重高度 H

起重机的起重高度必须满足所装构件的吊装高度要求，如图 5.4 所示。

$$H \geqslant h_1 + h_2 + h_3 + h_4 \tag{5.2}$$

式中　H——起重机的起重高度，m，从停机面起至吊钩中心；

　　　h_1——安装支座表面高度，m，从停机面起；

　　　h_2——安装空隙，一般不小于 0.3m；

　　　h_3——绑扎点至所吊构件底面的距离，m；

　　　h_4——索具高度，m，自绑扎点至吊钩中心，视具体情况而定。

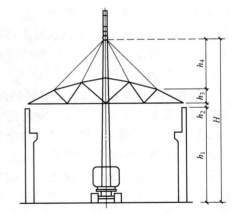

图 5.4　起重机的吊装高度

3) 起重半径

当起重机可以不受限制地开到所吊装构件附近去吊装构件时，可不验算起重半径。但当起重机受限制不能靠近吊装位置去吊装构件时，则应验算当起重机的起重半径为一定值时的起重量与起重高度能否满足吊装构件的要求，需要保证构件安装的位置在起重机的作业范围内。

4) 最小杆长的决定

当起重机的起重杆须跨过已安装好的结构去吊装构件时，如跨过屋架安装屋面板，为了不与屋架相碰，必须计算起重机的最小杆长，所选起重机的杆长必须满足安装的要求。

5.3　多层装配式框架结构安装

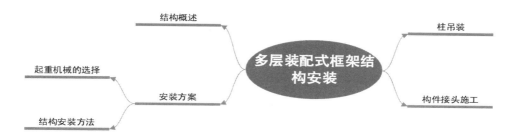

多层装配式框架
结构安装方法

带着问题学知识

多层装配式框架结构安装方案要如何编制？

构件接头施工方法有哪几种？

5.3.1　结构概述

装配式钢筋混凝土框架结构已经广泛用于多层、高层民用建筑和多层工业厂房中。这种结构的全部构件是在工厂或者现场预制后进行安装的。

装配式框架是指柱、梁、板均由装配式构件组成，而装配整体式框架指现浇柱、预制梁、板体系。装配式框架柱的长度可为一层一节，也可为二层、三层或四层一节，主要取决于起重机械的起重能力，条件可能时尽量加大柱子长度，以减少柱子接头数量，提高安装效率。

装配式框架结构主要分为梁板结构和无梁结构两种。梁板式结构由柱、主梁、次梁、楼板组成，主梁大多沿框架横向布置，而次梁沿纵向布置，有的采用梁柱整体式构件。柱与柱的接头设在弯矩较小的地方，或者梁柱节点处。

无梁式结构由柱、柱帽、柱间板和跨间板组成，跨间板搁在柱间板上，柱间板搁在柱帽的凹缘上，柱帽支承在四面有牛腿的柱子上。无梁式结构近年来常做成升板结构进行升板施工。

5.3.2　安装方案

装配式框架结构施工的主导工程是结构安装工程。施工前要根据建筑物的结构形式、构件的安装高度、构件的重量、吊装工程量、工期、机械设备运行条件及现场环境等因素，制定合理方案。

1. 起重机械的选择

选择起重机主要根据装配式框架结构的高度、结构类型、构件重量及工程量等来确定。5 层以下的民用建筑及高度在 18m 以下的工业厂房，可选用履带式起重机或轮胎式起重机；

一般多层工业厂房和10层以下民用建筑多采用轨道式塔式起重机;高层建筑(10层以上)在普通塔式起重机不够用的情况下,可采用爬升式塔式起重机或者附着式塔式起重机。

选择起重机主要是看起重机的工作参数。起重机的工作参数有起重量 Q、起重半径 R、起重高度 H,所选用起重机的性能必须满足构件吊装的要求。起重机的选择可参考上节的阐述。

起重机的起重能力也有用起重力矩 M 来表示的,$M=Q_jR_j(\text{kN}\cdot\text{m})$。选择起重机的型号时,首先计算出建筑工程最高一层各主要构件的重量 Q,以及需要达到的起重半径 R,然后根据所需要的最大起重力矩 M 和最大起重高度 H 来选择起重机的类型。

2. 多层装配式框架结构安装方法

多层装配式框架结构的安装与单层装配式混凝土结构工业厂房的安装方法相同,可分为分件安装法和综合安装法两种。

分件安装法根据流水方式,分为分层分段流水安装法和分层大流水安装法两种。分层分段流水安装法是以一个楼层(或一个柱节)为一个施工层,每一个施工层再划分为若干个施工段,从而进行构件的起吊、校正、定位、焊接、接头灌浆等工序的流水作业。分层大流水安装和分层分段流水安装法的不同之处在于分层大流水安装法的每个施工层不再划分施工段,而是按照一个楼层组织各工序的流水作业。

不管选择分层分段流水安装法,还是选择分层大流水安装法都要根据工地现场的具体情况来定,如施工现场场地的情况、各安装构件选择的装备情况等。

5.3.3　柱吊装

柱的吊装可分为绑扎、吊升、就位、临时固定、校正、最后固定、柱接头施工等几个程序。

柱的吊装有单机一点起吊(中小型柱)、两点起吊或双机抬吊(重型柱或配筋少而细长的柱)等方法。

柱的绑扎位置和点数根据其形状、断面、长度、配筋部位和起重机性能确定。自重13t以下的中小型柱常绑扎一点,而重型柱或配筋少而细长的柱则需绑扎两点甚至三点。

有牛腿的柱,绑扎位置常选在牛腿以下,上柱较长时也可选在牛腿以上;工形断面柱的绑扎点应选在矩形断面处;双肢柱的绑扎点应选在平腹杆处。

(1) 斜吊绑扎法。当柱平卧起吊的抗弯刚度满足要求时可以采用斜吊绑扎法,如图5.5所示。

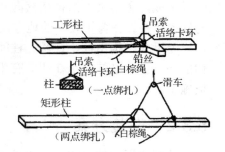

图5.5　柱的斜吊绑扎

此法起吊时柱无需翻身,起重钩低于柱顶,当柱身较长、起重机臂长不够时较为方便。但因柱身倾斜,起吊后柱身与杯底不垂直,对中就位较困难。

(2) 直吊绑扎法。当柱平卧起吊的抗弯刚度不足时,需先将柱翻身后再绑扎起吊。此法吊索从柱两侧引出,上端通过卡环或滑轮挂在铁扁担上,柱身呈垂直状态,便于插入杯口和对中校正。由于铁扁担高于柱顶,所以起重臂的长度稍长(见图5-6)。

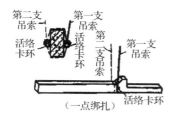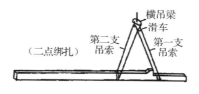

图 5.6　柱的直吊绑扎

单机吊装柱的常用方法有旋转法和滑行法，双机抬吊的常用方法有滑行法和递送法。

(1) 旋转法。将柱脚靠近杯口布置，使柱的绑扎点、柱脚与杯口中心三者均位于起重半径的圆弧上(即三点共弧)，起吊时，起重机边升钩、边回转，使柱绕柱脚旋转而呈直立状态，吊离地面插入杯口，如图 5.7 所示。

旋转法振动小、效率高，一般中小型柱多采用旋转法吊升，但此法对起重机的回转半径和机动性要求较高，适用于自行杆式(履带式)起重机吊装。

(2) 滑行法(单机)。将柱的吊点靠近杯口布置，使绑扎点与杯口中心均位于起重半径的圆弧上(即两点共弧)，如图 5.8 所示，起吊时，起重机只升钩，不回转，使柱脚沿地面滑行，至柱身直立吊离地面插入杯口。

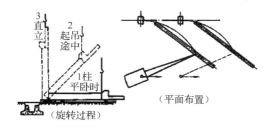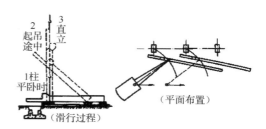

图 5.7　旋转法起吊　　　　　　图 5.8　滑行法起吊

滑行法起吊的特点是柱的布置灵活、起重半径小、起重杆不转动、操作简单，适用于柱子较长较重、现场狭窄或桅杆式起重机吊装。

框架底层柱与基础杯口的连接方法和单层工业厂房相同。柱子吊装完成后，可以用管式支撑对柱进行临时固定。

临时固定后需要对柱子进行校正，一般校正需要 2～3 次，首次校正在柱子脱钩后电焊前进行，保证柱子摆放在已经放样定位的位置上；第 2 次、第 3 次校正，主要纠正电焊钢筋受热收缩不均而引起的偏差，确保梁和楼板能够没有偏差地吊装。

进行柱子的垂直度校正，首先要保证下节柱子的垂直度准确，以避免误差积累。一般可以用经纬仪进行垂直度校正。

柱子接头有榫式接头、插入式接头和浆锚接头三种，如图 5.9 所示。

(1) 榫式接头。将上节柱的下端混凝土做成榫头状，承受施工荷载。上柱和下柱外露钢筋的受力筋用剖口焊焊接，再配置一些箍筋，最后浇筑接头混凝土以形成整体。待接头混凝土达到 70%的设计强度后，再吊装上层构件。

(2) 插入式接头。将上柱做成榫头，下柱顶部做成杯口，上柱插入杯口后用水泥砂浆灌注填实。接头处灌浆的方法有压力灌浆和自重挤浆两种。

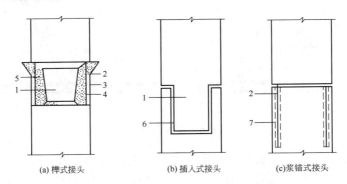

图 5.9　柱接头形式

1—榫头；2—上柱外伸钢筋；3—剖口焊；4—下柱外伸钢筋；5—后浇接头混凝土；
6—下柱杯口；7—下柱预留孔

(3) 浆锚式接头。将上柱伸出的钢筋插入下柱的预留孔中，然后用水泥砂浆灌缝锚固，使上下柱形成一个整体。浆锚式接头有后灌浆和压浆两种工艺。

5.3.4　构件接头施工

构件的接头主要是梁柱之间的接头，常用的有明牛腿刚性接头、齿槽式接头、浇筑整体式接头等，如图 5.10 所示。

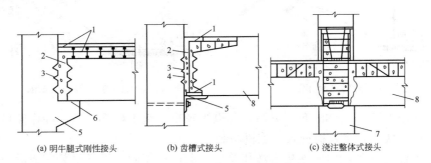

图 5.10　梁与柱的接头

1—剖口焊钢筋；2—浇捣细石混凝土；3—齿槽；4—附加钢筋；5—牛腿；6—垫板；7—柱；8—梁

明牛腿刚性接头在梁安装时，先将起重机脱钩，最后进行梁与柱子的钢筋焊接。明牛腿刚性接头安装方便、节点刚度大、受力可靠，但明牛腿占去了一部分空间。

齿槽式接头是利用梁柱接头处设置的齿槽来传递梁端剪力，以代替牛腿。梁柱接头处设置角钢作为临时牛腿，用来支撑梁。起重机脱钩时，须将梁一端的上部接头钢筋焊接好，因为角钢支承面积小、安全性小。

浇筑整体式梁柱接头制作的过程：以柱子每一层为一节，将梁搁置在柱子上，梁底钢筋按锚固长度的要求上弯或者焊接，配上箍筋后，浇筑混凝土到楼面板，待混凝土强度达到设计要求时，可以安装和制作上节柱子，依此类推。

5.4　结构安装工程质量标准与安全技术要求

带着问题学知识

钢筋混凝土结构安装有什么质量要求？

结构安装工程的技术要求有哪些？

5.4.1　钢筋混凝土结构安装质量要求

　　安装预应力构件时，混凝土强度必须要达到设计强度要求的 75%以上，有的甚至要达到 100%。预应力构件孔道灌浆的强度应该达到 15MPa 以上时，方可进行构件安装。在吊装装配式框架结构时，接头或者接缝的混凝土强度必须达到 10MPa 以上，方可吊装上一层结构的构件。

　　安装构件必须要按照绑扎、吊升、就位、柱的临时固定、校正、最后固定、柱接头施工的顺序，保证构件安装的质量。

　　构件的安装必须保证具有一定的精度，确保构件的安装在偏差的允许范围内，如表 5.1 所示。

表 5.1　构件安装时的允许偏差

项　目	名　称		允许偏差(mm)
1	杯形基础	中心线对轴线位移	10
		杯底标高	−10
2	柱	中心线对轴线的位移	5
		上、下柱连接中心线位移	3
		垂直度　≤5m	5
		垂直度　>5m	10
		垂直度　≥10m 且多节	高度的 1%
		牛腿顶面和柱顶标高　≤5m	−5
		牛腿顶面和柱顶标高　>5m	−8
3	梁或吊车梁	中心线对轴线位移	5
		梁顶标高	−5
4	屋架	下弦中心线对轴线位移	5
		垂直度　桁架	屋架高的 1/250
		垂直度　薄腹梁	5

项 目	名 称		允许偏差/mm
5	天窗架	构件中心线对定位轴线位移	5
		垂直度(天窗架高)	1/3000
6	板	相邻两板板底平整	抹灰	5
			不抹灰	3
7	墙板	中心线对轴线位移	3
		垂直度	3
		每层山墙倾斜	2
		整个高低垂直度	10

5.4.2　结构安装工程的安全技术要求

在结构安装的施工过程中,安全施工措施很重要。安全问题可以简单归纳为人和管理两方面的问题,人的问题主要表现在:人的安全意识和人施工作业过程中的行为规范;管理方面的问题包括很多,大而言之,包括一切施工过程中的问题,譬如人的安全意识和人员施工作业的规范等。这里所说的管理问题主要表现在:起重机械设备的管理和施工现场环境的管理。

1. 人员的安全要求

人员主要是指项目经理、施工技术负责人、作业队长、班组长、现场施工人员、技术人员、安全员、操作人员等。

1) 安全员的主要安全职责和要求

(1) 做好安全生产管理和监督检查工作。

(2) 贯彻执行劳动保护法规。

(3) 督促实施各项安全技术措施。

(4) 开展安全生产宣传教育和职工培训工作。

(5) 组织安全生产检查,研究和解决施工生产中的不安全因素,消除施工生产中存在的安全隐患。

(6) 参加事故调查,提出事故处理意见,制止违章作业,遇有险情制止施工。

2) 操作人员的安全要求

(1) 从事安装工作的人员要进行身体检查,对不符合规范要求的心脏病或高血压患者,不得进行高空作业。

(2) 操作人员进入施工现场,必须佩戴安全帽、系好安全带等安全器械。

(3) 电焊作业必须穿戴好防护罩。

(4) 结构安装时施工现场必须要统一指挥,所有作业人员都要服从指挥,熟悉各种信号。

一个项目的主要安全责任人是项目经理,项目经理必须认真对待安全问题,做好职工教育的安全培训工作。

2. 起重吊装机械的安全要求

(1) 起重机在吊装前,要检查起重臂、吊钩、钢丝绳、平衡重等部件是否紧密牢固。

如果发现吊钩、卡环出现变形或裂纹时，不得再使用。吊装所用的钢丝绳事先必须认真检查，表面磨损或者腐蚀严重不得使用。

(2) 起重机工作时，要标上醒目的标志。作业时，严禁碰撞高压电线等障碍物。

(3) 起重机负重行驶时，一定要缓慢，严禁在超负荷时，同时进行两种操作。

(4) 操作人员一定要按照起重机的作业手册进行操作，不得违章作业。

(5) 在施工作业前，要对现场的工作环境、车辆行驶的路线、空中的电线走向、建筑物的影响、构件的重量等各个情况进行了解和熟悉。

(6) 施工现场的周围设置临时栏杆，进行封闭式作业，严禁外来人员围观，更不得在作业时有行人从吊臂下经过。

(7) 对吊臂活动范围内的障碍物进行清除，给起重机提供一个足够的作业区域。

(8) 在天气不好的情况下，严禁吊装作业，特别是大风、大雾、大雨、大雪等恶劣天气。雨季和冬季施工时，必须注意采取防滑措施。

5.5　工程实践案例

某单层工业厂房结构的金工车间，跨度 18m，长 66m，柱距 6m，共 11 个节间，厂房平面图、剖面图如图 5.11 所示。

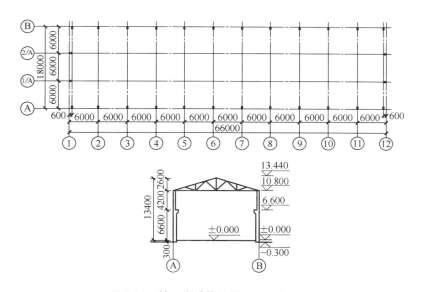

图 5.11　某厂房结构的平面图和剖面图

制定安装方案前，应先熟悉施工图，了解设计意图，将主要构件数量、重量、长度、安装标高分别计算出，并列表 5.2 以便计算时查阅。

表 5.2　车间主要构件一览表

厂房轴线	构件名称及编号	构件数量	构件质量/t	构件长度/m	安装标高/m
Ⓐ Ⓑ ① ⑭	基础梁 JL	28	1.51	5.95	
Ⓐ、Ⓑ	连系梁 LL	22	1.75	5.95	+6.60

续表

厂房轴线	构件名称及编号	构件数量	构件质量/t	构件长度/m	安装标高/m
Ⓐ、Ⓑ	柱 Z_1	4	6.95	12.05	−1.25
Ⓐ、Ⓑ	柱 Z_2	20	6.95	12.05	−1.25
Ⓐ、Ⓑ	柱 Z_3	4	5.6	13.74	−1.25
①、⑭	屋架 YWJ18−1	12	4.8	17.70	+10.80
Ⓐ、Ⓑ	吊车梁 $^{DL-8Z}_{DL-8B}$	18	3.85	5.95	+6.60
Ⓐ、Ⓑ		4	3.85	5.95	+6.60
Ⓐ、Ⓑ	屋面板 YWB	132	1.16	5.97	113.80
Ⓐ、Ⓑ	天沟板 TGB	22	0.86	5.97	+11.40

5.6　实训练习

一、单选题

1. "起重量大,服务半径小,移动困难"这是(　　)起重机的特点。

    A. 桅杆式　　　　　B. 汽车式　　　　　　C. 履带式　　　　　　D. 塔式

2. 履带式起重机的缺点是(　　)。

    A. 起重量小　　　　B. 移动困难　　　　　C. 服务半径小　　　　D. 稳定性较差

3. 能够载荷行驶是(　　)起重机的优点。

    A. 牵缆式桅杆起重机　　　　　　　　　B. 汽车式

    C. 履带式　　　　　　　　　　　　　　D. 轮胎式

4. 柱子平卧抗弯承载力不足时,应采用(　　)

    A. 一点绑扎　　　　B. 两点绑扎　　　　　C. 斜吊绑扎　　　　　D. 直吊绑扎

5. 吊屋架时采用横吊梁的主要目的是(　　)。

    A. 减小起重高度　　　　　　　　　　　B. 防止屋架上弦压坏

    C. 减小吊索拉力　　　　　　　　　　　D. 保证吊转安全

二、多选题

1. 履带式起重机的主要技术参数有(　　)。

    A. 起重量　　　　　　B. 起重臂长　　　　　　C. 起重高度

    D. 起重半径　　　　　E. 起重直径

2. 单层工业厂房结构吊装方法有(　　)。

    A. 单机起吊　　　　　B. 多机起吊　　　　　　C. 分件吊装法

    D. 综合吊装法　　　　E. 两机起吊

3. 下列属于结构安装起重机选择需要考虑的因素有(　　)。

    A. 厂房跨度　　　　　B. 地下水位　　　　　　C. 构件重量

    D. 安装高度　　　　　E. 安装宽度比

三、简答题

1. 常用的起重机械有哪些？试说明各自的优、缺点。

2. 常用的索具设备有哪些？

3. 桅杆式起重机有哪几种？各有什么特点？

4. 比较履带式、汽车式、轮胎式起重机的异同。

5. 单层装配式混凝土结构工业厂房安装有哪些工作程序？

6. 构件安装前为什么要弹线放样？怎么进行？

7. 构件安装前要进行什么检查？为什么要进行检查和清理？

8. 杯形基础准备前的工作包括哪些？

9. 构件堆放的原则是什么？试解释其理由。

10. 单层工业厂房结构的安装方法有哪两种？简述各自优、缺点及过程。

11. 怎样对起重构件用的起重机进行选择？

12. 多层装配式框架结构有哪几种形式？

13. 简述柱子吊装的过程。

14. 构件接头施工方法有哪几种？简述各自的工作要点。

15. 多层钢筋混凝土结构安装质量要求有哪些？

16. 结构安装工程中的安全要求涉及哪些人员？

17. 结构安装工程中对起重吊装机械的安全要求有哪些？

JS05 课后答案

实训工作单

班级		姓名		日期	
教学项目		结构安装工程			
任务	了解结构安装工程常用起重机械及其性能和使用范围；熟悉单层工业厂房结构的构件安装工艺、安装方法及安装方案的制定；掌握结构安装工程的质量标准和安全技术要求		方式		查找书籍、资料，编制施工组织总设计
相关知识	起重机械和索具设备； 单层装配式混凝土结构工业厂房安装； 多层装配式框架结构安装； 结构安装工程质量标准与安全技术要求				
其他要求					

学习总结编制记录

评语				指导教师	

第 6 章　钢结构工程

(1) 了解加工制作钢结构构件的工艺流程。

(2) 熟悉钢结构焊接和高强度螺栓连接的工艺要点。

(3) 熟悉多层及高层钢结构构件的安装与校正方法。

(4) 了解轻型门式刚架结构及彩板围护结构的安装工艺。

(5) 了解网架结构的安装方法，熟悉高空散装法、分条或分块安装法及高空滑移法的安装操作原理。

(6) 了解钢结构的防腐与防火涂装涂料的原理与方法。

JS06 拓展资源

JS06 图片库

教学要求

章节知识	掌握程度	相关知识点
加工制作钢结构构件的工艺流程	了解加工制作钢结构构件的工艺流程	钢结构原材料检验、准备工作、零件加工、构件组装、表面处理等
钢结构焊接和高强度螺栓连接的工艺要点	熟悉钢结构焊接和高强度螺栓连接的工艺特点	钢结构的焊接施工、钢强度螺栓连接施工的定义和方法等
多层及高层钢结构构件的安装与校正	熟悉多层及高层钢结构构件的安装与校正方法	流水段的划分、构件的吊点设置、安装校正等
轻型门式刚架结构及彩板围护结构的安装工艺	了解轻型门式刚架结构及彩板围板结构的安装工艺	门式刚架结构、彩板围护结构的具体施工方法等
钢结构的防腐与防火涂装涂料的原理与方法	了解钢结构的防腐与防火涂料涂装的原理与方法	

思政目标

建筑钢结构具有"轻、快、好、省"的特点，除了具有轻质高强性、优异的材料性能、制作安装工业化程度高、易拆卸和具有较好的耐久性等优势外，还具备有利于节约资源、减少碳排放、可循环利用、有效实现绿色要求的优越性。

案例导入

这些都是我们耳熟能详的著名建筑：北京的鸟巢、澳大利亚的悉尼歌剧院、美国的世贸大厦、日本东京的电视塔、旧金山的金门大桥、巴黎的埃菲尔铁塔等，都是钢结构建筑。那么它们究竟是怎么被建造而成的呢？其中所攻克的难点以及所采用的施工方法又有哪些呢？相信学习了本章之后，同学们能有些许收获。

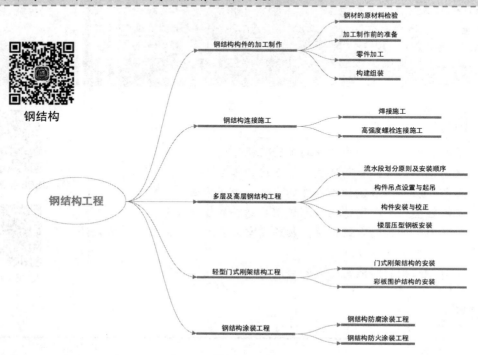

6.1 钢结构构件的加工制作

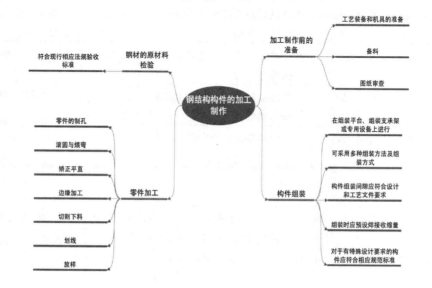

钢结构构件的加工制作过程是怎么进行的？

在钢结构构件的加工制作前应该做好哪些准备工作？

零件的加工一般包括哪些工艺流程？

在进行构件的组装时，有哪些方法是可以采用的？

6.1.1　钢材的原材料的检验

钢材的进场验收，应符合现行《钢结构工程施工质量验收标准》(GB 50205—2020)的规定。对属于下列情况之一的钢材，应进行抽样复验：

(1)　国外进口钢材；

(2)　钢材混批；

(3)　板厚不小于 40mm，且设计有 Z 向性能要求的厚板；

(4)　建筑结构安全等级为一级，大跨度钢结构中主要受力构件所采用的钢材；

(5)　设计有复验要求的钢材；

(6)　对质量有疑义的钢材。

6.1.2　加工制作前的准备工作

1．图纸审查

图纸审查的目的，一方面是检查图纸设计的深度能否满足施工要求，核对图纸上的构件数量和安装尺寸，检查构件之间有无矛盾等；另一方面也对图纸进行工艺审核，即审查设计在技术上是否合理、构造是否便于施工、图纸上的技术要求按施工单位的施工水平能否实现等。图纸审查的主要内容如下。

(1)　设计文件是否齐全。设计文件包括设计图、施工图、图纸说明和设计变更通知单等。

(2)　构件的几何尺寸是否标注齐全，相关构件的尺寸是否正确。

(3)　构件连接是否合理，是否符合相关国家标准。

(4)　加工符号、焊接符号是否齐全。

(5)　构件分段是否符合制作、运输、安装的要求。

(6)　标题栏内构件的数量是否符合工程的总数量。

(7)　结合本单位的设备和技术条件考虑能否满足图纸上的技术要求。

2．备料

根据设计图纸计算出各种材质、规格的材料净用量，并根据构件的不同类型和供货条件，增加一定的损耗率(一般为实际所需量的 10%)提出材料预算计划。

目前国际上采取根据构件规格尺寸增加加工余量的方法备料，不考虑材料损耗，国内也已开始实行由钢厂按构件表加余量直接供料的方法。

3．工艺装备和机具的准备

(1)　根据设计图纸及国家标准制定出成品的技术要求。

(2) 编制工艺流程，确定各工序的公差要求和技术标准。

(3) 根据用料要求和材料尺寸统筹安排、合理配料，确定拼装位置。

(4) 根据工艺和图纸要求，准备必要的工艺装备(胎、夹、模具)。

6.1.3　零件加工

用煤油清洗
机械零件

钢结构构件的制作一般在工厂进行，包括放样、划线、切割下料、边缘加工、矫正平直、滚圆与煨弯、零件的制孔等工艺流程。

1. 放样

在钢结构制作中，放样是指把零(构)件的加工边线、坡口尺寸、孔径和弯折、滚圆半径等以1∶1的比例从图纸上准确地放置到样板和样杆上，并注明图号、零件号、数量等。样板和样杆是下料、制弯、铣边、制孔等加工的依据。

在制作样板和样杆时，要增加零件加工时的加工余量，焊接构件要按工艺需要增加焊接收缩量。高层建筑钢结构按设计标高安装时，柱子的长度还必须增加荷载压缩的变形量。

2. 划线

划线也称为号料，是根据放样提供的零件的材料、尺寸、数量，在钢材上画出切割、铣、刨边、弯曲、钻孔等加工位置，并标出零件的工艺编号。

划线时，要根据工艺图的要求，利用标准接头节点，使材料得到充分利用，将材料损耗率降到最低程度。

3. 切割下料

钢材切割下料方法有气割、机械剪切、锯切等。

1) 氧气切割

氧气切割是以氧气和燃料(常用的有乙炔气、丙烷气和液化气等)燃烧时产生的高温燃化钢材，并以氧气压力进行吹扫，造成割缝，使金属按要求的尺寸和形状被切割成零件。目前已广泛采用了多头气割、仿型气割、数控气割、光电跟踪气割等自动切割技术。

2) 机械切割

(1) 带锯、圆盘锯切割。带锯切割适用于型钢、扁钢、圆钢、方钢，具有切割效率高、切割断面质量好等优点。

(2) 砂轮锯切割。砂轮锯适用于切割薄壁型钢，其切口光滑、毛刺较薄，容易清除。当材料厚度较薄(1～3mm)时切割效率很高。

(3) 无齿锯切割。无齿锯锯片在高速旋转中与钢材接触，产生高温把钢材熔化形成切口，其生产效率高、切割边缘整齐且毛刺易清除，但切割时有很大噪声。由于无齿锯靠摩擦产生高温切断钢材，因此断口区会产生淬硬倾向，深度为1.5～2mm。

(4) 冲剪切割下料。用剪切机和冲切机切割钢材是最方便的切割方法，可以对钢板、型钢切割下料。当钢板较厚时，冲剪困难，不容易保证切割平直，故应改用气割下料。

钢材经剪切后，在离剪切边缘2～3mm范围内，会产生严重的冷作硬化，这部分钢材脆性增大，因此钢材用于厚度较大的重要结构中时，硬化部分应刨削除掉。

4．边缘加工

边缘加工分刨边、铣边和铲边三种。有些构件如支座支承面、焊缝坡口和尺寸要求严格的加劲板、隔板、腹板、有孔眼的节点板等，需要进行边缘加工。

(1) 刨边是用刨边机切削钢材的边缘，加工质量高，但工效低、成本高。

(2) 铣边是用铣边机滚铣切削钢材的边缘，工效高、能耗少、操作维修方便、加工质量高，应尽可能用铣边代替刨边。

(3) 铲边分手工铲边和风镐铲边两种，加工质量要求不高、工作量不大的边缘加工可以采用。

5．矫正平直

钢材由于运输和对接焊接等原因产生翘曲时，在划线切割前需矫正平直。矫平可以采用冷矫和热矫的方法。

(1) 冷矫。一般用辊式型钢矫正机、机械顶直矫正机直接矫正。

(2) 热矫。热矫是利用火焰局部加热的方法矫正。当钢材型号超过矫正机负荷能力时，采用热矫，其原理是：钢材加热时以 $1.2 \times 10^{-5}/℃$ 的线胀率向各个方向伸长，当冷却到原来温度时，除收缩到加热前的尺寸外，还要按照 $1.48 \times 10^{-6}/℃$ 的收缩率进一步收缩，从而达到对钢材或钢构件进行外形矫正的目的。

6．滚圆与煨弯

滚圆是用滚圆机把钢板或型钢加工成设计要求的曲线形状或卷成螺旋管。

煨弯是钢材热加工的方式之一，即把钢材加热到 $900℃ \sim 1000℃$(黄赤色)，立即进行煨弯，在 $700℃ \sim 800℃$(樱红色)前结束。采用热煨时一定要掌握好钢材的加热温度。

7．零件的制孔

零件制孔的方法有冲孔、钻孔两种。

(1) 冲孔在冲床上进行，只能冲较薄的钢板，孔径的大小一般大于钢材的厚度，冲孔周围的钢材会产生冷作硬化。冲孔生产效率较高，但质量较差，只有在不重要的部位才能使用。

(2) 钻孔在钻床上进行，钻床可以钻任何厚度的钢材，孔的质量较好。对于重要结构的节点，先按比设计孔径小一级孔眼的尺寸预钻，在装配完成调整好尺寸后，扩成设计孔径，铆钉孔、精制螺栓孔多采用这种方法。一次钻成设计孔径时，为了使孔眼位置有较高的精度，一般均先制成钻模，将钻模贴在工件上并调好位置，在钻模内钻孔。为提高钻孔效率，可以把零件叠起同时钻孔，或用多头钻进行钻孔。

6.1.4 构件组装

具体内容详见右侧二维码。

构件组装

6.2　钢结构连接施工

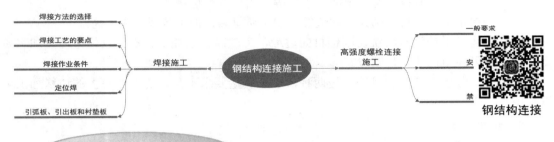

钢结构连接

带着问题学知识

钢结构的连接主要采用什么方法?
高强度螺栓连接施工具有哪些特点?

6.2.1　焊接施工

1. 焊接方法的选择

焊接是钢结构连接采用的最主要的方法之一。在钢结构制作和安装领域中,广泛使用的是电弧焊,电弧焊中又以电渣焊、手工焊、埋弧自动焊、半自动焊点与自动 CO_2 气体保护焊为主。在某些特殊场合,则必须使用电渣焊。焊接的类型、特点和适用范围如表 6.1 所示。

表 6.1　钢结构焊接方法的选择

焊接的类型		特　点	适用范围
电弧焊	手工焊 交流焊机	利用焊条与焊件之间产生的电弧热焊接,设备简单、操作灵活,可进行各种位置的焊接,是建筑工地应用最广泛的焊接方法	焊接普通钢结构
	手工焊 直流焊机	焊接技术与交流焊机相同,成本比交流焊机高,但焊接时电弧稳定	焊接要求较高的钢结构
	埋弧自动焊	利用埋在焊剂层下的电弧热焊接,效率高、质量好、操作技术要求低、劳动条件好,是大型构件制作中应用最广泛的高效焊接方法	焊接长度较大的对接、贴角焊缝,一般是有规律的直焊缝
	半自动焊	与埋弧自动焊基本相同,操作灵活,但使用不够方便	焊接较短的或弯曲的对接、贴角焊缝
	自动 CO_2 气体保护焊	用 CO_2 或惰性气体保护的实芯焊丝或药芯焊接,设备简单、操作简便、焊接效率高、质量好	用于构件长焊缝的自动焊
电渣焊		利用电流通过液态熔渣所产生的电阻热焊接,能焊大厚度的焊缝	用于箱形梁及柱隔板与面板全焊透连接

施工单位首次采用的钢材、焊接材料、焊接方法、接头形式、焊接位置、焊后热处理

等各种参数及参数的组合，应在钢结构制作及安装前进行评定试验。

焊接施工前，施工单位应以合格的焊接工艺评定结果或符合免除工艺评定条件的材料为依据，编制焊接工艺文件。

2. 焊接工艺的要点

(1) 焊接工艺设计。确定焊接方式、焊接参数以及焊条、焊丝、焊剂的规格型号等。

(2) 焊条烘烤。焊条和粉芯焊丝使用前必须按质量要求进行烘焙，低氢型焊条经过烘焙后，应放在保温箱内随用随取。

(3) 定位点焊。焊接结构在拼接、组装前要先确定零件的准确位置，进行定位点焊。定位点焊的长度、厚度应由计算确定，电流要比正式焊接提高 10%～15%。定位点焊的位置应尽量避开构件的端部、边角等应力集中的地方。

(4) 焊前预热。预热可降低热影响区的冷却速度，防止焊接延迟裂纹的产生。预热区在焊缝两侧，每侧宽度均应大于焊件自身厚度的 1.5 倍以上，且不应小于 100mm。

(5) 焊接顺序确定。一般从焊件的中心开始向四周扩展，先焊收缩量大的焊缝，后焊收缩量小的焊缝；尽量对称施焊；焊缝相交时，先焊纵向焊缝，待冷却至常温后，再焊横向焊缝；钢板较厚时分层施焊。

(6) 焊后热处理。焊后热处理主要是对焊缝进行脱氢处理，以防止冷裂纹的产生。焊后热处理应在焊后立即进行，保温时间应根据板厚按每 25mm 板厚 1h 确定。预热及后热均可采用散发式火焰枪进行。

脱氢处理

(7) 柱与梁的焊接顺序。先焊顶部梁柱节点，再焊底部梁柱节点，最后焊中间部分的梁柱节点。

3. 焊接作业条件

焊接时，作业区环境温度、相对湿度和风速等应符合下列规定，当超出规定且必须进行焊接时，应编制专项方案。

(1) 作业环境温度不应低于-10℃；当焊接作业环境温度低于 0℃但不低于-10℃时，应采取加热或防护措施，将焊接接头和焊接表面各方向不小于钢板厚度 2 倍且不小于 100mm 范围内的母材，加热到规定的最低预热温度且不低于 20℃后再施焊。

(2) 焊接作业区的相对湿度不应大于 90%。

(3) 当采用手工电弧焊和自保护药芯焊丝电弧焊时，焊接作业区最大风速不应超过 8m/s；当采用气体保护电弧焊时，焊接作业区最大风速不应超过 2m/s。

4. 定位焊

定位焊缝的厚度不应小于 3mm，且不宜超过设计焊缝厚度的 2/3；长度宜不小于 40mm 和接头中较薄部件厚度的 4 倍；间距宜为 300～600mm。

冷裂纹

定位焊缝与正式焊缝应具有相同的焊接工艺和焊接质量要求。多道定位焊缝的端部应为阶梯状。采用钢衬垫板的焊接接头，定位焊宜在接头坡口内进行；定位焊接时预热温度宜高于正式施焊预热温度 20℃～50℃。

5. 引弧板、引出板和衬垫板

(1) 当引弧板、引出板和衬垫板为钢材时,应选用屈服强度不大于被焊钢材标称强度的钢材,且焊接性应相近。

T形接头、十字形接头、角接接头和对接接头主焊缝两端,接头处必须配置引弧板和引出板,其材质应和被焊母材相同,坡口形式应与被焊焊缝相同。手工电弧焊和气体保护电弧焊焊缝引出长度应大于25mm,其引弧板和引出板宽度应大于50mm,长度宜为板厚的1.5倍且不小于30mm,厚度应不小于6mm。非手工电弧焊焊缝引出长度应大于80mm,其引弧板和引出板宽度应大于80mm,长度宜为板厚的2倍且不小于100mm,厚度应不小于10mm。

(2) 焊接接头的端部应设置焊缝引弧板、引出板。焊条电弧焊和气体保护电弧焊焊缝引出长度应大于25mm,埋弧焊焊缝引出长度应大于80mm。焊接完成并完全冷却后,可采用火焰切割、碳弧气刨或机械等方法除去引弧板、引出板,并修磨平整,严禁用锤击落。

(3) 钢衬垫应与母材接头密贴连接,其间隙不应大于1.5mm,并与焊缝充分熔合。采用手工电弧焊和气体保护电弧焊时,钢衬垫板厚度不应小于4mm;采用埋弧焊接时,钢衬垫板厚度不应小于6mm;采用电渣焊时,衬垫板厚度不应小于25mm。

6.2.2 高强度螺栓连接施工

目前高强度螺栓连接是与焊接并举的钢结构主要连接方法之一,其特点是施工方便、可拆可换、传力均匀、接头刚性好、承载能力大、疲劳强度高、螺母不易松动、结构安全可靠等。高强度螺栓从外形上可分为大六角头高强度螺栓(即扭矩型高强度螺栓)和扭剪型高强度螺栓两种。高强度螺栓和与之配套的螺母、垫圈总称为高强度螺栓连接副。

1. 一般要求

(1) 高强度螺栓使用前,应按有关规定对其各项性能进行检验。运输过程中应轻装轻卸,防止损坏。当发现螺栓包装破损、有污染等异常现象时,应用煤油清洗,并按高强度螺栓验收规程进行复验,扭矩系数经复验合格后方能使用。

(2) 在工地上储存高强度螺栓时,应将其放在干燥、通风、防雨、防潮的仓库内,并不得沾染脏物。

(3) 安装高强度螺栓时,应按当天需用量领取,当天没有用完的螺栓,必须装回容器内,妥善保管,不得乱扔、乱放。

(4) 安装高强度螺栓时接头摩擦面上不允许有毛刺、铁屑、油污、焊接飞溅物等,摩擦面应干燥,没有结露、积霜和积雪等现象,并不得在雨天进行安装。

(5) 使用定扭矩扳手紧固高强度螺栓时,每天使用前应对定扭矩扳手进行校核,合格后方能使用。

2. 安装要点

(1) 一个接头上的高强度螺栓连接,应从螺栓群中部开始,向四周扩展,逐个拧紧。扭矩型高强度螺栓的初拧、复拧、终拧,每完成一次应涂上相应的颜色或标记,以防漏拧。

(2) 如接头既有高强度螺栓连接又有焊接连接时,宜按先栓后焊的方式施工,先终拧完高强度螺栓再焊接焊缝。

(3) 高强度螺栓应自由穿入螺栓孔内，当板层发生错孔时，允许用铰刀扩孔。扩孔时，铁屑不得掉入板层间。扩孔数量不得超过一个接头螺栓的 1/3，扩孔后的孔径不应大于 1.2d(d 为螺栓直径)。严禁使用气割进行高强度螺栓孔的扩孔。

(4) 一个接头上的多个高强度螺栓穿入方向应一致。垫圈有倒角的一侧应朝向螺栓头和螺母，螺母有圆台的一面应朝向垫圈，螺母和垫圈不应装反。

(5) 高强度螺栓连接副在终拧以后，螺栓螺纹扣外露应为 2～3 扣，其中允许有 10% 的螺栓螺纹扣外露 1 扣或 4 扣。

(6) 高强度螺栓连接副的初拧、复拧、终拧宜在 24h 内完成。

(7) 高强度大六角头螺栓连接用扭矩法施工紧固时，应进行下列质量检查：

① 应检查终拧颜色标记，并用 0.3kg 重小锤敲击螺母对高强度螺栓进行逐个检查；

② 终拧扭矩应按节点数 10% 抽查，且不应少于 10 个节点；对每个被抽查节点应按螺栓数 10% 抽查，且不应少于 2 个螺栓。

3．紧固方法

具体内容详见右侧二维码。

3．紧固方法

6.3　多层及高层钢结构工程

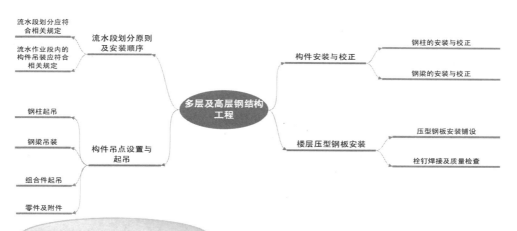

带着问题学知识

多层及高层流水作业段是如何进行划分的？
构件的吊点设置、安装与校正的具体内容是什么？
多高层钢结构楼板是如何安装的？

6.3.1　流水段划分原则及安装顺序

多层及高层钢结构宜划分为多个流水作业段进行安装，流水段宜以每节框架为单位。流水段划分应符号下列规定。

1) 流水段划分应符合的规定

(1) 流水段内的最重构件应在起重设备的起重能力范围内。

(2) 起重设备的爬升高度应满足下节流水段内构件的起吊高度。

(3) 每节流水段内的柱长度应根据工厂加工、运输堆放、现场吊装等因素确定，长度宜取 2～3 个楼层高度，分节位置宜在梁顶标高以上 1.0～1.3m 处。

(4) 流水段的划分应与混凝土结构施工相适应。

(5) 每节流水段可根据结构特点和现场条件在平面上划分流水区进行施工。

2) 流水作业段内的构件吊装宜符合的规定

(1) 吊装时可采用整个流水段内先柱后梁，或局部先柱后梁的顺序；单柱不得长时间处于悬臂状态。

(2) 钢楼板及压型金属板安装应与构件吊装进度同步。

(3) 特殊流水作业段内的吊装顺序应按安装工艺确定，并应符合设计文件的要求。

整个流水段内先柱后梁的吊装顺序，是指在标准流水作业段内先安装钢柱，再安装框架梁，然后安装其他构件，按层进行，从下到上，最终形成框架。

局部先柱后梁的吊装顺序是针对标准流水作业段而言的，即安装若干根钢柱后立即安装框架梁、次梁和支撑等，由下而上逐间构成空间标准间，并进行校正和固定。然后以此标准间为依靠，按规定方向进行安装，逐步扩大框架，直至该施工层完成。

一个流水段的钢构件安装顺序可从中间部位开始，形成刚性单元后，再向四周扩展。一个流水段一节钢柱范围内的全部构件安装完毕并验收合格后，方可进行下一流水段的安装工作。一节钢柱范围内的构件安装顺序一般是：安装柱子→安装上层主梁→安装中层主梁与下层主梁→在 4 根主梁围成的一个区域内，先安装上层次梁，再安装中、下层次梁。同一列钢柱，应先从中间跨开始安装钢梁，对称地向两端扩展。同一跨度内的钢梁，同样应先安装上层梁，然后安装中、下层梁。一般钢结构标准单元施工顺序如图 6.1 所示。

高层建筑钢结构安装前，应根据流水段和构件安装顺序编制构件安装顺序表，表中应注明每一构件的节点型号、连接件的规格数量、高强度螺栓规格数量、栓焊数量及焊接量、焊接形式等，构件从成品检验、运输、现场核对、安装、校正到安装后的质量检查，应统一使用该安装顺序表。

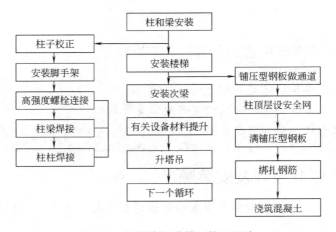

图 6.1　钢结构标准单元施工顺序

6.3.2 构件吊点设置与起吊

(1) 钢柱。平运两点起吊，安装一点立吊。立吊时，需在柱子根部垫上垫木，以回转法起吊，严禁根部拖地。吊装 H 形钢柱、箱形柱时，可利用其接头耳板作吊环，配以相应的吊索、吊架和销钉。钢柱起吊示意，如图 6.2 所示。

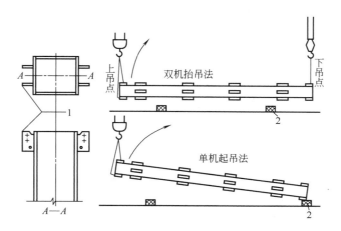

图 6.2 钢柱起吊示意图

1—吊耳；2—垫木

(2) 钢梁。距梁端 500mm 处开孔，用特制卡具两点平吊，次梁可三层串吊，如图 6.3 所示。

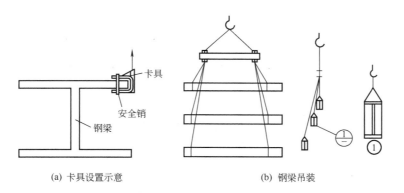

(a) 卡具设置示意   (b) 钢梁吊装

图 6.3 钢梁吊装示意图

(3) 组合件。因组合件的形状、尺寸不同，可计算重心确定吊点，采用两点吊、三点吊或四点吊。凡不易计算者，可加设倒链协助找重心，待构件平衡后起吊。

(4) 零件及附件。钢构件的零件及附件应随构件一并起吊。尺寸较大、质量较重的节点板、钢柱上的爬梯、大梁上的轻便走道等，应牢牢地固定在构件上。

6.3.3　构件的安装与校正

1. 钢柱的安装与校正

1)　首节钢柱的安装与校正

安装前，应对建筑物的定位轴线、首节柱的安装位置、基础的标高和基础混凝土的强度进行复检，合格后才能进行安装。

(1) 柱顶标高调整。为了便于调整钢柱的安装标高，一般在基础施工时，先将混凝土浇灌到比设计标高略低 40~60mm，然后根据柱脚类型和施工条件，将钢柱安装、调整好后，采用一次或二次灌筑法将缝隙填实。由于基础未达到设计标高，在安装钢柱时，如果采用钢垫板作为支承，钢垫板面积的大小应根据基础混凝土的抗压强度、柱底板的荷载(二次灌筑前)和地脚螺栓的紧固拉力计算确定，取其中较大者。

(2) 纵横十字线对正。在起重机吊钩不脱钩的情况下，利用制作时在首节钢柱上划出的中心线与基础顶面十字线对正就位。

(3) 垂直度调整。垂直度用两台呈 90° 的经纬仪投点，采用缆风法校正。在校正过程中不断调整柱底板下面的螺母，校正结束将柱底板上面的两个螺母拧上，缆风松开，使柱身呈自由状态，再用经纬仪复核。如有小偏差，微调螺母，无误后将上螺母拧紧。柱底板与基础面间预留的空隙用无收缩砂浆以捻浆法垫实，如图 6.4 所示。

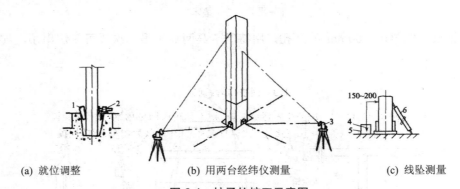

(a) 就位调整　　　　(b) 用两台经纬仪测量　　　　(c) 线坠测量

图 6.4　柱子的校正示意图

1—楔块；2—螺母顶；3—经纬仪；4—线坠；5—水桶；6—调整螺杆千斤顶

2)　上节钢柱的安装与校正

安装上节钢柱时，利用柱身中心线就位，为使上下柱不出现错口，要尽量做到上、下柱定位轴线重合。上节钢柱就位后，按照先调整标高，再调整位移，最后调整垂直度的顺序校正。

校正时，可采用缆风校正法或无缆风校正法。目前多采用无缆风校正法(见图 6.5)，即利用塔吊、钢楔、垫板、撬棍及千斤顶等工具，在钢柱呈自由状态下进行校正。此法施工简单、校正速度快、易于吊装就位和确保安装精度。为适应无缆风校正法，应特别注意钢柱节点临时连接耳板的构造，上、下耳板的间隙宜为 15~20mm，以便于插入钢楔。

(1) 标高调整。钢柱一般采用相对标高安装，设计标高复核的方法。钢柱吊装就位后，合上连接板，穿入大六角高强度螺栓，但不夹紧，通过吊钩起落与撬棍拨动调节上下柱之间的间隙。量取上柱柱根标高线与下柱柱头标高线之间的距离，符合要求后在上下耳板间隙中打入钢楔限制钢柱下落。正常情况下，标高偏差调整至 0。若钢柱制造误差超过 5mm，则应分次调整。

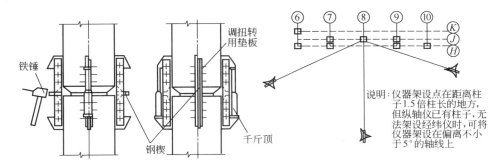

图 6.5 无缆风校正法示意图

(2) 位移调整。钢柱定位轴线应从地面控制轴线直接引上，不得从下层柱的轴线引上。钢柱轴线有偏移时，可在上柱和下柱耳板的不同侧面夹入一定厚度的垫板加以调整，然后微微夹紧柱头临时接头的连接板。钢柱位移每次只能调整 3mm，若偏差过大只能分次调整。起重机至此可松吊钩。校正位移时应注意防止钢柱扭转。

(3) 垂直度调整。用两台经纬仪在相互垂直的位置投点，进行钢柱垂直度观测。调整时，在钢柱偏斜方向锤击钢楔或微微顶升千斤顶，在保证单节柱垂直度符合要求的前提下，将柱顶偏轴线位移校正至零，然后拧紧上下柱临时接头的大六角高强度螺栓至额定扭矩。

注意：为达到调整标高和垂直度的目的，临时接头上的螺栓孔应比螺栓直径大 4.0mm。由于钢柱制造允许误差一般为-1～+5mm，因此螺栓孔扩大后能有足够的余量将钢柱校正准确。

2．钢梁的安装与校正

(1) 钢梁安装时，同一列柱，应先从中间跨开始对称地向两端扩展；同一跨钢梁，应先安上层梁再安中、下层梁。

(2) 在安装和校正柱与柱之间的主梁时，可先把柱子撑开，跟踪测量、校正，预留接头焊接收缩量，这时柱产生的内力在焊接完毕、焊缝收缩后也就消失了。

(3) 一节柱的各层梁安装好后，应先焊上层主梁后焊下层主梁，以使框架稳固，便于施工。一节柱(三层)的竖向焊接顺序是：上层主梁→下层主梁→中层主梁→上柱与下柱焊接。

每天安装的构件应形成空间稳定体系，确保安装质量和结构安全。

6.3.4 楼层压型钢板安装

多高层钢结构楼板一般多由压型钢板与混凝土叠合层组合而成，如图 6.6 所示。一节柱的各层梁安装校正后，应立即安装本节柱范围内的各层楼梯，并铺好各层楼面的压型钢板，进行叠合楼板施工。

楼层压型钢板安装工艺流程：弹线→清板→吊运→布板→切割→压合→侧焊→端焊→封堵→验收→栓钉焊接。

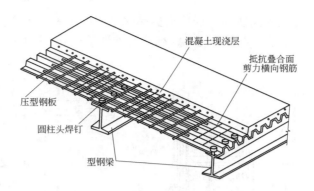

图 6.6　压型钢板组合楼板的构造

1. 压型钢板安装铺设

(1) 在铺板区弹出钢梁的中心线。主梁的中心线是铺设压型钢板固定位置的控制线，并决定压型钢板与钢梁熔透焊接的焊点位置；次梁的中心线决定熔透焊栓钉的焊接位置。因压型钢板铺设后难以观察次梁翼缘的具体位置，故将次梁的中心线及次梁翼缘反弹在主梁的中心线上，固定栓钉时再将其反弹在压型钢板上。

(2) 将压型钢板分层分区按材料单清理、编号，并运至施工指定部位。

(3) 用专用软吊索吊运。吊运时，应保证压型钢板板材整体不变形、局部不卷边。

(4) 按设计要求铺设。压型钢板铺设应平整、顺直、波纹对正，设置位置正确；压型钢板与钢梁的锚固支承长度应符合设计要求，且不应小于 50mm。

(5) 采用等离子切割机或剪板钳裁剪边角。裁剪放线时，富余量应控制在 5mm 范围内。

(6) 压型钢板固定。压型钢板与压型钢板侧板间连接采用咬口钳压合，使单片压型钢板间连成整板，然后用点焊将整板侧边及两端头与钢梁固定，最后采用栓钉固定。为了浇筑混凝土时不漏浆，端部肋应做封端处理。

2. 栓钉焊接

为使组合楼板与钢梁有效地共同工作，抵抗叠合面间的水平剪力作用，通常采用栓钉穿过压型钢板焊于钢梁上。栓钉焊接的材料与设备有栓钉、焊接瓷环和栓钉焊机。

焊接时，先将焊接用的电源及制动器接上，把栓钉插入焊枪的长口内，焊钉下端置入母材上面的瓷环内，按焊枪电钮，栓钉被提升，在瓷环内产生电弧，在规定的时间内，用适当的速度将栓钉插入母材的溶池内。焊完后，立即去除瓷环，并将焊缝的周围卷边去掉，检查焊钉焊接部位。栓钉焊接工序如图 6.7 所示。

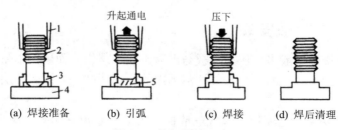

图 6.7　栓钉焊接工序

1—焊枪；2—栓钉；3—瓷环；4—母材；5—电弧

栓钉焊接质量检查方法如下。

(1) 外观检查。栓钉根部焊脚应均匀，局部未熔合或不足 360°的焊脚应进行修补。

(2) 弯曲试验检查。栓钉焊接后应对其进行弯曲试验检查，可锤击栓钉使其弯曲 30°或采用特制的导管将栓钉弯成 30°，若焊缝及热影响区没有肉眼可见的裂纹，即为合格。

压型钢板及栓钉安装完毕后，即可绑扎钢筋，浇筑混凝土。

6.4 轻型门式刚架结构工程

带着问题学知识

高层建筑是怎么定义的？

高层建筑结构材料与结构体系分别指的是什么？

高层建筑的楼盖结构是怎么选用的？

高层建筑有怎样的施工特点？

门式刚架结构是大跨度建筑常用的结构形式之一。轻型门式刚架结构是指主要承重结构采用实腹门式刚架，具有轻型屋盖和轻型外墙的单层房屋钢结构。近几年来，随着彩色压型钢板、H 形钢、冷弯薄壁型钢的引进和发展，我国轻型门式刚架结构发展迅速，广泛用于大型工业厂房、仓库、飞机库以及现代商业、文化娱乐设施和体育馆等大跨度建筑。

6.4.1 门式刚架结构的安装

轻型门式刚架结构的主刚架，一般采用变截面或等截面实腹式焊接 H 形钢或轧制 H 形钢。安装门式刚架结构时宜先立柱子，然后将在地面上组装好的斜梁吊起就位，并与柱连接。安装工艺流程为：钢柱安装→钢柱校正→斜梁地面拼装→斜梁安装、临时固定→钢柱重校→高强度螺栓紧固→复校→安装檩条、拉杆→钢结构验收。

1. 起重机选择

轻型门式刚架结构构件重量较轻，且一般单层建筑安装标高为 10m 左右，所以起重机选择以大跨度斜梁起重高度(包括索具高度)为原则，可采用履带式起重机、汽车式起重机，多跨可采用轻便式小型塔式起重机。

根据现场条件和构件大小，可采用单机起吊或双机抬吊；根据工期要求也可采用多机流水作业。

2. 刚架柱的安装

轻型门式刚架钢柱的安装顺序：吊装单根钢柱→柱标高调整→纵横十字线位移→垂直度校正。

刚架柱一般采用一点起吊，吊耳放在柱顶处。为防止钢柱变形，也可两点或3点起吊。对于大跨度轻型门式刚架变截面H形钢柱，由于柱根小、柱顶大，头重脚轻，且重心是偏心的，因此安装固定后，为防止钢柱倾倒必要时需加临时支撑。

3. 刚架斜梁的拼接与安装

轻型门式刚架斜梁的特点是跨度大(即构件长)、侧向刚度小，为确保安装质量和安全施工，提高生产效率，减小劳动强度，应根据场地和起重设备运行条件，最大限度地将扩大拼装工作在地面完成。

刚架斜梁一般采用立放拼接，拼装程序是：将要拼接的单元放在拼装平台上→找平→拉通线→安装普通螺栓定位→安装高强度螺栓→复核尺寸，如图6.8所示。

斜梁的安装顺序是：先从靠近山墙的有柱间支撑的两榀刚架开始安装，然后将其柱间的檩条、支撑、隔撑等全部装好，并检查其垂直度；再以这两榀刚架为起点，向建筑物另一端按顺序安装。除最初安装的两榀刚架外，其余所有刚架间的檩条、墙梁和檐檩的螺栓均应在校准后再拧紧。

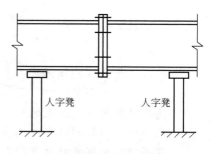

图6.8 斜梁拼接示意图

起吊斜梁应选好吊点，大跨度斜梁的吊点须经计算确定。斜梁可选用单机两点或3点、4点起吊，或用铁扁担以减小索具对斜梁产生的压力。对于侧向刚度小、腹板宽厚比大的斜梁，为防止构件扭曲和损坏，应采取多点起吊及双机抬升。

4. 檩条和墙梁的安装

轻型门式刚架结构的檩条和墙梁，一般采用卷边槽形、Z形冷弯薄壁型钢或高频焊接轻型H形钢。檩条和墙梁通常与焊于刚架斜梁和柱上的角钢支托连接，与支托的连接螺栓不应少于两个。

6.4.2　彩板围护结构的安装

轻型门式刚架结构中，目前主要采用彩色钢板夹芯板(也称彩钢保温板)作为围护结构。彩板夹芯板按功能不同，可分为屋面夹芯板和墙面夹芯板。屋面夹芯板和墙面夹芯板的边缘部位，要设置彩板配件用来防风雨和装饰建筑外形。屋面板配件有屋脊件、封檐件、山墙封边件、高低跨泛水件、天窗泛水件、屋面洞口泛水件等；墙面板配件有转角件、板底泛水件、板顶封边件、门窗洞口包边件等。

彩板连接件常用的有自攻螺钉、拉铆钉和开花螺栓(分为大开花螺栓和小开花螺栓)。板材与承重构件的连接，采用自攻螺钉、大开花螺钉等；板与板、板与配件、配件与配件连接，采用铝合金拉铆钉、自攻螺钉和小开花螺钉等。

屋面工程的施工工序，如图 6.9 所示。墙面板的施工工序与此相似。

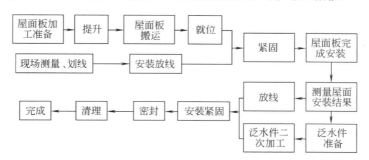

图 6.9　屋面工程的施工工序

1．放线

由于彩板屋面板和墙面板是预制装配结构，故安装前的放线工作对后期安装质量起到保证作用。

(1) 安装放线前先对安装面上的已有建筑成品进行测量，对达不到安装要求的部分进行修改。

(2) 根据排板设计确定排版起始线位置。屋面板施工中，先在檩条上标定出起点，即沿跨度方向在每个檩条上标出排板起点，各个点的连线应与建筑物的纵轴线相垂直，然后在板的宽度方向每隔几块板继续标注一次，以限制和检查板的宽度安装积累偏差，如图 6.10 所示。

墙板安装应用类似的方法放线，此外还应标定其支承面的垂直度，以保证形成垂直的墙面。

(3) 屋面板及墙面板安装完毕后，对配件的安装作二次放线，以保证檐口线、屋脊线、门窗口和转角线等的水平度和垂直度。

2．板材的安装

(1) 实测安装板材的长度，按实测长度核对对应板号板材的设计长度，必要时对板材进行剪裁。

(2) 将提升到屋面的板材按排板起始线放置，并使板材的宽度标志线对准起始线；在板长方向两端排出设计要求的构造长度，如图 6.11 所示。

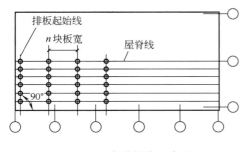

图 6.10　安装放线示意图

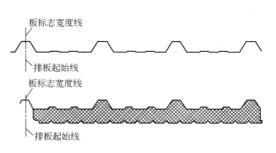

图 6.11　板材安装示意图

(3) 用紧固件紧固板材两端,然后安装第二块板,其安装顺序为先自左(右)至右(左),后自上而下。

(4) 安装到下一放线标志点处时,复查本标志段内板材安装的偏差,满足要求后进行全面紧固。紧固自攻螺钉时应掌握其松紧的程度:过度会使密封垫圈上翻,甚至将板面压得下凹而积水;紧固不够会使密封不到位而出现漏雨。

(5) 安装完后的屋面应及时检查其有无遗漏紧固点。

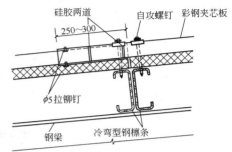

图 6.12 屋面板纵向连接节点

(6) 屋面板的纵、横向搭接,应按设计要求铺设密封条和密封胶,并在搭接处用自攻螺钉或带密封胶的拉铆钉连接,紧固件应设在密封条处。纵向搭接(板短边之间的搭接)时,可在搭接处切掉夹芯板的底板的搭接长度,并除去盖部分的芯材。屋面板纵、横向连接节点的构造如图6.12和图6.13所示。

(7) 墙面板安装。夹芯板用于墙面板时多为平板,一般采用横向布置,节点的构造如图6.14所示。墙面板底面应低于室内地坪30~50mm,且应在底面抹灰找平后安装,如图6.15所示。

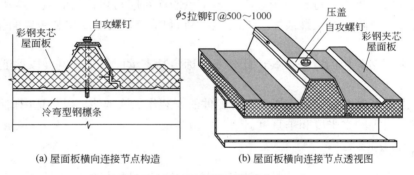

(a) 屋面板横向连接节点构造   (b) 屋面板横向连接节点透视图

图 6.13 屋面板横向搭接节点

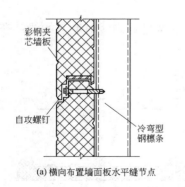 

(a) 横向布置墙面板水平缝节点   (b) 横向布置墙面板竖缝节点

图 6.14 横向布置墙面板水平缝与竖缝节点   图 6.15 墙面基底构造

3．门窗安装

(1)　门窗一般安装在钢墙梁上,如图 6.16 所示。应先安装门窗四角的包边件,并将泛水边压在门窗的外边沿处;然后安装门窗。由于门窗的外廓尺寸要与洞口尺寸紧密配合,所以,一般应控制门窗尺寸比洞口尺寸小 5mm 左右。

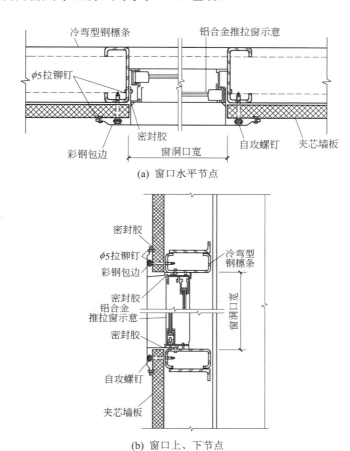

(a) 窗口水平节点

(b) 窗口上、下节点

图 6.16　窗口节点示意图

(2)　门窗就位并做临时固定后,应对门窗的垂直度和水平度进行检查,确认无误后再进行固定。

(3)　门窗安装完毕应用密封胶对其周边进行密封。

4．配件安装

(1)　在安装彩板配件前应在配件的安装处进行二次放线,如屋脊线、檐口线、窗上下口线等。

(2)　安装前检查配件的端头尺寸,挑选与搭接口合适的搭接头。

(3)　安装配件的搭接头时,应在被搭接处涂上密封胶或设置双面胶条,搭接后立即紧固。

(4)　安装配件至拐角处时,应按交接处配件断面形状加工拐角处的接头,以保证拐点处有良好的防水效果和外观效果。

6.5　钢结构涂装工程

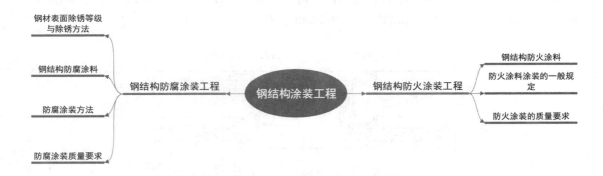

带着问题学知识

高层建筑是如何定义的?

高层建筑结构材料与结构体系分别指的是什么?

高层建筑的楼盖结构是怎么选用的?

高层建筑有怎样的施工特点?

　　钢结构在常温大气环境中安装、使用,易受大气中水分、氧和其他污染物的作用而被腐蚀。钢结构的腐蚀不仅会造成经济损失,还直接影响到结构安全。另外,由于钢材的导热快、比热容小,故虽是一种不燃烧材料,但极不耐火。未加防火处理的钢结构构件在火的作用下,温度上升很快,只需要十几分钟,自身温度就可达 540℃以上,此时钢材的力学性能,如屈服点、抗拉强度、弹性模量及载荷能力等都将急剧下降;达到 600℃时,其强度则几乎为零,钢构件会发生不可避免地扭曲变形,最终导致整个结构垮塌毁坏。因此,根据钢结构所处的环境及工作性能采取相应的防腐与防火措施,是钢结构设计与施工的重要内容。目前国内外主要采用涂料涂装的方法进行钢结构的防腐与防火。

6.5.1　钢结构防腐涂装工程

1. 钢材表面除锈等级与除锈方法

　　钢结构构件制作完毕,经质量检验合格后应进行防腐涂料涂装。涂装前应对钢材表面进行除锈处理,以提高底漆的附着力,保证涂层质量。除锈处理后,钢材表面不应有焊渣、焊疤、灰尘、油污、水和毛刺等。

　　《涂装前钢材表面处理规范》(SY/T 0407—2012)将除锈等级分成喷射或抛射除锈、手工和动力工具除锈、火焰除锈 3 种类型。

　　(1) 喷射或抛射除锈。用字母"Sa"表示,分四个等级。

　　① Sa1。轻度的喷射或抛射除锈,钢材表面无可见的油脂或污垢,没有附着不牢的氧化皮、铁锈和油漆涂层等附着物。

②　Sa2。彻底地喷射或抛射除锈,钢材表面无可见的油脂和污垢,氧化皮、铁锈等附着物已基本消除,其残留物应是牢固附着的。

③　Sa2$\frac{1}{2}$。非常彻底地喷射或抛射除锈,钢材表面无可见的油脂、污垢、氧化皮、铁锈和油漆涂层等附着物,任何残留的痕迹应仅是点状或条状的轻微色斑。

④　Sa3。使钢材表观洁净的喷射或抛射除锈,钢材表面无可见的油脂、污垢、氧化皮、铁锈和油漆涂层等附着物,应显示均匀的金属光泽。

(2) 手工和动力工具除锈。用字母"St"表示,分两个等级。

①　St2。彻底手工和动力工具除锈,钢材表面无可见的油脂和污垢,没有附着不牢的氧化皮、铁锈和油漆涂层等附着物。

②　St3。非常彻底的手工和动力工具除锈,钢材表面应无可见的油脂和污垢,并且没有附着不牢的氧化皮、铁锈和油漆涂层等附着物。St3 除锈应比 St2 更为彻底,底材显露部分的表面应具有金属光泽。

(3) 火焰除锈。以字母"F1"表示,它包括在火焰加热作业后,以动力钢丝刷清除加热后附着在钢材表面的产物。只有一个等级 F1,F1 除锈后,钢材表面应无氧化皮、铁锈和油漆涂层等附着物,任何残留的痕迹应仅为表面变色(不同颜色的暗影)。

喷射或抛射除锈采用的设备有空气压缩机、喷射或抛射机、油水分离器等,该方法能控制除锈质量,获得不同质量要求的表面粗糙度,但设备复杂、费用高、污染环境。手工和动力工具除锈采用的工具有砂布、钢丝刷、铲刀、尖锤、平面砂轮机、动力钢丝刷等,该方法工具简单、操作方便、费用低,但劳动强度大、效率低、质量差。

《钢结构工程施工质量验收标准》(GB 50205—2020)规定,钢材表面的除锈方法和除锈等级应与设计文件采用的涂料相适应。当设计无要求时,钢材表面除锈等级应符合表 6.2 的规定。

目前国内各大、中型钢结构加工企业一般都具备喷、抛射除锈的能力,所以应将喷、抛射除锈作为首选的除锈方法,而手工和电动工具除锈仅作为喷射除锈的补充手段。随着科学技术的不断发展,不少喷射、抛射除锈设备已采用微机控制,具有较高的自动化水平,并配有有效除尘器,可以消除粉尘污染。

表 6.2　各种底漆或防锈漆要求最低的除锈等级

涂料品种	除锈等级
油性酚醛、醇酸等底漆或防锈漆	St2
高氯化聚乙烯、氯化橡胶、氯磺化聚乙烯、环氧树脂、聚氨酯等底漆或防锈漆	Sa2
无机富锌、有机硅、过氧乙烯等底漆	Sa2$\frac{1}{2}$

2. 钢结构防腐涂料

钢结构防腐涂料是一种含油或不含油的胶体溶液,涂敷在钢材表面,结成一层薄膜,使钢材与外界腐蚀介质隔绝。钢结构防腐涂料分底漆和面漆两种。

底漆是直接涂在钢材表面上的漆、含粉料多、基料少,成膜粗糙,与钢材表面黏结力强，与面漆结合性好。

面漆是涂在底漆上的漆，含粉料少、基料多，成膜后有光泽，主要功能是保护下层底漆。面漆对大气和湿气有高度的不渗透性，并能抵抗腐蚀性介质的侵蚀、阳光紫外线所引起的风化分解。

钢结构的防腐涂层可由几层不同的涂料组合而成，涂料的层数和总厚度根据使用条件来确定，一般室内钢结构要求涂层总厚度为 125μm，即底漆和面漆各两道。高层建筑钢结构一般处在室内环境中，而且要喷涂防火涂层，所以通常只刷两道防锈底漆。

3．防腐涂装方法

钢结构防腐涂装，常用的施工方法有刷涂法和喷涂法两种。

(1) 刷涂法。应用较广泛，适宜于油性基料刷涂。虽然油性基料干燥得慢，但渗透性大，流动性好，不论面积大小，刷起来都会平滑流畅。一些形状复杂的构件，使用刷涂法也比较方便。

(2) 喷涂法。喷涂法施工工效高，适合于大面积施工，对于快干和挥发性强的涂料尤为适合。喷涂的漆膜较薄，为了达到设计要求的厚度，有时需要增加喷涂的次数。喷涂施工比刷涂施工损耗大，一般要增加 20%左右的涂料。

4．防腐涂装质量要求

(1) 涂料、涂装遍数、涂层厚应均符合设计要求。当设计对涂层厚度无要求时，涂层干漆膜总厚度：室外应为 150μm，室内应为 125μm，其允许偏差为-25μm。每遍涂层干漆膜厚度的允许偏差为-5μm。

(2) 配制好的涂料不宜存放过久，应在使用当天配制。稀释剂的使用应按说明书的规定执行，不得随意添加。

(3) 涂装时的环境温度和相对湿度应符合涂料产品说明书的要求，当产品说明书无要求时，环境温度宜在 5℃～38℃之间，相对湿度不应大于 85%。涂装时构件表面不应有结露，涂装后 4h 内应保护构件免受雨淋。

(4) 施工图中注明不涂装的部位不得涂装。焊缝处、高强度螺栓摩擦面处暂不涂装，待现场安装完后，再对焊缝及高强度螺栓接头处补刷防腐涂料。

(5) 涂装应均匀，无明显起皱、流挂、针眼和气泡等，附着应良好。

(6) 涂装完毕后，应在构件上标注构件的编号。大型构件应标明其重量、构件重心位置和定位标记。

6.5.2　钢结构防火涂装工程

具体内容详见右侧二维码。

钢结构防火
涂装工程

6.6　实　训　练　习

一、单选题

1.(　　)是钢结构连接采用的最主要方法之一。

A. 焊接　　　　B. 起吊　　　　　C. 普通螺栓连接　　　D. 高强度螺栓连接

2. 焊接顺序确定，一般从焊件的(　　)扩展，先焊收缩量大的焊缝，后焊收缩量小的焊缝；尽量对称施焊；焊缝相交时，先焊纵向焊缝，待冷却至常温后，再焊横向焊缝；钢板较厚时分层施焊。

   A. 从四周向中心　　　　　　B. 从左边到右边
   C. 从右边到左边　　　　　　D. 中心开始向四周

3. 高强度螺栓连接施工安装要点中，对每个被抽查节点应按螺栓数10%抽查，且不应少于(　　)个螺栓。

   A. 1　　　　　B. 2　　　　　C. 3　　　　　　　D. 4

4. 一般钢结构标准单元施工顺序(　　)。

   A. 柱和梁安装→安装楼梯→安装次梁→有段设备材料提升→升塔吊→下一个循环
   B. 柱和梁安装→安装楼梯→安装次梁→升塔吊→下一个循环→有段设备材料提升
   C. 柱和梁安装→安装次梁→安装楼梯→安装次梁→有段设备材料提升→升塔吊→下一个循环
   D. 柱和梁安装→安装楼梯→安装次梁→有段设备材料提升→下一个循环→升塔吊

5. 火焰除锈。以字母(　　)表示，它包括在火焰加热作业后，以动力钢丝刷清除加热后附着在钢材表面的产物。

   A. O1　　　　B. M1　　　　C. E1　　　　　D. F1

二、多选题

1. 钢结构构件的制作一般在工厂进行，包括(　　)等工艺过程。
   A. 放样、划线　　　B. 切割下料、边缘加工　　　C. 矫正平直
   D. 滚圆与煨弯　　　E. 零件的制孔

2. 钢材切割下料方法有(　　)。
   A. 气割　　　　　B. 机械剪切　　　　C. 锯切
   D. 划线　　　　　E. 边缘加工

3. 钢结构防腐涂装，常用的施工方法有(　　)。
   A. 粘贴法　　　　B. 弹涂法　　　　C. 滚涂法
   D. 刷涂法　　　　E. 喷涂法

4. 刚架斜梁一般采用立放拼接，拼装程序包含有(　　)。
   A. 拼接的单元放在拼装平台上找平　　　B. 拉通线
   C. 安装普通螺栓定位与安装高强度螺栓　　D. 复核尺寸
   E. 切割下料

5. 关于钢梁的安装与校正，下列说法正确的是(　　)。
   A. 钢梁安装时，同一列柱，应先从中间跨开始对称地向两端扩展；同一跨钢梁，应先安上层梁再安中下层梁
   B. 在安装和校正柱与柱之间的主梁时，可先把柱子撑开，跟踪测量、校正，预留接头焊接收缩量，这时柱产生的内力在焊接完毕焊缝收缩后也就消失了
   C. 一节柱的各层梁安装好后，应先焊上层主梁后焊下层主梁，以使框架稳固，便于施工。一节柱(3层)的竖向焊接顺序是：上层主梁→下层主梁→中层主梁→上柱

与下柱焊接

D. 钢梁安装时，同一列柱，应先从中间跨开始对称地向两端扩展；同一跨钢梁，应先安下层梁再安上层梁

E. 一节柱的各层梁安装好后，应先焊上层主梁后焊下层主梁，以使框架稳固，便于施工。一节柱(3层)的竖向焊接顺序是：上层主梁→中层主梁→下层主梁→上柱与下柱焊接

三、简答题

1. 钢结构构件加工制作前进行图纸审查的目的是什么？主要包括哪些内容？

2. 什么叫放样、划线？零件加工主要有哪些工序？

3. 钢构件组装的一般要求是什么？

4. 钢结构焊接的类型主要有哪些？简述钢结构焊接的工艺要点。

5. 高强度螺栓主要有哪两种类型？简述高强度螺栓连接的安装工艺和紧固方法。

6. 简述多层及高层钢结构安装施工流水段的划分原则及构件安装顺序。

7. 多层及高层钢结构构件是如何进行吊点设置与起吊的？

8. 简述多层及高层钢结构构件安装与校正的方法。

9. 简述多层及高层钢结构工程楼层压型钢板安装工序。

10. 简述门式刚架结构的安装工艺流程。

11. 简述彩板围护结构屋面板的安装工序。

12. 钢材表面除锈等级分为哪3种类型？

13. 钢结构防火涂料按涂层的厚度分为哪两类？主要施工方法是什么？

JS06 课后答案

实训工作单

班级		姓名		日期	
教学项目		钢结构工程			
任务	熟悉并掌握钢结构工程的相关知识点		方式		文献、资料、实际施工组织设计，参考、学习总结
相关知识	钢结构构件的加工制作； 钢结构连接施工； 多层及高层钢结构工程； 轻型门式钢结构工程； 钢结构涂装工程				
其他要求					

学习总结编制记录

评语				指导教师	

第 7 章　高层建筑主体结构工程

学习目标

(1) 了解高层建筑的基础知识及施工特点。

(2) 熟悉高层建筑施工用外脚手架的构造特点和搭设要求。

(3) 了解高层混凝土主体结构施工中，用于浇筑大空间水平构件的台模、密肋楼盖模壳，及用于浇筑竖向构件的大模板、滑动模板、爬升模板等成套模板施工技术。

JS07 拓展资源

教学要求

章节知识	掌握程度	相关知识点
高层建筑基础知识及特点	了解高层建筑的基础知识及施工特点	高层建筑的定义、结构材料与结构体系、楼盖结构及施工特点等
高层建筑施工用外脚手架的特点及要求	熟悉高层建筑施工用外脚手架的构造特点和搭设要求	悬挑式外脚手架、附着式脚手架和悬吊式脚手架的定义等
成套模板技术	了解高层混凝土主体结构施工中的成套模板施工技术	主体架构施工、楼板结构施工等

思政目标

建筑结构作为建筑的重要支撑，建筑结构设计越来越受到设计部门和建筑商的重视。随着社会的发展，建筑设计会遇到更多新的问题，只要正确运用理论知识和秉持严谨的工作态度，一切问题都将会迎刃而解。

案例导入

我们的日常生活中不难见到高层的建筑结构。在外出游玩或者临时出差时可能住进几十层楼的大酒店，甚至在大都市的小区中高层的公寓也经常见到。那么这些摩天大楼究竟是如何被建造而成的呢？

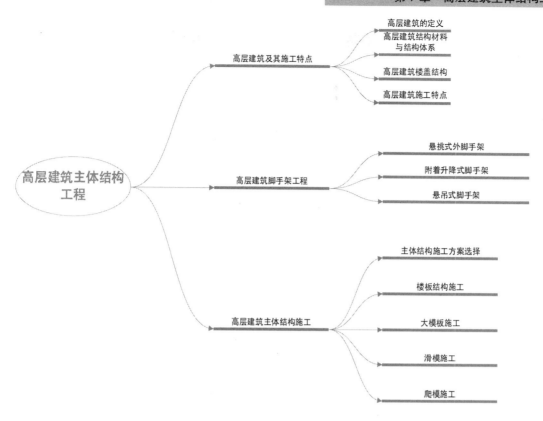

7.1　高层建筑及其施工特点

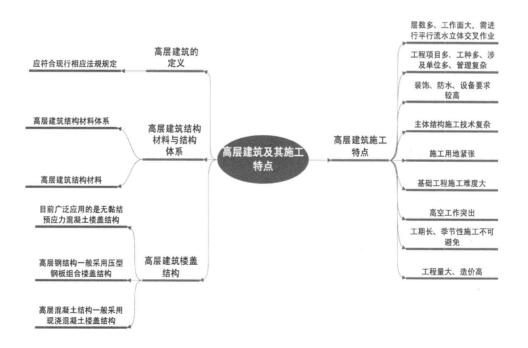

带着问题学知识

高层建筑是如何定义的?

高层建筑结构材料与结构体系指的分别是什么?

高层建筑的楼盖结构是怎么选用的?

高层建筑有怎样的施工特点?

高层建筑是城市化、工业化和科学技术发展的产物。城市工商业的迅速发展、人口的猛增、建设用地的日渐紧张等促使建筑向空中发展。而我国高层建筑的大规模建设，也标志着我国的施工技术和施工能力又上了一个新的台阶。

7.1.1 高层建筑的定义

高层建筑的定义在不同的国家和地区有不同的理解，而且从不同的角度，如结构、消防和运输来看，也会得出不同的结论。1972 年召开的国际高层建筑会议将高层建筑定义如下。

第一类高层建筑：9～16 层 (最高到 50m)。

第二类高层建筑：17～25 层 (最高到 75m)。

第三类高层建筑：26～40 层 (最高到 100m)。

第四类高层建筑：超高层建筑，40 层以上(高度在 100m 以上)。

我国《高层建筑混凝土结构技术规程》(JGJ 3—2010)规定(2021 年有新的技术规程，但是工标网上没有明确发布部门，其名称为《高层建筑混凝土结构技术规程》(SJG 98—2021))，10 层及 10 层以上或房屋高度 28m 以上的住宅建筑结构和房屋高度大于 24m 的其他高层民用建筑结构为高层建筑。

7.1.2 高层建筑结构材料与结构体系

1. 高层建筑结构材料

高层建筑主要以钢筋混凝土和钢材为结构材料。高层建筑按结构材料分，有钢筋混凝土结构、钢结构、钢—混凝土组合结构和混合结构等。

国内高层建筑大部分采用的是钢筋混凝土结构，其次是钢-混凝土组合结构和混合结构，用得最少的是钢结构。由于钢-混凝土组合结构和混合结构具有优越的经济效益和结构性能，将是今后国内外高层建筑采用的主要结构形式。

钢-混凝土组合结构是指在同一个结构部位采用不同的结构材料形成的结构形式，如型钢混凝土结构、钢管混凝土结构等。混合结构是指在同一座高层建筑的不同部位采用不同的结构材料形成的结构形式，如钢框架与混凝土核心筒组成的框筒结构体系等。

2. 高层建筑结构体系

高层建筑按结构体系分主要有框架结构体系、框架-剪力墙结构体系、剪力墙结构体系、框肢剪力墙结构体系、框架-筒体结构体系和筒体结构体系等，如图 7.1 所示。

高层建筑-框架体系

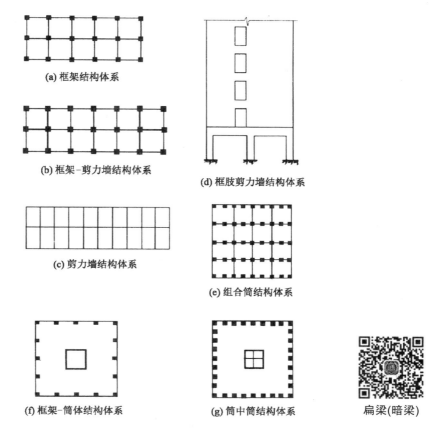

(a) 框架结构体系

(b) 框架-剪力墙结构体系

(c) 剪力墙结构体系

(d) 框肢剪力墙结构体系

(e) 组合筒结构体系

(f) 框架-筒体结构体系

(g) 筒中筒结构体系

扁梁(暗梁)

图 7.1　高层建筑结构体系

框架结构体系和框架剪力墙结构体系适用于各类公共建筑，并向大柱网、扁梁(暗梁)发展；剪力墙结构体系适用于高层住宅，并向大开间、少内纵墙和短肢剪力墙发展；框肢剪力墙结构体系适用于商住楼、旅馆等需要设置底部大空间的高层建筑；筒体结构体系主要用于高耸的塔形建筑，其外柱柱距逐步加大，形成框架-筒体结构体系，以满足建筑要求。由于框架-筒体结构和筒体结构体系具有良好的水平刚度，并能形成较大空间，故适用于高度在 100m 以上的超高层建筑。

7.1.3　高层建筑楼盖结构

由于高层建筑层数多、高度大，因此对楼盖结构要求也高。高层混凝土结构一般采用现浇混凝土楼盖结构；高层钢结构通常采用压型钢板组合楼盖结构。现浇楼盖结构按梁系布置方式的不同，又可分为肋梁楼盖、井格梁楼盖、密肋楼盖和无梁楼盖等。随着预应力混凝土技术的不断发展，为了克服普通钢筋混凝土楼盖用料多、自重大的缺点，目前无黏结预应力混凝土楼盖正在被广泛应用。

无黏结预应力混凝土楼盖能够满足大跨度、大空间结构灵活使用的要求，不仅可用于现浇框架结构，还可用于大开间剪力墙结构和筒体结构等。无黏结预应力混凝土结构施工见 4.5.3 小节内容。

在压型钢板与混凝土组合楼盖结构中，压型钢板既用于永久性模板，又充当楼板底面的受拉钢筋，与混凝土共同承担楼面荷载。压型钢板作为模板，可省去支模、拆模工序，方便施工，充分发挥了钢结构快速施工的特点。楼层压型钢板的安装施工见 6.3.4 小节内容。

7.1.4　高层建筑施工特点

1. 工程量大、造价高

我国当前每栋高层建筑平均建筑面积为 14 620 m²，相当于全部竣工工程平均每栋建筑面积 3110 m² 的 4.7 倍，实际工程量还大于此倍数。高层建筑平均造价比全部竣工工程平均造价贵 47%～67%。

2. 工期长、季节性施工(雨期施工、冬期施工)不可避免

我国全部竣工建筑单栋工期平均为 10 个月左右，高层建筑平均工期为 2 年左右。因此，必须充分利用全年时间，合理部署，才能缩短工期。

3. 高空作业突出

高空作业要重点解决好材料、制品、机具设备和人员的垂直运输问题。在施工全过程中，要认真做好高空安全保护、防火、用水、用电、通信、临时厕所等问题，防止物体坠落打击等事故。

4. 基础工程施工难度大

高层建筑基础的埋深越来越大，施工复杂性日益突出，造价进一步提高，不论是筏形基础、箱形基础，还是桩基复合基础，都有较厚的钢筋混凝土底板，属于大体积混凝土结构，其施工技术和施工组织也都比一般混凝土结构复杂。

5. 施工用地紧张

高层建筑一般在市区施工，施工用地紧张，因此要尽量压缩现场暂设工程，减少现场材料、制品、设备储存量，根据现场条件合理选择机械设备，充分利用工厂化、商品化成品。

6. 主体结构施工技术复杂

目前国内高层建筑以现浇钢筋混凝土结构为主，并逐步在向钢结构、钢-混凝土组合结构和混合结构发展，因此需要着重研究各种工业化模板、钢筋连接、高性能混凝土配制与运输及钢结构安装等施工技术。

7. 装饰、防水、设备要求较高

为了美化街景、丰富城市面貌，高层建筑的立面处理要求高，深基础、地下室、墙面、屋面、厨房、卫生间的防水和管道冷凝水要处理好。高层建筑的设备繁多，高级装修装饰多，从施工前期就要安排好加工订货，在结构施工阶段就要提前插入装修设备进行施工，保证施工质量。

8. 工程项目多、工种多、涉及单位多、管理复杂

大型复杂的高层建筑，总、分包牵涉单位多，协作关系涉及许多部门，必须精心施工，加强集中管理。

9. 层数多、工作面大，需进行平行流水立体交叉作业

高层建筑标准层占主体工程的主要部分，设计基本相同，便于组织逐层循环流水作业。同时高层建筑工作面大，装修设备工程可以在结构施工阶段较早插入，便于进行立体交叉作业。

7.2　高层建筑脚手架工程

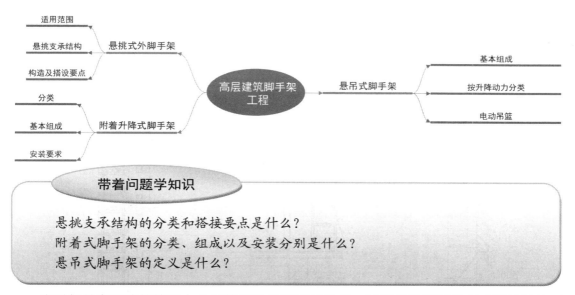

带着问题学知识

悬挑支承结构的分类和搭接要点是什么？
附着式脚手架的分类、组成以及安装分别是什么？
悬吊式脚手架的定义是什么？

脚手架是高层建筑施工中必须使用的重要工具设备，特别是外脚手架在高层建筑施工中占有相当重要的位置，它使用量大、技术要求复杂，对施工人员的安全、工程质量、施工进度、工程成本以及邻近建筑物和场地影响都很大，与多层建筑施工用的外脚手架比较有许多不同之处，对其选型、设计计算、构造和安全技术有着严格的要求。

高层建筑施工用外脚手架主要有悬挑式脚手架、附着升降式脚手架、悬吊式脚手架等。

7.2.1　悬挑式外脚手架

悬挑式外脚手架是利用建筑结构外边缘向外伸出的悬挑结构来支承外脚手架，将脚手架的荷载全部或部分传递给建筑结构。

1. 适用范围

在高层建筑施工中，遇到以下三种情况时，可采用悬挑式外脚手架。

(1)　±0.000 以下结构工程回填土不能及时回填，而主体结构工程必须立即进行，否则将影响工期。

(2)　高层建筑主体结构四周为裙房，脚手架不能直接支承在地面上。

(3)　超高层建筑施工，脚手架搭设高度超过了架子的允许搭设高度，因此将整个脚手架按允许搭设高度分成若干段，每段脚手架支承在由建筑结构向外悬挑的结构上。

2．悬挑支承结构

悬挑支承结构主要有以下两类。

(1) 用型钢作梁挑出，端头加钢丝绳(或用钢筋花篮螺栓拉杆)斜拉，组成悬挑支承结构。由于悬出端支承杆件是斜拉索(或拉杆)，又简称为斜拉式支承结构，如图 7.2(a)和图 7.2(b)所示。斜拉式悬挑外脚手架悬出端支承杆件的承载能力由拉杆的强度控制，因此断面较小、能节省钢材且自重轻。

(2) 用型钢焊接的三角桁架作为悬挑支撑结构，悬出端的支撑杆件是三角斜撑压杆，故又称为下撑式支承结构，如图 7.2(c)所示。下撑式悬挑外脚手架悬出端斜撑受压杆的承载能力由压杆稳定性控制，因此断面较大，钢材用量较多。

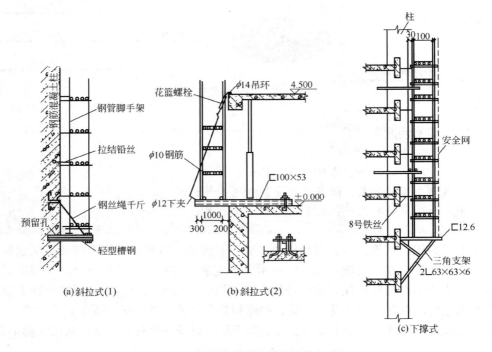

(a) 斜拉式(1)　　　　(b) 斜拉式(2)　　　　(c) 下撑式

图 7.2　悬挑支承结构的结构形式

3．构造及搭设要点

(1) 悬挑支承结构的做法。

① 斜拉式支承结构可在楼板上预埋钢筋环，将外伸钢梁(工字钢、槽钢等)插入钢筋环内固定；或将钢梁一端埋置在墙体结构的混凝土内。外伸钢梁另一端加钢丝绳斜拉，钢丝绳固定到预埋在建筑物内的吊环上。

② 下撑式支承结构可将钢梁一端埋置在墙体结构的混凝土内，另一端利用钢管或角钢制作的斜杆连接，斜杆下端焊接到混凝土结构中的预埋钢板上，如图 7.3 所示。当结构中钢筋过密，挑梁无法埋入时，可采用预埋件，将挑梁与预埋件焊接。预埋件的锚固筋要采用锚塞焊，并由计算确定。

③ 根据结构情况和工地条件采用其他可靠的形式与结构连接。

(2) 当支承结构的纵向间距与上部脚手架立杆的纵向间距相同时，立杆可直接支承在悬挑的支承结构上；当支承结构的纵向间距大于上部脚手架立杆的纵向间距时，则立杆应支承在设置于两个支承结构之间的两根纵向钢梁上。

(3) 上部脚手架立杆与支承结构应有可靠的定位连接措施，以确保上部架体的稳定。通常在挑梁或纵向钢梁上焊接 150～200mm、外径 ϕ40mm 的短钢管，将立杆套在短钢管上顶紧固定，并同时在立杆下部设置扫地杆。

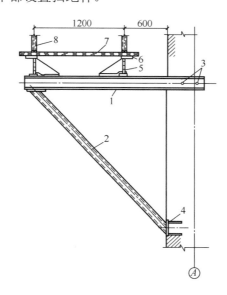

图 7.3　三角桁架式挑梁

1—型钢挑架；2—圆钢管斜杆；3—埋入结构内的钢挑梁端部穿以钢筋增加锚固；
4—预埋件；5—纵向钢梁；6—压板；7—槽钢横梁；8—脚手架立柱

(4) 悬挑支承结构以上部分的脚手架搭设方法与一般外脚手架相同，并按要求设置连墙杆。悬挑脚手架的高度(或分段的高度)不得超过 25m。

(5) 悬挑脚手架的外侧立面一般均应采用密目网(或其他围护材料)全封闭围护，以确保架上人员的操作安全和避免物件坠落。

(6) 新设计组装或加工的定型脚手架段，在使用前应进行不低于 1.5 倍使用施工荷载的静载试验和起吊试验，试验合格(未发现焊缝开裂、结构变形等情况)后方能投入使用。

(7) 塔式起重机应具有满足整体吊升(降)悬挑脚手架段的起吊能力。

(8) 必须设置可靠的人员上下的安全通道(出入口)。

(9) 使用中应经常检查脚手架段和悬挑支承结构的工作情况，当发现异常时，要及时停止作业，进行检查和处理。

7.2.2　附着升降式脚手架

附着升降式脚手架，是指脚手架仅需搭设一定高度并附着于工程结构上，依靠自身的升降设备和装置，随工程结构施工逐层爬升，并能实现下降作业的外脚手架。这种脚手架适用于现浇钢筋混凝土结构的高层建筑。

建住部于 2000 年 9 月颁布了《建筑施工附着升降脚手架管理暂行规定》(建〔2000〕230号)，对附着升降脚手架的设计计算、构造装置、加工制作、安装、使用、拆卸和管理等都

做了明确的规定。强调对从事附着升降式脚手架工程的施工单位实行资质管理，未取得相应资质证书则不得施工；对附着升降式脚手架实行认证制度，即所使用的附着升降脚手架必须经过国家建设行政主管部门组织鉴定或者委托具有资质的单位进行认证。

1. 分类

附着升降脚手架按爬升构造方式，可分为导轨式、主套架式、悬挑式、吊拉式(互爬式)等(见图 7.4)。其中主套架式、吊拉式采用分段升降方式；悬挑式、导轨式既可采用分段升降，也可采用整体升降。无论采用哪一种附着升降式脚手架，其技术关键如下。

(1) 与建筑物有牢固的固定措施。
(2) 升降过程均有可靠的防倾覆措施。
(3) 设有安全防坠落装置和措施。
(4) 具有升降过程中的同步控制措施。

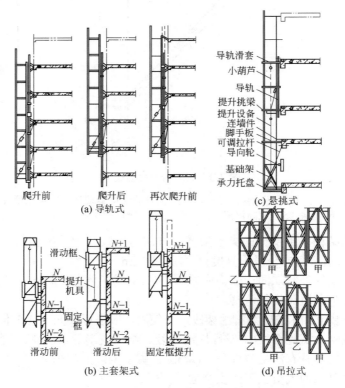

图 7.4　几种附着升降脚手架示意图

2. 基本组成

附着升降式脚手架主要由架体结构、附着支撑、升降装置、安全装置等组成，如图 7.5所示。

1) 架体结构

架体常用桁架作为底部的承力装置，桁架两端支承于横向刚架或托架上，横向刚架又通过与其连接的附墙支座固定于建筑物上。架体本身一般均采用扣件式钢管搭设，架高不应大于楼层高度的 5 倍，架宽不宜超过 1.2m，分段单元脚手架长度不应超过 8m。主要构件有立杆、纵横向水平杆、斜杆、剪刀撑、脚手板、梯子、扶手等。脚手架的外侧设密目式安全网进行全封闭，每步架设防护栏杆及挡脚板，底部满铺一层固定脚手板。整个架体的作用是提供操作平台、物料搬运、材料堆放、操作人员通行和安全防护等。

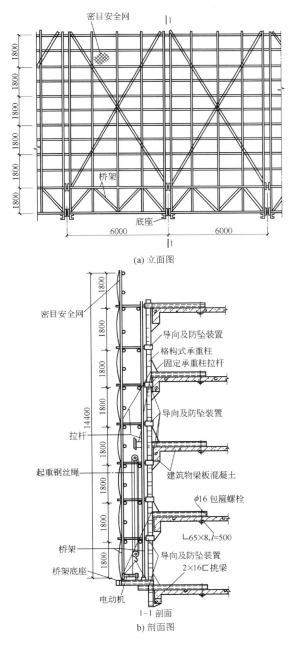

图 7.5 附着升降脚手架立面图、剖面图

2) 爬升机构

爬升机构是实现架体升降、导向、防坠、固定提升设备、连接吊点和架体通过横向刚架与附墙支座连接等的设备，它的作用主要是进行可靠的附墙和保证将架体上的恒载与施工活荷载安全、迅速、准确地传递到建筑结构上。

手拉葫芦

3） 动力及控制设备

提升用的动力设备主要有手拉葫芦、环链式电动葫芦、液压千斤顶、螺杆升降机、升板机、卷扬机等。目前采用电动葫芦者居多，原因是其使用方便、省力、易控。当动力设备采用电控系统时，一般均采用电缆将动力设备与控制柜相连，并用控制柜进行动力设备控制；当动力设备采用液压系统控制时，一般则采用液压管路与动力设备和液压控制台相连，然后液压控制台再与液压源相连，并通过液压控制台对动力设备进行控制。总之，动力设备的作用是为架体实现升降提供动力的。

4） 安全装置

(1) 导向装置。其作用是约束架体前后、左右对水平方向的位移，限定架体只能沿垂直方向运动，并防止架体在升降过程中晃动、倾覆和向水平方向错动。

(2) 防坠装置。其作用是在动力装置本身的制动失效、起重钢丝绳或吊链突然断裂和梯吊梁掉落等情况发生时，能在瞬间推确，迅速锁住架体，防止其下坠造成人员伤亡事故发生。

(3) 同步提升控制装置。其作用是在架体升降过程中，控制各提升点保持在同一水平位置上，防止因架体本身与附墙支座的固定螺栓产生次应力和超载而发生伤亡事故。

3. 安装要求

具体内容详见右侧二维码。

3. 安装要求

7.2.3 悬吊式脚手架

悬吊式脚手架又称吊篮，它结构轻巧、操纵简单，安装、拆除速度快，升降和移动方便，在玻璃和金属幕墙的安装，外墙钢窗及装饰物的安装，外墙面涂料施工和外墙面的清洁、保养、修理等作业中得到广泛应用，它也适用于外墙面其他装饰施工。

吊篮是从结构顶层伸出挑梁，挑梁的一端与建筑结构连接固定，伸出端通过滑轮和钢丝绳悬挂吊篮。

吊篮按升降的动力分类，有手动和电动两类。前者利用手扳葫芦进行升降，后者利用特制的电动卷扬机进行升降。

手动吊篮多为工地自制，由吊篮、手扳葫芦、吊篮绳、安全绳、保险绳和悬挑刚架等组成，如图 7.6 所示。

吊篮结构可由薄壁型钢组焊而成，也可由钢管扣件组搭而成；可设置单层工作平台，也可设置双层工作平台，工作平台宽度为 1m，每层允许荷载为 7000N；双层平台吊篮自重约 600kg，可容纳 4 人同时作业。

电动吊篮多为定型产品，由吊篮结构、吊挂、电动提升机构、安全装置、控制柜、靠墙托轮系统及屋面悬挑系统等部件组成。吊篮本身采用组合结构，其标准段分为 2m、2.5m 及 3m 几种不同长度，根据需要可拼装成 4m、5m、6m、7m、7.5m、9m、10m 等不同长度。吊篮脚手骨架用型钢或镀铸钢管焊成。瑞典产的 ALIMAK-BA401 吊篮脚手架如图 7.7 所示。

电动吊篮的提升机构由电动机、制动器、减速器、压绳和绕绳机构组成。电动吊篮装有可靠的安全装置，通常称为安全锁或限速器。当吊篮下降速度超过 1.6～2.5 倍额定提升速度时，该安全装置便会自动地刹住吊篮，不使吊篮继续下降，从而保证施工人员的安全。

电动吊篮的屋面挑梁系统可分为简单固定式挑梁系统、移动式挑梁系统和装配式桁架台车挑梁系统 3 类。在构造上，各种屋面挑梁系统基本上均由挑梁、支柱、配重架、配重块、加强臂附加支杆以及脚轮或行走台车组成。挑梁系统采用型钢焊接结构，其悬挑长度、前后支腿距离、挑梁支柱高度均是可调的，因而能灵活地适应不同屋顶结构以及不同立面造型的需要，如图 7.8 所示。

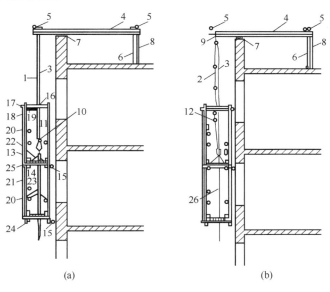

(a)　　　　　　　　　　　　　　　　(b)

图 7.6　吊篮构造

1—钢丝绳；2—链杆式链条；3—安全绳；4—挑梁；5—连接挑梁水平杆；6—挑梁与建筑物固定立杆；
7—垫木；8—临时支柱；9—固定链杆式链条钢丝绳；10—固定吊篮与安全绳的短钢丝绳；11—手扳葫芦；
12—手拉葫芦；13—挡脚板；14—工作平台；15—护墙轮；16—护头棚；17，25—横向水平杆；
18，24—纵向水平杆；19—立杆；20—正面斜撑；21—安全网；22—吊篮吊钩；23—护身栏；26—吊篮架体

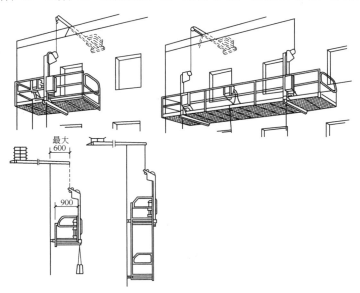

图 7.7　瑞典产 ALIMAK-BA401 吊篮脚手架

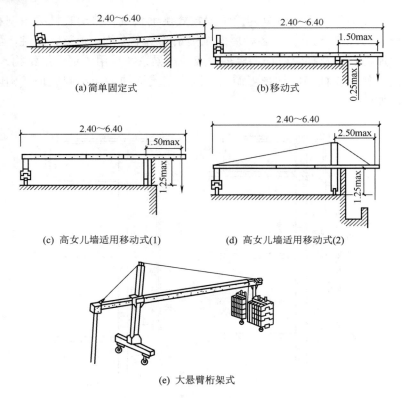

(a) 简单固定式　　　　　(b) 移动式

(c) 高女儿墙适用移动式(1)　　　(d) 高女儿墙适用移动式(2)

(e) 大悬臂桁架式

图7.8　屋面挑梁系统构造示意

7.3　高层建筑主体结构施工

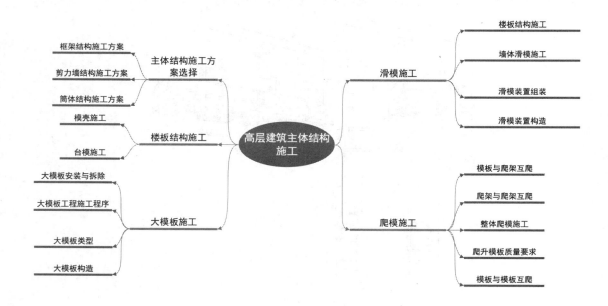

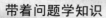

带着问题学知识

主体结构的施工方案有哪些？

楼板结构施工所用的模板的分类和作用是什么？

大模板施工的施工工序是什么？

滑模施工具有怎样的工艺特点？

爬模施工的定义是什么？

我国的高层建筑在相当长的时期内是以钢筋混凝土结构为主，而高层钢筋混凝土主体结构施工最为关键的又是混凝土的成型。因此，本节着重研究高层混凝土主体结构施工中，用于浇筑大空间水平构件的台模、密肋楼盖模壳以及用于浇筑竖向构件的大模板、滑动模板、爬升模板等成套模板的施工技术。

高层混凝土主体结构施工应符合《混凝土结构工程质量验收规范》(GB 50204—2015)、《高层建筑混凝土结构技术规程》(JGJ 3—2010)及其他规范、规程的规定。

7.3.1　主体结构施工方案选择

1．框架结构施工方案

现浇框架结构的板、梁、柱混凝土均采用在施工现场就地浇筑的施工方法。这种方法整体性好、适应性强，但施工现场工作量大，需要大量的模板，并需解决好钢筋的加工成型和现浇混凝土的拌制、运输、浇筑、振捣、养护等问题。现浇框架结构柱、梁模板可采用组合式钢模板、胶合板模板散装散拆或整装散拆，也可采用滑模施工。采用组合式模板进行楼盖模板支设时，还可利用早拆模板体系，加快模板的周转利用。

2．剪力墙结构施工方案

现浇剪力墙结构可采用大模板、滑动模板、爬升模板、隧道模等成套模板施工工艺。

(1) 大模板工艺广泛用于现浇剪力墙结构施工中，具有工艺简单、施工速度快、结构整体性好、抗震性能强、装修湿作业少、机械化施工程度高等优点。大模板建筑的内承重墙均用大模板施工，外墙逐步形成现浇、预制和砌筑 3 种做法，楼板可根据不同情况采用预制、现浇或预制和现浇相结合的方法。

(2) 滑动模板工艺用于现浇剪力墙结构施工中，结构整体性好、施工速度快。楼板一般为现浇，也可以采用预制。

(3) 爬升模板工艺兼有大模板墙面平整和滑模在施工过程中不支拆模板、速度快的优点。

(4) 隧道模板是将承重墙体施工和楼板施工同时进行的全现浇工艺，做到一次支模一次浇筑成型。因此，结构整体性好，墙体和顶板平整。

3．筒体结构施工方案

钢筋混凝土筒体的竖向承重结构均采用现浇工艺，以确保高层建筑的结构整体性。模板可采用工具式组合模板、大模板、滑动模板或爬升模板。

内筒与外筒(柱)之间的楼板跨度常达 8～12m,一般采用现浇混凝土楼板或以压型钢板、混凝土薄板作永久性模板的现浇叠合楼板,也有采用预制肋梁现浇叠合楼板的。

7.3.2　楼板结构施工

高层建筑楼板结构施工所用的模板有台模、模壳、永久性模板(包括预制薄板和压型钢板)等。这些模板的共同特点是安装、拆模迅速,人力消耗少,劳动强度低。下面主要介绍台模和模壳施工。

1. 台模施工

台模也称飞模,是一种由平台板、梁、支架、支撑、调节支腿及配件组成的工具式模板,适用于高层建筑大柱网、大空间的现浇钢筋混凝土楼盖施工,尤其适用于无柱帽的无梁楼盖结构。它可以整体支设、脱模、运转,并借助起重机械从浇筑完的楼盖下飞出,转移到上一层重复使用。

台模的规格尺寸主要根据建筑物结构的开间(柱网)和进深尺寸以及起重机械的吊运能力来确定。一般按开间(柱网)进深尺寸设置一台或多台。

台模的类型较多,大致分为立柱式、桁架式、悬架式 3 类。

1) 立柱式台模

立柱式台模包括钢管组合式台模和门架式台模等,是台模最基本的类型,应用比较广泛。立柱式台模承受的荷载由立柱直接传给楼面。

图 7.9 所示是由组合钢模板、钢管脚手架组装的台模。台模安装就位后,用千斤顶调整标高,然后在立柱下垫上垫块并楔入木楔。拆模时,用千斤顶顶住台模,撤去垫块和木模,随即装上车轮,然后将台模推至楼层外侧临时搭设的平台上,再用起重机吊运至下一施工位置。

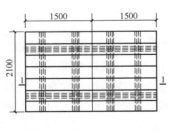

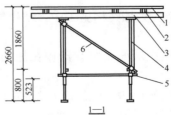

图 7.9　钢管组合式台模

1—组合钢模板;2—次梁;3—主梁;4—立柱;5—水平撑;6—斜撑

图 7.10 所示是用门架组装的台模。每两个相对门架间用钢管剪刀撑连成整体；沿房间进深方向，各对门架之间也用钢管斜撑相连；台模外侧安装有栏杆，护身栏杆高出楼面1.2m。拆模时，留四个底托不动，其余底托全部松开，并升起挂住。在留下的四个底托处安放四个挂架，每个挂架挂一个手拉葫芦，手拉葫芦的吊钩吊住通长的下角钢，适当拉紧，松开四个留下的底托，使台模面板脱离混凝土。放松手拉葫芦，使台模落在地滚轮上，将台模向外推出，至塔式起重机吊住外侧吊环，继续外推，直到塔式起重机吊住内侧吊环，将台模吊起，运到下一施工位置。

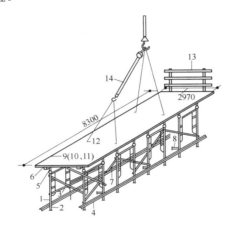

图 7.10 门架式台模

1—门架(下部安装连接件)；2—底托(插入门架)；3—交叉拉杆；4—通长角钢；5—顶托；6—大龙骨；7—人字支撑；8—水平拉杆；9—小龙骨；10—木板；11—薄钢板；12—吊环；13—护身栏；14—电动环链

2) 桁架式台模

桁架式台模是将台模的面板和龙骨放置在两榀或多榀上下弦平行的桁架上，以桁架作为台模的竖向承重构件，如图 7.11 所示。适用于大柱网(大开间)、大进深、无柱帽的板柱(板墙)结构施工。

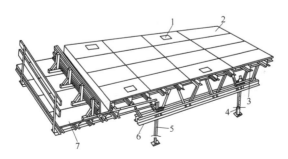

图 7.11 桁架式台模

1—吊装盒；2—面板；3—龙骨；4—底座；5—可调钢支腿；6—铝合金桁架；7—操作平台

3) 悬架式台模

这是一种无支腿式台模，即台模不是支设在楼面上，而是支设在建筑物的墙、柱结构所设置的托架上。因此，台模的支设不需要考虑楼面结构的强度，从而可以减少台模需要

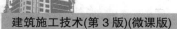

多层配置的问题。另外，这种台模可以不受建筑物层高的影响，只需按开间(柱网)和进深进行设计即可。悬架式台模的构造如图7.12所示。

另外，为了脱模时将台模顺利推出，悬架式台模的纵向两侧装有可翻转90°的活动翻转翼板，活动翼板下部用铰链与固定平板连接。

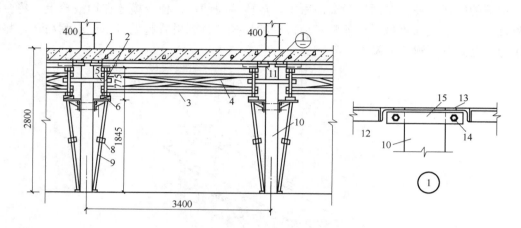

图7.12　悬架式台模

1—楼板；2—桁架；3—水平剪刀撑；4—垂直剪刀撑；5—ϕ48×3.5连接杆 l=900mm；6—倒拔榫；7—钢牛腿；
8—扣件；9—钢支撑；10—柱子；11—翻转翼板；12—台模板；13—钢盖板；14—螺栓；15—柱箍

2．模壳施工

大跨度、大空间结构是目前高层公共建筑(如图书馆、商店、办公楼等)普遍采用的一种结构体系，为了减轻结构自重、提高结构抗震性能和增加室内顶棚造型的美观，往往采用密肋型楼盖。

密肋型楼盖根据结构形式，可分为双向密肋楼盖和单向密肋楼盖。用于前者施工的模壳称为M形模壳，用于后者施工的模壳称为T形模壳。图7.13所示为聚丙烯塑料模壳。

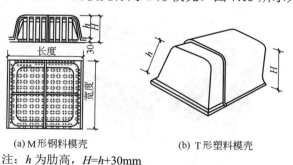

(a) M形钢料模壳　　　　(b) T形塑料模壳

注：h 为肋高，$H=h+30$mm

图7.13　聚丙烯塑料模壳

模壳支设如图7.14所示，其操作要点如下。

(1) 施工前，要根据图纸设计尺寸，结合模壳规格，绘制出支模排列图，按施工流水段准备好材料和工具。

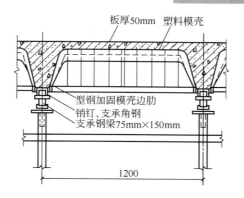

图 7.14　模壳支设示意图

（2）支模时，先在楼地面上弹出密肋梁的轴线，然后立起支柱。

（3）支柱的基底应平整、坚实，一般垫通长脚手板，用楔子塞紧。支设要严密，并使支柱与基底垂直。凡支设高度超过 3.5m 时，每隔 2m 应采用钢管与支柱拉结，并与结构柱连接牢固。

（4）调整好支柱标高后安装龙骨。安装龙骨时要拉通线，间距要准确，做到横平竖直。然后再安装支承角钢，用销钉锁牢。

（5）模壳的排列原则是：在一个柱网内由中间向两端排放，切忌由一端向另一端排列，以免两端边肋出现偏差。凡不能使用模壳的地方，可用木模补嵌。

由于模壳加工只允许有负公差，所以模壳铺完后均有一定缝隙，尤其是双向密肋楼板缝隙较大，需要用油毡条或其他材料处理，以免漏浆。

（6）模壳应使用水溶性脱模剂，避免与模壳起化学反应。

7.3.3　大模板施工

大模板施工技术是采用工具式大型模板配以相应的起重吊装机械，以工业化生产方式在施工现场浇筑混凝土墙体的一种成套模板技术。其工艺特点是：以建筑物的开间、进深、层高的标准化为基础，以大型工业化模板为主要施工手段，以现浇钢筋混凝土墙体为主导工序，组织有节奏地均衡施工。目前，大模板工艺已成为剪力墙结构工业化施工的主要方法之一。

大模板施工

大模板工程建筑体系大体分为 3 类，即内墙现浇、外墙预制(简称内浇外板或内浇外挂)，内外墙全现浇(简称全现浇)，内墙现浇外墙砌筑(简称内浇外砌)。

1．大模板构造

大模板由板面系统、支撑系统、操作平台和附件组成，如图 7.15 所示。

（1）面板系统。面板系统包括面板、横肋、竖肋等。面板是直接与混凝土接触的部分，要求表面平整、拼缝严密、刚度较大、能多次重复使用。竖肋和横肋是面板的骨架，用于固定面板，阻止面板变形，并将混凝土侧压力传给支撑系统。为调整模板安装时的水平标高，一般在面板底部两端各安装一个地脚螺栓。

面板一般采用厚 4～6mm 的整块钢板焊成，或用厚 2～3mm 的定型组合钢模板拼装，还可采用 12～24mm 厚的多层胶合板、覆膜竹胶合板以及铸铝模板、玻璃钢面板等。

(2) 支撑系统。支撑系统包括支撑架和地脚螺栓。其作用是传递水平荷载，防止模板倾覆。支撑系统除了必须具备足够的强度外，还应保证模板的稳定。

每块大模板设 2～4 个支撑架，支撑架上端与大模板竖肋用螺栓连接，下部横杆端部设有地脚螺栓，用以调节模板的垂直度。

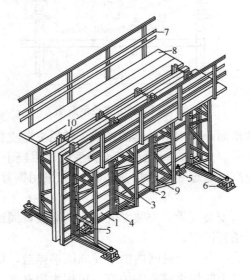

图 7.15 大模板构造示意图

1—面板；2—水平肋；3—支撑桁架；4—竖肋；5—水平调整装置；6—垂直调整装置；
7—栏杆；8—脚手板；9—穿墙螺栓；10—固定卡具

(3) 操作平台。操作平台包括平台架、脚手板和防护栏杆。操作平台是施工人员操作的场所和运输的通道，平台架插放在焊于竖肋上的平台套管内，脚手板铺在平台架上。每块大模板还设有铁爬梯，供操作人员上下使用。

(4) 附件。大模板附件主要包括穿墙螺栓和上口铁卡子等。

穿墙螺栓用以连接固定两侧的大模板，承受混凝土的侧压力，保证墙体的厚度，一般采用 $\phi30\text{mm}$ 的 45 号圆钢制作。穿墙螺栓一端制成螺纹，长 100mm，用以调节墙体厚度，可适用于 140～200mm 墙厚的施工，另一端采用钢销和键槽固定(见图 7.16)。螺纹外面应罩以钢套管，防止落入水泥浆而影响使用。

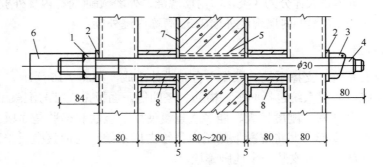

图 7.16 穿墙螺栓构造详图

1—螺母；2—垫板；3—板销；4—螺杆；5—塑料套管；6—螺纹保护套；7—模板；8—骨架

为了使穿墙螺栓能重复使用，防止混凝土黏结穿墙螺栓，并保证墙体厚度，螺栓应套以与墙厚相同的塑料套管。拆模后，将塑料套管剔出周转使用。

上口铁卡子主要用于固定模板上部，控制墙体厚度和承受部分混凝土侧压力。模板上部要焊上卡子支座，施工时将上口铁卡子插入支座内固定。铁卡子应多刻几道槽，以适应不同厚度的墙体。铁卡子和铁卡子支座如图 7.17 所示。

2．大模板类型

大模板按构造外形分为平模、小角模、大角模、筒形模等。

(1) 平模。平模分为整体式平模、组合式平模和拼装式平模。

① 整体式平模是为整面墙制作一块模板，结构简单、装拆灵活、墙面平整。但该模板通用性差，并需用小角模处理纵、横墙角部位模板的拼接，仅适用于大面积标准住宅的施工(见图 7.18)。

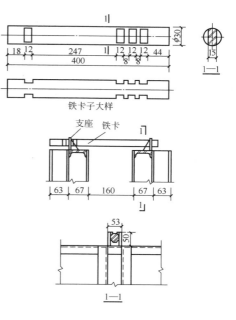

图 7.17　铁卡子和铁卡子支座

② 组合式平模是以建筑物常用的轴线尺寸作基数拼制模板，并通过固定于大模板板面的角模把纵横墙的模板组装在一起，用以同时浇筑纵横墙的混凝土。为适应不同开间、进深尺寸的需要，组合式平模可利用模数条模板加以调整。

③ 拼装式平模是将板面、骨架等部件全都采用螺栓组装，比组合式大模板更便于拆改，也可减少因焊接而产生的模板变形。面板可选用钢板、木质板面、钢框胶合板模板、中型组合钢模板等。

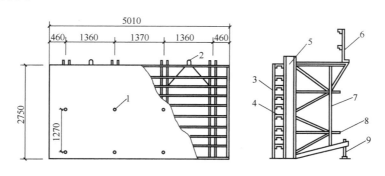

图 7.18　整体式平模

1—穿墙螺栓孔；2—吊环；3—面板；4—横肋；5—竖肋；6—护身栏杆；
7—支撑立杆；8—支撑横杆；9—ϕ 32mm 丝杠

(2) 小角模。小角模是为适应纵横墙一起浇筑而在纵横墙相交处附加的一种模板，通常用 100mm×10mm 的角钢制成。小角模设置在平模转角处，可使内模形成封闭支撑体系，模板整体性好、组拆方便、墙面平整，但模板拼缝多、墙面修理工作量大、加工精度要求高，如图 7.19 所示。

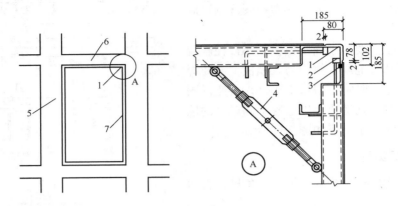

图 7.19　小角模连接构造

1—小角模；2—偏心压杆；3—合页；4—花篮螺栓；5—横墙；6—纵墙；7—平模

(3) 大角模。大角模是由上下 4 个大合页连接起来的两块平模、3 道活动支撑和地脚螺栓等组成的，如图 7.20 所示。采用大角模施工可使纵横墙混凝土同时浇筑，结构整体性好，墙体阴角方正、模板装拆方便，但接缝在墙面中部，墙面平整度差。

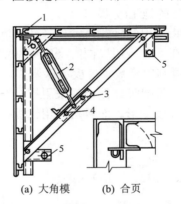

(a) 大角模　　　(b) 合页

图 7.20　大角模构造示意

1—合页；2—花篮螺栓；3—固定销子；4—活动销子；5—地脚螺栓

(4) 筒形模。筒形模由平模、角模和紧伸器(脱模器)等组成，主要用于电梯井、管道井内模的支设，如图 7.21 所示。筒形模具有构造简单、装拆方便、施工速度快、劳动工效高、整体性能好和使用安全可靠等特点。随着高层建筑的大量兴建，筒形模的推广应用发展很快，许多模板公司已研制开发了各种形式的电梯井筒形模。

3．大模板工程施工程序

1)　内浇外板工程

内浇外板工程是以单一材料或复合材料的预制混凝土墙板作为高层建筑的外墙，内墙采用大模板支模，现场浇筑混凝土。其主要施工程序是：准备工作→安装大模板→安装外墙板→固定模板上口→预检→浇筑内墙混凝土→其他工序。

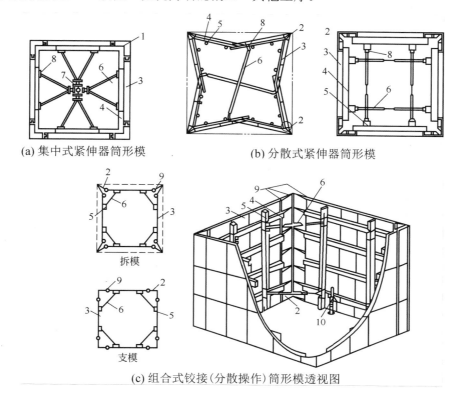

(a) 集中式紧伸器筒形模　　　　　　(b) 分散式紧伸器筒形模

拆模

支模

(c) 组合式铰接(分散操作)筒形模透视图

图 7.21　筒形模构造示意图

1—固定角模；2—活动角模铰链；3—平面模板；4—横肋；5—竖肋；6—紧伸器(脱模器)；
7—调节螺杆；8—连接板；9—铰链；10—地脚螺栓

准备工作主要包括模板编号、抄平放线、敷设钢筋、埋设管线、安装门窗洞口模板或门窗框等。其他工序主要包括拆模、墙面修整、墙体养护、板缝防水处理、水平结构施工及内外装饰等。

大模板组装前要进行编号，并绘制单元模板组合平面图。每道墙的内、外两块大模板取同一数字编号，并应标以正号、反号以示区分。

2)　内外墙全现浇工程

内外墙全现浇工程是以现浇钢筋混凝土外墙取代预制外墙板，其主要施工程序是：准备工作→挂外架子→安装内横墙大模板→安装内纵墙大模板→安装角模→安装外墙内侧大模板→合模前钢筋隐检→安装外墙外侧大模板→预检→浇筑墙体混凝土→其他工序。

3)　内浇外砌工程

内浇外砌工程内墙采用大模板现浇混凝土，外墙为砖墙砌筑，内、外墙交接处采用钢筋拉结或设置钢筋混凝土构造柱咬合，适用于层数较少的高层建筑。

其主要施工程序是：准备工作→外墙砌筑→安装大模板→预检→浇筑内墙混凝土→其他工序。

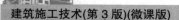

4．大模板安装与拆除

1）　大模板安装

大模板利用起重机吊装就位，其安装工序要综合考虑，保证起重机连续作业，提高机械效率。安装要点如下。

(1)　墙体大模板安装应以房间为单元，先将一个房间的大模板安装成敞口的闭合结构，再逐步进行相邻房间的大模板安装。每个单元房间按先安装内墙大模板、后安装外墙大模板的顺序进行。

(2)　安装内墙大模板时，应按顺序对号吊装就位，先安装横墙大模板，后安装纵墙大模板；先安装大墙平模，后安装角模，并通过调整地脚螺栓，用"双十字"靠尺反复检查校正模板的垂直度。

(3)　安装外墙大模板时，先安装内侧大模板，经校正后，再进行外侧大模板的悬挂安装(见图7.22)；当采用外承式外模板时，可先将外墙外模安装在下层混凝土外墙面挑出的支承架上，安装好后再安装内墙模板和外墙内模(见图7.23)。如果外墙采用预制墙板，则应与内横墙大模板安装同时进行，并与内横墙大模板连接在一起(见图7.24)。

(4)　模板合模前，检查墙体钢筋、水暖电器管线、预埋件、门窗洞口模板和穿墙螺栓套管是否有遗漏、位置是否正确、安装是否牢固，并清除留在模板内的杂物。

(5)　模板校正合格后，在模板顶部安放上口卡子，并紧固穿墙螺栓或销子。紧固时要松紧适度，过松影响墙体厚度，过紧会将模板顶成凹孔。穿墙螺栓可按模板高度设置2～3道。

(6)　大模板安装完成后进行模板的预检，主要包括安全检查和尺寸复核。大模板安装质量应符合表7.1的规定。

表7.1　大模板安装允许偏差

项　目	允许偏差/mm	检查方法
位置	3	钢尺检查
标高	±5	水准仪或拉线、尺量
上口宽度	±2	钢尺检查
垂直度	3	2m托线板检查

图7.22所示为外墙外模板悬挂安装示意图，即在内模的竖肋上焊一扁担梁，并在扁担梁的另一端焊一槽钢，用以悬挂固定外模。

图7.23所示为外承式外模板安装示意图。支承架可做成三脚架，用L形螺栓通过下一层外墙预留孔挂在外墙上。

图7.24所示为预制外墙板与内墙大模板的连接示意图，预制外墙板用花篮螺栓卡具与内墙大模板固定。内外墙连接处放置拉结钢筋，浇筑混凝土使内外墙形成整体。

2）　大模板拆模

在常温条件下，墙体混凝土强度超过$1N/mm^2$(常温养护需8～10h)时方准拆模。拆模顺序为先拆纵墙模板，再拆横墙模板，最后拆除角模和门洞口模板。单片模板拆除顺序为：拆除穿墙螺栓、拉杆及上口卡具→升起模板底脚螺栓→再升起支撑架底脚螺栓→使模板自动倾斜脱离墙面并将模板吊起。

拆模时要注意保护大模板、穿墙螺栓和卡具等，以便重复使用。模板拆除后，应及时清理干净，并按规定堆放。

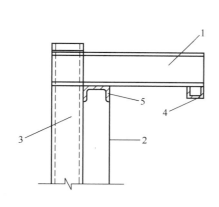

图 7.22 外墙外模板悬挂示意图

1—扁担梁；2—面板；3—竖肋；
4—槽钢；5—横肋

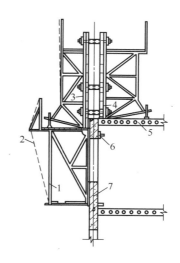

图 7.23 外承式外模板安装示意图

1—外承架；2—安全网；3—外墙外模；
4—外墙内模；5—楼板；6—L 形螺栓挂钩；
7—现浇外墙

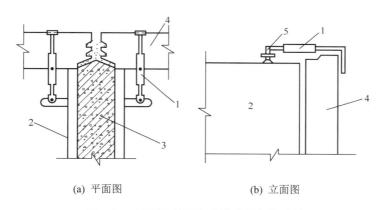

(a) 平面图 　　　　(b) 立面图

图 7.24 预制外墙板与内墙大模板的连接

1—花篮螺栓卡具；2—内墙大模板；3—现浇混凝土内墙；4—预制外墙板；5—卡具

7.3.4 滑模施工

具体内容详见右侧二维码。

滑模施工

7.3.5 爬模施工

具体内容详见右侧二维码。

爬模施工

7.4　实　训　练　习

一、单选题

1. 超高层建筑，一般高度在(　　)m 以上。

A. 100　　　　B. 60　　　　C. 80　　　　D. 120

2. 附着升降式脚手架的安装质量要求中，水平梁架及竖向主框架在两相邻附着支承结构处的高差应不大于(　　)。

A. 15mm　　　B. 30mm　　　C. 10mm　　　D. 20mm

3. 内浇外板工程是以单一材料或复合材料的预制混凝土墙板作为高层建筑的外墙，内墙采用大模板支模，现场浇筑混凝土其主要施工程序是(　　)。

A. 准备工作→安装大模板→固定模板上口→安装外墙板→预检→浇筑内墙混凝土→其他工序

B. 准备工作→安装大模板→安装外墙板→固定模板上口→浇筑内墙混凝土→预检→其他工序

C. 准备工作→安装外墙板→安装大模板→固定模板上口→预检→浇筑内墙混凝土→其他工序

D. 准备工作→安装大模板→安装外墙板→固定模板上口→预检→浇筑内墙混凝土→其他工序

4. 围圈可用角钢、槽钢或工字钢制作，通常按建筑物所需要的结构形状上下各布置一道，(　　)符合要求间距。

A. 100mm　　　B. 200mm　　　C. 300mm　　　D. 600mm

5. 油管一般采用高压无缝钢管和高压橡胶管两种，其耐压力不得小于油泵额定压力的(　　)倍。

A. 2.0　　　　B. 3.0　　　　C. 1.5　　　　D. 1.8

二、多选题

1. 高层建筑按结构体系分主要有(　　)。

A. 框架结构体系　　　　　　B. 框架-剪力墙结构体系
C. 剪力墙结构体系　　　　　D. 框肢剪力墙结构体系
E. 框架-筒体结构体系和筒体结构体系

2. 附着升降式脚手架主要由(　　)等组成。

A. 架体结构　　　B. 附着支撑　　　C. 升降装置
D. 安全装置　　　E. 防护装置

3. 密肋型楼盖根据结构形式，分为(　　)。

A. 双向密肋楼盖　　　B. 肋梁楼盖　　　C. 单向密肋楼盖
D. 无梁楼盖　　　E. 井式楼盖

4. 大模板由(　　)组成。

A. 板面系统　　　　　B. 支撑系统　　　　　C. 操作平台

D. 附件　　　　　　　E. 小角模

5. 滑模装置主要由(　　)等部分组成。

A. 模板系统　　　　　B. 操作平台系统　　　C. 穿墙螺栓

D. 液压提升系统　　　E. 施工精度控制系统

三、简答题

1. 高层建筑按结构材料分为哪几种？主要结构体系有哪些？

2. 高层建筑的施工特点是什么？

3. 悬挑式脚手架的悬挑支承结构主要有哪两种形式？简述悬挑式脚手架的构造及搭设要点。

4. 附着升降脚手架按爬升构造方式分为哪几类？由哪几部分组成？

5. 什么是台模？主要分为哪几类？

6. 什么是大模板施工技术？大模板主要由哪几部分组成？

7. 简述大模板安装施工要点。

8. 什么是滑模施工技术？滑模装置主要由哪几部分组成？

9. 模板滑升分为哪几个阶段？滑模施工中楼板结构的施工方法有哪些？

10. 爬模施工工艺分为哪几种类型？简述模板与爬架互爬工艺。

JS07 课后答案

实训工作单

班级		姓名		日期	
教学项目		高层建筑主体结构工程			
任务	熟悉并掌握高层建筑主体结构工程的相关知识点		方式		文献、资料、实际施工组织设计，参考、学习总结
相关知识	高层建筑及其施工特点； 高层建筑脚手架工程； 高层建筑主体结构施工				
其他要求					

学习总结编制记录

评语				指导教师	

第8章 防水工程

JS08 拓展资源

JS08 图片库

学习目标

(1) 了解防水工程的有关基础知识和有关技术术语概念。

(2) 掌握地下防水工程结构自防水、卷材防水的主要施工方法和施工要点以及屋面防水工程卷材防水。

(3) 对照现行的国家有关防水工程规范,熟悉防水工程节点的细部做法。

教学要求

章节知识	掌握程度	相关知识点
防水工程概述	了解防水工程的施工原则、分类及其质量要求	地下防水与屋面防水工程应遵守的原则、防水工程按其构造做法分类、地下防水、屋面防水等级和设防要求
地下防水工程	掌握不同类型地下防水工程的施工特点	防水混凝土、水泥砂浆防水、卷材防水
屋面防水工程	熟悉屋面防水工程的内容及要求	卷材材料要求、涂膜防水屋面

思政目标

地下防水工程属隐蔽工程,时刻受到地下水的渗透作用,如果地下室防水工程质量达不到规范要求,地下水渗漏到地下室内部,势必带来一系列问题,轻则影响人们的正常工作和生活,重则损坏设备和建筑物,产生不均匀沉降,甚至破坏。谈谈你对防水工程的作用有何看法。

案例导入

某商务楼16~20层办公区域正在进行吊顶与轻质隔墙工程施工。试思考这类建筑应采用何种顶棚?为什么?

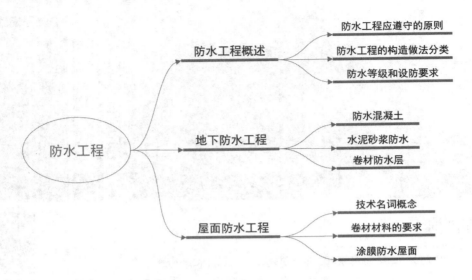

8.1　防水工程概述

8.1.1　地下防水与屋面防水工程应遵守的原则

在工业、民用房屋建筑工程中，防水工程主要包括地下防水工程和屋面防水工程两部分。我国地下防水工程设计和施工的原则是：防、排、截、堵相结合，刚柔相济、因地制宜、综合治理，因此地下防水工程必须从工程规划、防水工程设计、防水材料选用、细部节点处理、施工工艺等方面系统考虑，定级标准要准确、方案要可靠、施工方案要简便、经济上要合理、技术上要先进、环境方面要节能减少污染。随着我国城市化快速发展和人们对居住条件需求越来越高，为了节约土地资源，减少占地面积，我国大中城市的高层建筑如林。中、高层建筑为了满足使用功能方面的要求和减轻结构自重，±0.000 以下设计有多层地下室，可作为地下停车场、仓库、超市、设备用房等。因此，地下防水工程属隐蔽工程，时刻受到地下水的渗透作用，如果地下室防水工程质量达不到规范要求，地下水渗漏到地下室内部，势必带来一系列问题，轻则影响人们的正常工作和生活，重则损坏设备和建筑物，产生不均匀沉降，甚至破坏。根据有关资料表明，地下室存在氡污染，而氡是通过地下水渗漏渗入地下工程内部聚积在地下工程内表面的，必要时可加通风设施。所以，地下防水工程从设计、施工等方面按相应规定办理是极为必要的，在设计施工等方面必须把质量放在首位。

屋面防水工程设计和施工应从选择防水材料、施工方法等方面着眼，考虑对建筑物周

围环境影响以及建筑节能效果，遵循材料是基础、设计是前提、施工是关键、管理是保证的综合治理原则。

8.1.2 防水工程按其构造做法分类

1. 结构自防水

结构自防水主要是依靠建筑物构件材料本身的厚度和密实性及构造措施做法，使结构构件既可起承重围护的作用，又可起防水作用，如地下墙、底板、顶板等防水混凝土构件。

2. 防水层防水

防水层防水是把防水材料铺贴在建筑物构件的迎水面或者背水面和接缝处，起到防水的目的，如卷材防水、涂膜防水、刚性防水层防水等。

防水工程按所使用防水材料，可分为：柔性防水，如卷材、涂膜防水；刚性防水，如细石混凝土防水屋面和自防水结构等。

8.1.3 地下防水、屋面防水等级和设防要求

地下工程的防水设防要求应根据建筑物的使用功能、结构形式、环境条件、施工方法及材料性能等因素按表 8.1、表 8.3 选用。平屋面防水工程应根据建筑物的性质、重要程度、使用工程按不同等级进行设防，见表 8.2。

表 8.1 地下工程防水等级标准

防水等级	标 准
一级	不允许渗水，结构表面无湿渍
二级	不允许漏水，结构表面可有少量湿渍； 房屋建筑地下工程：总湿渍面积不大于总防水面积(包括顶板、墙面、地面)的 1‰；任意 100 m^2 防水面积上的湿渍不超过 2 处，单个湿渍的最大面积不大于 0.1m^2； 其他地下工程：湿渍总面积不应大于总防水面积的 2‰；任意 100m^2 防水面积上的湿渍不超过 3 处，单个湿渍的最大面积不大于 0.2m^2；其中，隧道工程平均渗水量不大于 $0.05\text{L}/(\text{m}^2 \cdot \text{d})$，任意 100m^2 防水面积上的渗水量不大于 $0.15\text{L}/(\text{m}^2 \cdot \text{d})$
三级	有少量漏水点，不得有线流和漏泥砂； 任意 100 m^2 防水面积上的漏水或湿渍点数不超过 7 处，单个漏水点的最大漏水量不大于 $2.5\text{L}/\text{d}$，单个湿渍的最大面积不大于 0.3m^2
四级	有漏水点，不得有线流和漏泥砂； 整个工程平均漏水量不大于 $2\text{L}/(\text{m}^2 \cdot \text{d})$，任意 100m^2 防水面积上的平均漏水量不大于 $4\text{L}/(\text{m}^2 \cdot \text{d})$

表 8.2 屋面防水等级和设防要求

防水等级	建筑类别	设防要求
I	重要建筑和高层建筑	两道防水设防
II	一般建筑	一道防水设防

地下工程的设防标高确定了地下防水工程的防水设计，应考虑地表水、地下水、毛细

管水的作用，以及由于人为因素对水资源保护、合理开发利用而引起建筑物附近水文地质改变对地下工程造成的影响等因素。所以，地下工程不能单纯以地下最高水位来确定工程防水标高。对于单建式地下工程应采用全封闭、部分封闭防排水。地下防水工程施工期间，必须保持地下水位稳定在工程底部最低高程 0.5m 以下，必要时应采取降水措施。对于采用明沟排水的基坑，应保持基坑干燥。

表 8.3　明挖法地下工程防水设防

工程部位	主体						施工缝					后浇带				变形缝						
防水措施	防水混凝土	防水砂浆	防水卷材	防水涂料	塑料防水板	金属板	遇水膨胀止水条	中埋式止水带	外贴式止水带	外抹防水砂浆	外涂防水涂料	膨胀混凝土	遇水膨胀止水条	外贴式止水带	防水嵌缝材料	中埋式止水带	外贴式止水带	可卸式止水带	防水嵌缝材料	外贴防水卷材	外涂防水涂料	遇水膨胀止水条
防水等级 一级	应选	应选 1～2 种					应选 2 种					应选	应选 2 种			应选	应选 2 种					
防水等级 二级	应选	应选 1 种					应选 1～2 种					应选	应选 1～2 种			应选	应选 1～2 种					
防水等级 三级	应选	宜选 1 种					宜选 1～2 种					应选	宜选 1～2 种			应选	宜选 1～2 种					

注：表 8.1 至表 8.3 均选自《地下工程防水质量验收规范》(GB 50108—2008)。

8.2　地下防水工程

8.2.1　防水混凝土

1. 防水混凝土适用范围

防水混凝土适用于一般工业与民用建筑物的地下室、地下水泵房、水池、水塔、大型设备基础、沉箱、地下连续墙等防水建筑。

防水混凝土不适用于宽度大于 0.2mm，并有贯通的裂缝混凝土结构。这是因为防水混凝土厚度在不小于 250mm、防水混凝土结构表面裂缝宽度小于 0.2mm 时，不至于产生影响建筑使用的明显渗漏；小于 0.1mm 的防水混凝土裂缝在微渗情况下有"自愈"能力。对于个别特殊重要工程，薄壁结构或处在侵蚀性水中的结构裂缝宽度允许控制在 0.1～0.15mm 范围内。防水混凝土结构不可能没有裂缝，但裂缝宽度控制太小，如在 0.1mm 以内时，则结构配筋率增大、造价提高、钢筋稠密、混凝土浇筑困难、振捣不易密实，反而对混凝土抗渗性不利。遭受剧烈振动或冲击的结构不适用于防水混凝土结构，原因是振动和冲击使得混凝土结构内部产生拉应力，在拉应力大于混凝土自身抗拉强度的情况下，就会出现结构裂缝，产生渗漏现象。防水混凝土的环境温度不得高于 80℃，一般应控制在 50℃ 以下，最好接近常温。这主要是因为防水混凝土抗渗性随着温度的提高而降低，温度越高降低越明显。温度升高，混凝土硬化后残留在其内部的水分蒸发，混凝土内部产生许多毛细孔，形成渗水通路，加上水泥与水的水化作用，导致水泥凝胶破裂、干缩，混凝土内部组织结构被破坏，抗渗性能严重降低。另外，若防水混凝土处于有害的侵蚀性介质中，则防水混凝土的耐蚀系数(为混凝土试块分别在侵蚀性介质中与水中养护 6 个月的抗折强度之比)不应小于 0.8，这是因为我国地下水特别是浅层地下水受污染比较严重，混凝土并非是永久性材料，钢筋的侵蚀破坏不容忽视。特别是中、高层建筑增多，投资大，使用年限长，防水等级大多为一级防水，所以必须采取多道防水措施。

2．普通防水混凝土

普通防水混凝土是一种富砂浆混凝土，它不同于普通混凝土，在粗骨料周围(通过调整和控制配合比的方法)形成一定浓度和质量良好的砂浆包裹层，混凝土硬化后，骨料和骨料之间孔隙被具有一定密度的水泥砂浆填充，并切断混凝土内部沿粗骨料表面连通的毛细渗水通路，从而提高自身密实度和抗渗性。其结构厚度不应小于 250mm，裂缝宽度不得大于 0.2mm，并不得贯通。

3．外加剂防水混凝土

外加剂防水混凝土是在混凝土中掺入一定量的外加剂，以改善混凝土内部结构，达到增加混凝土密实度和提高混凝土抗渗性的目的。所有的外加剂应符合国家或行业标准一等品及以上的质量标准。

4．防水混凝土工程的施工要求

防水混凝土迎水面钢筋保护层的厚度不小于 50mm，绑扎钢筋的铅丝应向里侧弯曲，不要外露。

1)　配料

配料必须按实验室制定的配料单严格控制各种材料用量，不得随意增加，各种外加剂应先稀释成较小浓度的溶液后，再放入搅拌机内，严禁将外加剂干粉或者高浓度溶液直接加到搅拌机内，但膨胀剂应以干粉加入。

混凝土必须采用机械搅拌，时间不应小于 2min，掺外加剂时应根据技术要求确定搅拌时间，如混凝土出现离析现象，必须进行二次搅拌。混凝土的浇注高度不超过 1.5m，否则应用溜槽或串筒等方法。混凝土浇筑应分层，每层厚度不超过 250mm，但板底处可为 300～400mm，斜坡不应超过 1/7。防水混凝土掺加引气剂、减水剂时应采用高频插入式振捣器振

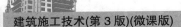

捣,振捣时间为10～30s,以混凝土泛浆和不冒气泡为准,应避免漏振、欠振和超振。防水混凝土终凝后应立即进行养护,养护时间不得少于14d。

2) 防水混凝土施工缝留设及施工

防水混凝土应连续浇筑,宜少留施工缝,当留设施工缝时应遵守下列原则:墙体应留水平施工缝,而且应留在剪力与弯距最小处或底板与侧墙的交接处,或者在高出底板表面不小于300mm的墙体上。拱(板)墙结合的水平施工缝,宜留在拱(板)墙接缝线以下150～300mm处。若墙体有预留孔洞时,则施工缝距孔洞边缘不应小于300mm。垂直施工缝应避开地下水和裂隙水较多的地段,并尽量与变形缝相结合。施工缝防水构造形式如图8.1所示。

防水混凝土结构内部设置的各种钢筋或绑扎铁丝,均不得接触模板。固定模板用的螺栓必须穿过防水混凝土时,可以采用工具式螺栓或螺栓加堵头,螺栓应加焊方形止水环,如图8.2所示。

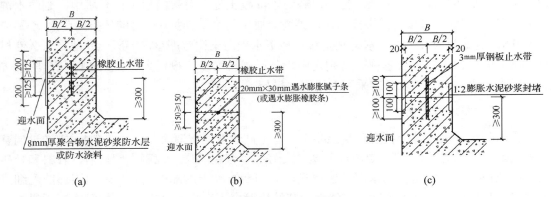

图8.1 施工缝做法详图

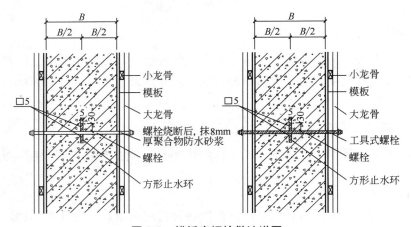

图8.2 模板穿螺栓做法详图

3) 后浇带留设与施工

随着高层建筑物的增多,大体积混凝土主体结构越来越多,为减少混凝土早期裂缝,需留设后浇带。后浇带在结构中实际形成了两条施工缝,对该部位结构受力有一定影响,所以应留设在受力较小的部位;因后浇带系柔性接缝,故也应留设在变形较小的部位,间距宜为30～60m,宽度宜为700～1000mm。后浇带可做成平缝,结构立筋不宜在缝中断开,如需断开，则主筋搭接长度大于 45 倍主筋直径，并应按设计要求加设附加钢筋。后浇带应在其两侧混凝土龄期达 6 周后再施工，但高层建筑的后浇带应在结构顶板浇筑钢筋混凝土两周后进行，施工缝表面需按上述办法处理。

后浇带应采用补偿收缩混凝土浇筑，其强度应比其两侧混凝土提高一个等级，养护应不少于 28d。后浇带构造详图，如图 8.3 所示。

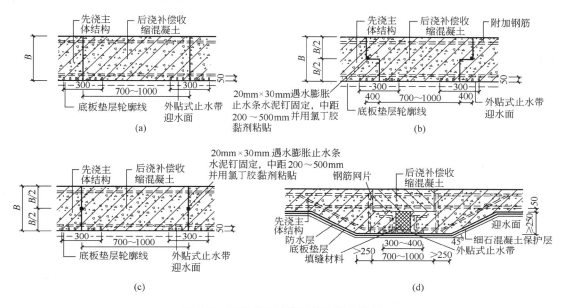

图 8.3　后浇带几种常见构造做法详图

4)　变形缝的施工与构造

橡胶(或塑料)中埋式止水带适用于水压及变形量大，而结构厚度不小于 300mm 的变形缝；金属中埋式止水带可用 2mm 厚紫铜板或 3mm 厚不锈钢板，适用于环境温度高于 50℃，结构厚度不小于 300mm 的变形缝。中埋式止水带转角处宜采用直角专用配件，并应做成圆弧，转角半径一般为 200～300mm。橡胶与金属止水带必须埋设准确，其中间空心圆环(或中心线)应与变形缝及结构厚度中心线重合。止水带接茬不得在转角处，应留在边墙较高部位，接头宜采用热压焊，金属材料可采用搭接或对焊。浇筑混凝土前，必须采用专用的钢筋套或扁钢固定，以防止位移。止水带设置应与结构专业结合，避免与钢筋交叉施工。当采用遇水膨胀橡胶条时，应采取可靠的固定措施，防止止水条胀出缝处。变形缝做法如图 8.4 所示。

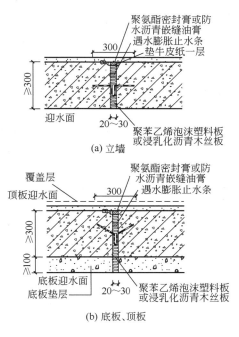

图 8.4　中埋式止水带变形缝详图

8.2.2　水泥砂浆防水

水泥砂浆防水属刚性防水，具有高强度、抗刺穿、湿黏性等特点，包括普通防水砂浆、聚合物水泥砂浆和掺外加剂或掺合料防水砂浆。由于普通防水砂浆的多层做法比较烦琐，目前在工程中已不多用。

水泥砂浆防水的适用范围：适用于埋置深度较大的地下防水工程，但如果结构有沉降，因温度、湿度变化以及受振动等产生有害裂缝的地下防水工程不宜采用。除聚合物防水砂浆外，其他防水材料均不宜在长期受冲击荷载和较大振动作用的防水工程中应用。水泥砂浆防水层基层混凝土强度等级不应低于C15，砌体结构用砂浆强度等级不应低于M7.5。

水泥砂浆防水层可采用人工多层抹压施工，而且可以与其他防水方法叠层使用。聚合物水泥砂浆防水层厚度单层施工宜为6～8mm，双层施工宜为10～12mm，掺外加剂、掺合料等水泥砂浆防水层厚度宜为18～20mm。

水泥砂浆防水层所用的有关材料应符合现行《地下工程防水技术规范》(GB 50108—2008)的有关规定。

8.2.3　卷材防水层

卷材防水层是指防水卷材和相应的胶结材料胶合而成的一种单层或多层防水层。目前常用的防水卷材品种主要有高聚物改性沥青防水卷材、合成高分子防水卷材。根据防水卷材胎体材料的不同可分为纤维胎、金属箔胎、复合胎、黄麻布、聚酯毡等品种，从而形成了防水卷材高、中、低档系列品种，如APP改性沥青防水卷材(聚酯胎)就属于高档防水材料、SBS改性沥青防水卷材(黄麻胎)就属于中低档防水卷材、三元乙丙橡胶属高档的合成高分子防水卷材。

防水卷材

1.　卷材防水层的使用范围和施工条件

卷材防水层使用于受侵蚀性介质作用或受震动作用的地下防水工程。卷材防水层经常承受的压力不应超过0.5N/mm²和经常保持不小于0.01N/mm²的侧压力，才能发挥防水的有效作用。卷材应铺设在混凝土结构主体的迎水面、结构主体底板垫层至墙体顶端的基面上，在外围形成封闭的防水层。

卷材防水层

卷材防水层施工前，必须采取降水措施将基坑内地下水降低到垫层以下不小于300mm处。基层表面应坚实、平整，不得有凹凸或表面起砂现象，用2m长的直尺检查，直尺与基层表面间的空隙不应超过5mm。卷材应在+5℃～+35℃气温下铺设施工，严禁在雨天、雪天施工；五级风及其以上时均不得施工；采用热熔法施工的气温不宜低于-10℃。防水卷材的外观质量、品种规格和主要物理性能应符合现行国家标准和行业标准及规范的要求。

2.　外防外贴法施工

外防外贴法是将立面卷材防水层铺设在防水外墙结构的外表面，其构造如图8.5所示。

外贴法

外贴法的施工要点：在垫层上铺设防水层后，再进行底板和结构主体施工，然后砌筑永久性保护墙，保护墙高度为防水结构底板厚度加 100mm，墙底应铺设(干铺)一层防水卷材，上部用 30mm 厚聚苯板作为保护层，高度为 200mm 左右。永久性保护墙及聚苯板用 1:3 水泥砂浆抹灰找平，保护墙沿长度方向 5～6m 和转角处应断开，断缝处嵌入卷材条或沥青麻丝。

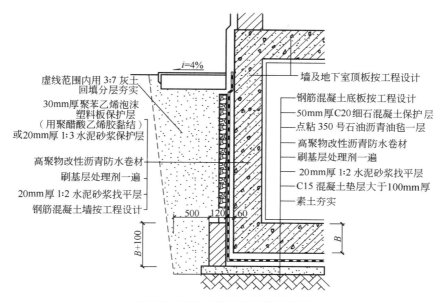

图 8.5 外贴法卷材防水做法详图

高聚物改性沥青卷材铺设用热熔法，施工时应注意卷材与基层接触面要加热均匀。合成高分子卷材铺设可用冷黏结法施工，施工时应注意胶黏剂与卷材性能的相容性，而且胶黏剂要涂刷均匀。

注：如采用外防内贴法施工，防水层可用 5～6mm 厚聚乙烯泡沫塑料片保护层(用氯丁胶黏结)。

在立面与平面的转角处，接缝应留在平面上，距立面墙体不小于 600mm。双层卷材不得相互垂直铺贴，上下两层或相邻两幅卷材的接缝应相互错开 1/3～1/2 幅宽；卷材长边与短边的搭接不应小于 100mm。交接处应交叉搭接；转角处应粘贴一层附加层，先铺平面，后铺立面并采取立面防滑措施。

3. 外防内贴法施工

外防内贴法是指混凝土垫层浇筑完成后，在垫层上砌筑永久性保护墙，然后将卷材铺设在垫层和永久性保护墙上。外防内贴法施工要点如下。

内贴法

保护墙砌完后，用 1:3 水泥砂浆在永久保护墙和垫层上抹灰找平，垫层与永久保护墙接触部分应平铺一层卷材。找平层干燥后即可涂刷基层处理剂，基层处理剂干燥后铺贴卷材防水层，卷材宜选用高聚物改性沥青聚酯油毡或高分子防水卷材，先铺立面，后铺平面，先铺转角，后铺大面。所有的转角处都应铺设附加层，附加层为抗拉强度较高的卷材，铺贴应仔细，黏贴应紧密。卷材防水完工后应做好成品保护工作，立面可抹水泥砂浆，贴塑料板或采用其他可靠材料；平面可抹 20mm 厚的水泥砂浆或浇筑 30～50mm 厚的细石混凝土，待结构完工后，进行回填土工作。

8.3　屋面防水工程

屋面防水工程按其构造可分为柔性防水屋面、刚性防水屋面、上人屋面、架空隔热屋面、倒置式屋面、蓄水屋面、种植屋面、金属板材屋面等。屋面防水可多道设防，将卷材、涂膜、细石防水混凝土复合使用，也可以将卷材叠层施工。

8.3.1　技术名词概念

1. 沥青防水卷材

沥青防水卷材(油毡)是指以原纸、织物、纤维毡、塑料膜等材料为胎基，浸涂石油沥青、矿物粉料或塑料膜作为隔离材料制成的防水卷材。这是一种传统的防水材料，有较完整的技术标准。但由于施工需熬制沥青，导致环境污染，已被列为限制使用材料，但还可在一些地区施工应用。

2. 高聚物改性沥青防水卷材

高聚物改性沥青防水卷材是指以高聚物改性石油沥青为涂盖层，以聚酯毡、破纤毡或聚酯玻纤复合为胎基，以细砂、矿物粉或塑料膜为隔离材料制成的防水卷材。目前国内使用的高聚物改性沥青防水卷材主要有 SBS、APP、PVE 改性沥青卷材，具有高温不流淌、低温不脆裂、抗拉强度高、延伸率大的特点，能够较好地适应基层开裂及伸缩变形的要求。

3. 合成高分子防水卷材

合成高分子防水卷材是指以合成橡胶、合成树脂或两者混合为基料，加入适量的助剂和填料，经混炼压延或挤出等工序加工而成的防水卷材。目前使用的合成高分子防水卷材主要有三元乙丙、聚氯乙烯、氯化聚乙烯等。其特点是拉伸强度高、断裂伸长率大、抗撕裂强度高、耐热性能好、柔性大、耐磨损、耐老化，同时可冷施工，是高档防水材料。

4. 基层处理剂

基层处理剂是指在防水层施工前，应预先在基层上涂刷涂料，如改性沥青溶液、冷底子油、聚氨酯底胶甲：乙：二甲苯=1：1.5：1.5～3。

5. 满粘法

满粘法是指在铺设防水卷材时，卷材与基层采用全部黏结的施工方法。

6. 空铺法

空铺法是指在铺设防水卷材时，采用卷材与基层在周边一定宽度内黏结，其余部分不黏结的施工方法。

7. 点粘法

点粘法是指在铺设防水卷材时，卷材或打孔卷材与基层采用点状黏结的施工方法。

8. 条粘法

条粘法是指在铺设防水卷材时，卷材与基层采用条状黏结的施工方法。

9. 热粘法

热粘法是指以热熔胶黏剂将卷材与基层或卷材黏结在一起的施工方法。

10. 冷粘法

冷粘法是指在常温下采用胶黏剂(带)将卷材与基层或卷材黏结在一起的施工方法。

11. 热熔法

热熔法是指将热熔型防水卷材底层加热熔化后，进行卷材与基层或卷材之间黏结的施工方法。

12. 自粘法

自粘法是指采用带有自粘胶的防水卷材进行黏结的施工方法。

13. 焊接法

焊接法是指采用热风或热焊接进行热塑性卷材黏合搭接的施工方法。

14. 背衬材料

背衬材料是指用以控制密封材料的嵌填深度，防止密封材料和接缝底部黏结而设置的可变形材料。常用的背衬材料有泡沫塑料棒、油毡条等。

8.3.2 卷材材料的要求

沥青防水卷材、高聚物改性沥青防水卷材、合成高分子防水卷材外观质量、规格、物理性能及黏剂、胶黏带的质量均应符合《屋面工程技术规范》(GB 50345—2012)的要求。

卷材应避免与化学介质及有机溶剂等有害物质接触，品种、型号和规格不同的卷材应分别堆放。卷材进场后，抽样复验可按下列规定进行：同一品种、型号和规格的卷材，抽样数量大于 1000 卷抽取 5 卷；500～1000 卷抽取 4 卷；100～499 卷抽取 3 卷；小于 100 卷抽取 2 卷。受检的卷材外观质量和规格尺寸、物理性能均应符合规定的要求。

1. 找平层施工

卷材防水的基层是找平层，找平层可采用水泥砂浆、细石混凝土施工。水泥砂浆宜掺抗裂纤维，以提高找平层的密实度，减少因裂缝而拉开防水层。为了减少和避免找平层开裂，宜留设缝宽为 5～20mm 的分格缝，并嵌填密封材料。分格缝应留设在板端缝处，其纵横缝的最大间距不宜大于 6m。

找平层的坡度应符合设计要求，一般天沟、檐沟纵向坡度不应小于 1%，沟底水落差不得超过 200mm；天沟、檐沟排水不得流经变形缝和防水墙。找平层的厚度及技术要求，如表 8.4 所示。

找平层施工必须保证施工质量，原材料、配合比必须符合设计和有关规定的要求。找平层施工表面要平整，黏结牢固，没有松动、起壳、起砂等现象。找平层必须符合设计要求，用 2m 左右长的方尺找平。找平层的两个面相接处，如墙、天窗壁、伸缩缝、女儿墙、管道泛水处以及檐口、天沟、斜沟、水落口、屋脊等均应做成圆弧(高聚改性沥青卷材圆弧半径为 50mm，合成高分子卷材圆弧半径为 20mm)。

表 8.4　找平层厚度和技术要求

找平层分类	适用的基层	厚度/mm	技术要求
水泥砂浆	整体现浇混凝土板	15～20	1:2.5 水泥砂浆
	整体材料保温层	20～25	
细石混凝土	装配式混凝土板	30～35	C20 混凝土，宜加钢筋网片
	板状材料保温层		C20 混凝土

找平层施工时，每个分格内的水泥砂浆要一次连续铺成，应由远到近、由高到低，待砂浆稍收水后，用磨子压实抹平；终凝前，轻轻取出嵌缝条，注意成品保护。如气温低于 0℃以下，不宜施工；找平层完工后 12h 要浇水养护，硬化后，分格缝应嵌填密封材料。

2. 屋面保温层施工

在过去多年以来工业建筑屋面保温材料大多数用泡沫水泥，民用建筑大多数用炉渣、膨胀蛭石、膨胀珍珠岩、岩棉和加气混凝土等。这些传统的保温材料最大的缺陷是，一旦遇水吸水率大，就降低了其保温性能，造成屋面下的室内夏热冬冷，浪费能源，而且会使防水层鼓泡破坏，造成防水层渗漏。近年来开发的高性能、吸水率低的保温材料有聚苯板乙烯泡沫板、聚氨酯硬泡沫塑料、泡沫玻璃绝热制品等，尤其是现喷硬化聚氨酯泡沫塑料，不仅重量轻、热导率小、保温效果好，而且施工方便。

板状保温材料的质量应符合有关规范的要求，现喷硬化聚氨酯硬泡沫塑料的表观密度宜为 35～40kg/m³，热导率小于 0.030W/m·k，压缩强度大于 150kPa，闭孔率大于 92%。

板状和现喷硬化聚氨酯硬泡沫塑料保温层的施工条件：环境气温宜为 15℃～30℃，风力不宜大于三级，相对湿度宜小于 85%。用有机胶黏剂黏结板状材料保温层，温度低于-10℃时不宜施工，用水泥砂浆粘贴板状材料，气温低于 5℃时不宜施工。

板状和现喷硬化聚氨酯硬泡沫塑料保温层施工时，基层应平整、干燥和干净，板状材料应铺平垫稳；分层铺设板块上下层接缝应错开，板缝应嵌填密实，胶黏剂与板块应贴严、粘牢。整体现喷硬化聚氨酯硬泡沫塑料保温层施工前，伸出屋面的管道应先安装完毕并且安装牢固；配比应准确，发泡厚度要均匀一致。

3. 屋面排气施工

屋面的柔性防水层施工完毕后，往往会发生防水卷材起鼓的现象，造成柔性卷材防水屋面寿命缩短等问题。分析起鼓现象的主要原因是屋面保温层、找平层施工时含水过大或遇雨水浸泡不干燥造成的。

解决防水卷材层起鼓的办法是在屋面设置排气通道，其施工要点如下。

(1) 屋面的排气出口应埋设排气管，排气管宜设置在结构层上，穿过保温层及排气道的管壁四周应打排气孔，排气管应做防水处理。

(2) 排气道应纵横贯通，必须与排气孔相连，不得堵塞。排气道间距可按纵横 6m 设置，36m² 可设置一个排气孔。

(3) 在保温层中预留槽作为排气道，其宽度一般为 20～40mm；也可以在保温层中预埋 ϕ25mm 的打孔塑料管或镀锌钢管。

(4) 卷材防水层铺贴前，应检查排气道是否畅通，并加以清理。然后在排气道上黏贴一层隔离纸或塑料薄膜，宽约 200mm，且对排气道贴好，此后可铺贴柔性防水卷材。

8.3.3 涂膜防水屋面

涂膜防水屋面

涂膜防水屋面的涂料主要有高聚物改性沥青防水涂料、合成高分子防水涂料和聚合物水泥防水涂料等。涂膜防水屋面主要适用于防水等级为Ⅲ级、Ⅳ级的屋面防水，也可作为Ⅰ级、Ⅱ级屋面多道防水设防中的一道防水层。

聚氨酯防水涂料是最常用的合成高分子防水涂料，多用于浴厕间防水层。聚氨酯防水涂料应有产品合格证书和性能检测报告，并按规定见证取样，进行复试。

聚氨酯防水涂料每 10t 为一批，不足 10t 按一批抽样，进行外观质量检验，包装应完好无损，且标明涂料名称、生产日期、生产厂家、产品有效期；在外观质量检验合格后，做物理性能检验。

施工操作要点如下。

(1) 涂刷基层处理剂。用刷子用力涂一薄层基层处理剂，尽量将涂料刷入基层表面毛细孔中，并将基层可能留下的少量灰尘等无机杂质，像填充料一样混入基层处理剂中，使之与基层牢固结合。

(2) 涂刷附加层。涂料施工前，应先对阴阳角、预埋件、穿墙管等部位进行加强处理，增加一层胎体增强材料，并增涂 2～4 遍防水涂料。

(3) 应分遍涂刷。可采用棕刷、长柄刷、圆滚刷、橡胶刮板等进行人工涂刷；每次涂刷薄厚均匀一致，在涂刷层干燥后，方可进行下一层涂刷，每层的接槎(搭接)应错开，搭接缝宽度大于 100mm；涂刷时遵循"先远后近，先细部后大面"的原则。

(4) 铺贴胎体增强材料。也可在两层涂料之间铺贴胎体增强材料(玻纤布)，同层相邻的玻纤布搭接宽度应大于 100mm，上下层接缝应错开 1/3 幅宽。

(5) 涂膜厚度检验。防水涂料固化后会形成有一定厚度的涂膜，涂膜的平均厚度应符合设计要求，最小厚度不应小于设计厚度的 80%。

(6) 防水层完成后做蓄水检验，观察屋面有无渗漏或积水，其蓄水时间不应小于 24h。检查浴厕间有无渗漏水、排水坡度及排水系统的畅通、有无积水。

8.4 实 训 练 习

一、单选题

1. 下列( )不属于刚性防水材料。

A. 防水地下墙　　　　　　　　　　　　B. 防水顶板

C. 细石混凝土防水屋面　　　　　　　　D. 防水卷材

2. 中、高层建筑的防水等级大多为(　　)。

A. 一级防水　　　　　　　　　　　　　B. 二级防水

C. 三级防水　　　　　　　　　　　　　D. 四级防水

3. 地下防水工程施工期间，必须保持地下水位稳定在工程底部最低高程(　　)m 以下，必要时应采取降水措施。

A. 0.5　　　　　　B. 0.8　　　　　　C. 1.2　　　　　　D. 1.5

4. 下列(　　)不是传统屋面保温材料的缺点。

A. 吸水率大　　　　　　　　　　　　　B. 重量轻

C. 热导率大　　　　　　　　　　　　　D. 易造成渗漏

5. 下列关于防水工程的说法中，错误的是(　　)。

A. 防水混凝土的环境温度不得高于 80℃，一般应控制在 50℃以下，最好接近常温

B. 外加剂防水混凝土是在混凝土中掺入一定量的外加剂，以改善混凝土内部结构，达到增加混凝土密实度和提高混凝土抗渗性的目的

C. 混凝土必须采用机械搅拌，且搅拌时间不应少于 10min

D. 涂膜防水屋面主要适用于防水等级为Ⅲ级、Ⅳ级的屋面防水，也可作为Ⅰ级、Ⅱ级屋面多道防水设防中的一道防水层

二、多选题

1. 我国地下防水工程设计和施工的原则是(　　)。

A. 防、排、截、堵相结合　　　B. 刚柔并济　　　　　　C. 因地制宜

D. 综合治理　　　　　　　　　E. 保护环境

2. 常用的屋面防水卷材有(　　)。

A. 沥青防水卷材　　　　　　　　　　　B. 高聚物改性沥青防水卷材

C. 丙烯酸类防水涂料　　　　　　　　　D. 合成高分子防水卷材

E. 涂料类防水卷材

3. 下列属于卷材防水施工中找平层常用的建筑材料为(　　)。

A. 细石混凝土　　　　　　　　　B. 沥青　　　　　　　　C. 水泥砂浆

D. 黏土砖　　　　　　　　　　　E. 高分子合成材料

4. 屋面排气通道的施工要点有(　　)。

A. 屋面的排气出口应埋设排气管，排气管宜设置在结构层上，穿过保温层及排气道的管壁四周应打排气孔，排气管应做防水处理

B. 排气道应纵横贯通，必须与排气孔相连，不得堵塞

C. 在保温层中预留槽作为排气道，其宽度一般为 20～40mm

D. 卷材防水层铺贴前，应检查排气道是否畅通，并加以清理

E. 排气通道宜横向布置

5. 近年来开发的高性能、吸水率低的保温材料有(　　)。

A. 膨胀珍珠岩　　　　　　　　　B. 加气混凝土　　　　　　C. 聚氨酯硬泡沫塑料

D. 聚苯板乙烯泡沫板　　　　　　E. 保温砂浆

三、简答题

1. 我国地下防水工程与屋面防水工程遵循的原则是什么？

2. 解释自防水结构、防水层防水的概念。

3. 地下工程防水有哪几个等级？它的标准是什么？适用范围是什么？

4. 屋面防水等级和设防要求是根据什么来确定的？

5. 举例说明"一道防水设防"的正确含义。

6. 明挖法地下工程防水设计包括哪几个部位？

7. 地下工程设防标准如何确定？

8. 什么叫防水混凝土？简要叙述它的适用范围及不适用情况。

9. 简要回答影响普通防水混凝土抗渗性的主要因素。

10. 对防水混凝土所用的材料有什么要求？

11. 常用的外加剂防水混凝土有哪几种？它们各自的特点是什么？

12. 防水混凝土施工缝留设有什么要求？画图说明施工缝构造做法。

13. 后浇带留设有什么具体要求？画图说明常见的几种后浇带防水构造做法。

14. 画出立墙及底板、顶板中埋式止水带变形缝构造做法层次图。

15. 简要叙述水泥砂浆施工操作要点。

16. 简要回答卷材地下防水外贴法、内贴法施工要点。

17. 解释屋面防水有关技术名词概念。

18. 卷材防水对找平层、保温层施工有什么具体规定？

19. 熟悉屋面防水几种常见细部施工做法构造。

20. 画出卷材防水屋面施工工艺流程图。

21. 屋面防水卷材铺贴的方向、顺序如何合理确定？

22. 屋面防水卷材搭接及宽度有什么要求？

23. 简要回答高聚物改性沥青卷材与合成高分子防水卷材屋面施工操作要点。

JS08 课后答案

实训工作单

班级		姓名		日期	
教学项目		防水工程			
任务	了解防水工程的基础知识,掌握地下防水工程、屋面防水工程的施工方法		方式		查找文献资料并参考实际案例,学习总结
相关知识	防水工程概述 地下防水工程 屋面防水工程				
其他要求					

学习总结编制记录

评语				指导教师	

第9章　外墙外保温工程

JS09 拓展资源

JS09 图片库

学习目标

(1) 了解概述。
(2) 熟悉聚苯乙烯泡沫塑料板薄抹灰外墙外保温工程。
(3) 熟悉胶粉聚苯颗粒外墙外保温工程。
(4) 熟悉钢丝网架板现浇混凝土外墙外保温工程。

教学要求

章节知识	掌握程度	相关知识点
概述	熟悉外墙外保温工程适用范围及作用、新型外墙外保温饰面特点	外墙外保温工程适用范围及作用、新型外墙外保温饰面特点
聚苯乙烯泡沫塑料板薄抹灰外墙外保温工程	熟悉技术名词概念、一般规定与技术性能指标、外墙外保温工程构造和技术要求、外墙外保温工程施工	外墙外保温工程几种常见构造做法、外墙外保温工程技术要求
胶粉聚苯颗粒外墙外保温工程	熟悉胶粉聚苯颗粒外墙外保温工程特点、技术名词概念、胶粉聚苯颗粒保温浆料工程构造和技术要求、施工工艺流程、胶粉聚苯颗粒外墙外保温施工要点	胶粉聚苯颗粒外墙外保温工程特点、技术名词概念、胶粉聚苯颗粒保温浆料工程构造和技术要求、施工工艺流程、胶粉聚苯颗粒外墙外保温施工要点
钢丝网架板现浇混凝土外墙外保温工程	熟悉钢丝网架与现浇混凝土外墙外保温工程的特点、基本构造和技术要求、施工工艺和施工操作要点	钢丝网架与现浇混凝土外墙外保温工程的特点、基本构造和技术要求、施工工艺和施工操作要点

思政目标

人们对外墙外保温需求越来越高，而外墙外保温工程的施工和使用的材料却不是很成熟。目前，小区都安装外墙外保温层，楼层较高，一旦施工和使用的材料不能保证质量，外保温层将会形成脱落，伤害人的生命安全。在施工现场的管理人员、施工人员根据实际施工工艺进行施工，做好质量把控的第一道防线，端正维护生命安全的态度。

案例导入

外墙外保温工程近年来得到了发展，有聚苯乙烯泡沫塑料板薄抹灰外墙外保温工程、胶粉聚苯颗粒外墙外保温工程、钢丝网架板现浇混凝土外墙外保温工程三种类型。每种类型都有其合适的使用地区，需要对其性质进行熟悉并掌握。

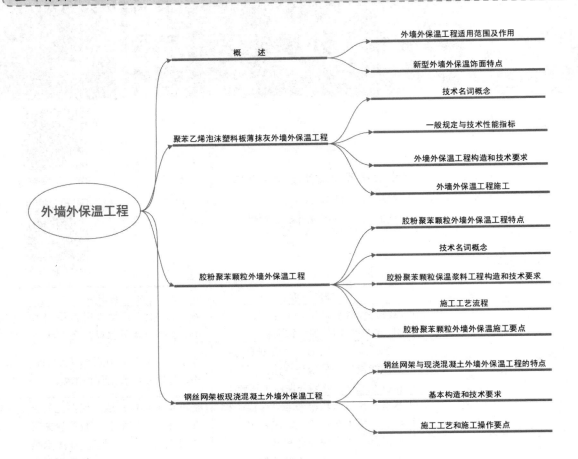

9.1 概 述

外墙外保温工程是一种新型、先进、节约能源的方法，是由保温层、保护层与固定材料构成的非承重保温构造的总称。外墙外保温工程是将外墙外保温系统通过组合、组装、固定等技术手段在外墙外表面上所形成的建筑物实体。

9.1.1 外墙外保温工程适用范围及作用

外墙外保温工程适用于严寒和寒冷地区、夏热冬冷地区的新建居住建筑物或旧建筑物的墙体改造工程，起到保温、隔热的作用，它采用新型的建材和先进的施工方法，从而实现建筑物的节能。

外墙外保温工程

9.1.2 新型外墙外保温饰面特点

新型聚苯板外墙外保温有以下特点。

(1) 节能。由于采用热导率较低的聚苯板，整体将建筑物外面包起来，消除了冷桥，减少了外界自然环境对建筑的冷热冲击，可达到较好的保温节能效果。

(2) 牢固。由于该墙体采用高弹力强力黏合基料与混凝土一起现浇，使聚苯板与墙面的垂直拉伸黏结强度符合规范规定的技术指标，具有可靠的负载效果，耐候性、耐久性也更好、更强。

(3) 防水。该墙体具有高弹性和整体性，解决了墙面开裂、表面渗水的通病，特别对陈旧墙面局部裂纹有整体覆盖作用。

(4) 体轻。采用该材料可将建筑房屋外墙厚度减小，不但减少了砌筑工程量、缩短了工期，而且减轻了建筑物自重。

(5) 阻燃。聚苯板为阻燃型，具有隔热、无毒、自熄和防火功能。

(6) 易施工。该墙体饰面施工对建筑物基层混凝土、红砖、砌块、石材和石膏板等有广泛的适用性；施工简单，具有一般抹灰水平的技术工人，经短期培训，即可进行现场操作施工。

9.2 聚苯乙烯泡沫塑料板薄抹灰外墙外保温工程

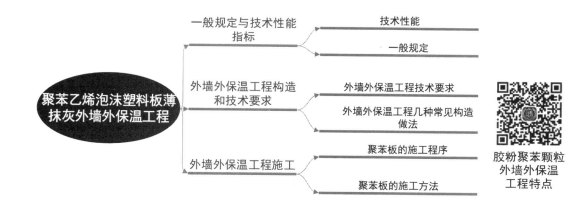

胶粉聚苯颗粒外墙外保温工程特点

带着问题学知识

聚苯板的施工程序是什么？
聚苯板施工应具备什么条件？

9.2.1　技术名词概念

1．聚苯板外墙外保温工程薄抹灰墙体

薄板抹灰系统

聚苯板外墙外保温工程薄抹灰墙体是采用聚苯板作为保温隔热层，用胶黏剂将其与基层墙体黏贴并辅以锚栓固定。当建筑物高度不超过 20m 时，也可采用单一的黏接固定方式，一般由工程设计部门根据具体情况确定。聚苯板的防护层为嵌埋有耐碱玻璃纤维网格增强的聚合物抗裂砂浆，属薄抹灰面层，防护层厚度普通型为 3～5mm，加强型为 5～7mm，饰面为涂料。

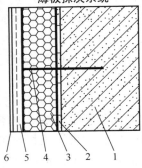

挤塑聚苯板因其强度高，有利于抵抗各种外力作用，可用于建筑物的首层及二层等易受撞击的位置。

图 9.1　薄抹灰外保温墙体基本构造

1—基层墙体；2—黏结层；3—保温层；
4—连接件；5—薄抹灰增强防护层；
6—饰面层

2．薄抹灰外保温墙体构造

薄抹灰外保温墙体构造如图 9.1 所示。

3．基层墙体

基层墙体是房屋建筑中起承重或围护作用的外墙体，可以是混凝土及各种砌体墙体。

4．胶黏剂

专用于把聚苯板黏结在基层墙体上的化工产品，有液体胶黏剂与干粉料两种产品形式。在施工现场将胶黏剂按使用说明加入一定比例的水泥或加入一定比例的拌合用水，搅拌均匀即可使用，胶黏剂主要承受以下两种荷载。

(1) 拉(或压)荷载。如风荷载作用于墙体表面、外力垂直于墙体面层等。

(2) 剪切荷载。在垂直荷载(如板自重荷载)作用下，外力平行于胶黏剂面层，黏结面承受压剪或拉剪作用。

5．聚苯板

由可发性聚苯乙烯珠粒经加热发泡后在模具中加热成型而制得的具有闭孔结构的聚苯乙烯泡沫塑料板材，有阻燃和绝热的作用，表观密度为 18～22kg/m³。挤塑聚苯板表观密度为 25～32kg/m³。聚苯板的常用厚度有 30mm、35mm、40mm 等。聚苯板出厂前在自然条件下必须陈化 42d 或在 60℃蒸汽中陈化 5d，才可以出厂使用。

6．锚栓

锚栓是固定聚苯板于基层墙体上的专用连接件，一般情况下包括塑料钉或具有防腐性能的金属螺钉和带圆盘的塑料膨胀套管两部分，有效锚固深度不小于 25mm，塑料圆盘直径不小于 50mm。

7．抗裂砂浆

抗裂砂浆是指由聚合物乳液和外加剂制成的抗裂剂和水泥以及砂按一定比例制成的能

满足一定变形而保持不开裂的砂浆。

8．耐碱网布

耐碱网布是指在玻璃纤维网格布的表面涂覆耐碱防水材料，埋入抹面胶浆中，形成薄抹灰增强防护层，提高防护层的机械强度和抗裂性。

9．抹面胶浆

抹面胶浆由水泥基或其他无机胶凝材料、高分子聚合物和填料等材料组成，埋入抹面胶浆中，用以提高防护层的强度和抗裂性。

9.2.2　一般规定与技术性能指标

1．一般规定

外墙外保温墙体的保温、隔热和防潮性能应符合国家现行标准《民用建筑热工设计规范》(GB 50176—2016)。《严寒和寒冷地区居住建筑节能设计标准(含光盘)》(JGJ 26—2018)、《夏热冬冷地区居住建筑节能设计标准》(JGJ 134—2010)、《夏热冬暖地区居住建筑节能设计标准》(JGJ 75—2012)的有关规定。

外墙外保温工程应能承受风荷载的作用而不被破坏；应能长期承受自重而不产生有害变形；应能适应基层的正常变形而不产生裂缝或空鼓；应能耐受室外气候的长期反复作用而不产生破坏；使用年限不应小于 25 年。

外墙外保温工程在罕遇地震发生时不应从基层上脱落；高层建筑应采取防火构造措施。

外墙外保温工程应具有防水渗透性能、防生物侵害性能。

涂料必须与薄抹灰外保温系统相容，其性能指标应符合外墙建筑涂料的相关要求。

在薄抹灰外墙保温中，所有的附件，包括密封膏、密封条、包角条以及包边条等应分别符合相应的产品标准的要求。

2．技术性能

各种材料的主要性能分别应符合表 9.1 至表 9.7 的要求。

表 9.1　薄抹灰外保温墙体的性能指标

试验项目		性能指标
吸水量/(g/m²)，浸水 24h		≤500
抗冲击强度/J	普通型	≥3.0
	加强型	≥10.0
抗风压值/kPa		不小于工程项目风荷载设计值
耐冻融		表面无裂纹、空鼓、起泡、剥离现象
水蒸气湿流密度/[g/(m²·h)]		≥0.85
不透水性		试样防护层内侧无水渗透
耐候性		表面无裂纹、粉化、剥落现象

246810121416182022242628303234

2468101214161820222426

表 9.2　胶黏剂的性能指标

试验项目		性能指标
拉伸黏结强度/MPa (与水泥砂浆)	原强度	≥0.60
	耐水	≥0.40
拉伸黏结强度/MPa (与膨胀聚苯板)	原强度	≥0.10，破坏界面在膨胀聚苯板上
	耐水	≥0.10，破坏界面在膨胀聚苯板上
可操作时间/h		1.5～4.0

表 9.3　膨胀聚苯板主要性能指标

试验项目	性能指标
热导率/[W/(m·K)]	≤0.041
表观密度/(kg/m³)	18.0～22.0
垂直于板面方向的抗拉强度/MPa	≥0.10
尺寸稳定性/%	≤0.30

表 9.4　膨胀聚苯板允许偏差

试验项目		允许偏差
厚度/mm	≤50	±1.5
	>50	±2.0
长度/mm		±2.0
宽度/mm		±1.0
对角线差/mm		±3.0
板边平直/mm		±2.0
板面平整度/mm		±1.0

注：本表的允许偏差值以1200mm(长)×600mm(宽)的膨胀聚苯板为基准。

表 9.5　抹面胶浆的性能指标

试验项目		性能指标
拉伸黏结强度/MPa (与膨胀聚苯板)	原强度	≥0.10，破坏界面在膨胀聚苯板上
	耐水	≥0.10，破坏界面在膨胀聚苯板上
	耐冻融	≥0.10，破坏界面在膨胀聚苯板上
柔韧性	抗压强度/抗折强度(水泥基)	≤3.0
	开裂应变(非水泥基)/%	≥1.5
可操作时间/h		1.5～4.0

表 9.6　耐碱网布主要性能指标

试验项目	性能指标
单位面积质量/(g/m²)	≥130
耐碱断裂强力(经、纬向)/(N/50mm)	≥750
耐碱断裂强力保留率(经、纬向)/%	≥50
断裂应变(经、纬向)/%	≤5.0

表 9.7　锚栓技术性能指标

试验项目	技术指标
单个锚栓抗拉承载力标准值/kN	≥0.30
单个锚栓对系统传热增加值/[W/(m² · K)]	≤0.004

9.2.3　外墙外保温工程构造和技术要求

1.　外墙外保温工程几种常见构造做法

外墙外保温工程几种常见构造做法如图 9.2 至图 9.9 所示。

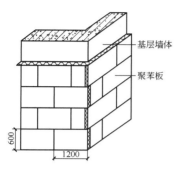

图 9.2　聚苯板排板图

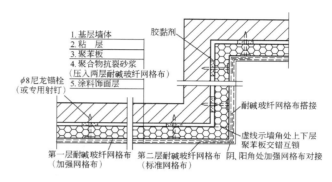

图 9.3　首层墙体构造及墙角构造处理详图

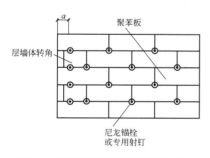

图 9.4　聚苯板排列及锚图点布置

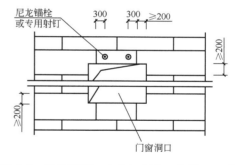

图 9.5　聚苯板洞口四角切割和顶部锚固要求

(注：a 应根据基房墙体材料和锚图的要求确定)

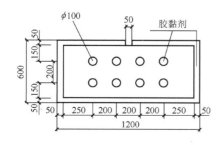

图 9.6　点框黏结示意图

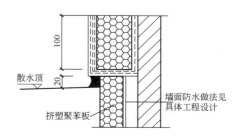

图 9.7　勒角保温构造详图

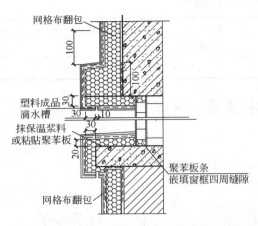

图 9.8　带窗套窗口保温构造详图

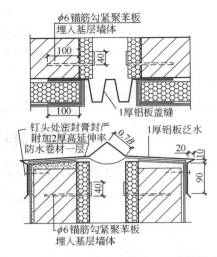

图 9.9　墙体变形缝保温平面、割面构造详图

2. 外墙外保温工程技术要求

粘贴聚苯板时，胶黏剂涂在板的背面，一般可采用点框法。涂胶黏剂面积不得小于板面积的 40%，板的侧边不得涂胶。

基层与胶黏剂的拉伸黏结强度不低于 0.3MPa，进行强度检验时，黏结界面脱开面积不应大于 50%。

聚苯板的尺寸一般为 1200mm×600mm，建筑高度在 20m 以上时，在受风压作用较大部位聚苯板应用锚栓固定，必要时应设置抗裂分隔缝。

聚苯板应按顺砌方式粘贴，竖缝应逐行错缝。板应粘贴牢固，不得有松动、空鼓现象。洞口四角部位的板应切割成型，不得拼接。

墙面连续高或宽超过 23m 时，应设伸缩缝。粘贴聚苯板时，板缝应挤紧挤平，板与板间缝不得大于 2mm(大于时可用板条将缝填塞)，板间高差不得大于 1.5mm(大于时应打磨平整)。

9.2.4　外墙外保温工程施工

1. 聚苯板的施工流程

材料、工具准备→基层处理→弹线、配黏结胶泥→黏结聚苯板→缝隙处理→聚苯板打磨、找平→装饰件安装→特殊部位处理→抹底胶泥→铺设网布、配抹面胶泥→抹面胶泥→找平修补、配面层涂料→涂面层涂料→竣工验收。

聚苯板的
施工程序

2. 聚苯板的施工方法

1)　施工应具备的条件

(1) 施工现场具备开工条件。

(2) 施工现场控制环境温度和基层墙体表现温度高于 5℃，但防止暴晒。对大于 5 级大风天气和雨天不能施工，若正常雨天施工，应当做好墙面防冲刷措施。

(3) 在施工过程中，墙体应采用必要的保护措施，防止施工墙面受到污染，待建筑泛水、密封膏等构造细部按设计要求施工完毕后，方可拆除保护物。

(4) 外墙和外墙门窗施工完毕并验收合格。

(5) 消防楼梯、水落管、各种进户管线伸出墙外等的预埋件连接件在安装时应当留保温厚度的间隙。

2) 施工操作要点

(1) 外墙保温采用双排钢管脚手架或吊架，其与墙面间最小距离应为450mm。

(2) 基层墙体表面必须保持干净、干燥无其他污染物，并用水泥砂浆找平平整处理。基层墙体的表面找平可用1∶3水泥砂浆。

(3) 黏结聚苯板。

① 标记黏结位置。根据设计图纸的要求，在经过平整处理的外墙上沿散水标高用墨线弹出散水、勒角水平线、变形缝及宽度线，标出聚苯板的黏结位置。

② 黏结胶浆配制。先搅拌强力胶，然后将按比例(1∶1质量比)配制的普通硅酸盐水泥边加边搅拌。胶泥随用随配，存放时间2h效果最佳，存放时间最长为3h。

③ 不锈钢抹子涂抹黏结胶泥。胶泥涂抹在聚苯板上，其胶泥带宽20mm、厚15mm，板的中间部位均匀布置大约6个点的水泥胶泥，每点直径50mm、厚15mm、中心距200mm。胶泥抹完后将聚苯板滑动就位于墙体上，同时用2m长的靠尺进行整平。

④ 于外墙勒角部位开始自上而下黏结。上下板排列互相错缝，上下排板间竖向接缝应为垂直交错连接；窗口带造型的应在墙面聚苯板黏结后另外贴有造型的聚苯板。

⑤ 粗砂纸打磨聚苯板。打磨墙面的动作应是轻柔的圆周运动，打磨时间应在聚苯板施工完毕大于24h后。

(4) 网格布的铺设。

① 涂抹抹面胶前，检查聚苯板表面干燥度、干净度、有无杂物。

② 网格布铺设方法：两道抹面胶浆法。聚苯板表面涂抹一层厚度约为1.6mm的抹面胶浆，面积比网格布大即可，将网格布压入湿的抹面胶浆中；第二道抹面胶浆在第一道胶浆稍干硬至可以触碰时覆盖涂抹。

③ 网格布的铺设应自上而下沿外墙进行。当遇到门窗洞口时，应在洞口四角处沿45°方向铺贴一块标准网格布，以防开裂。标准网格布间应相互搭接至少150mm，但加强网格布间须对接，其对接边缘应紧密。翻网处网宽不少于100mm。窗口翻网处及第一层起始边处侧面打水泥胶，面网用靠尺归方找平，用胶泥压实，翻网处网格布需将胶泥压出。外墙阳、阴角直接搭接200mm。

④ 全部抹面胶浆和网格布铺设完毕后，静置养护时间为24h，潮湿的气候条件下，适当延长养护时间。

(5) 面层涂料的施工。

① 面层涂料施工前，应当对表面进行平整处理：修补抹面浆的缺陷、凹凸不平处，专用细砂纸打磨一遍，必要时可批腻子。

② 面层涂料用滚涂法施工，应从墙的上端开始，自上而下进行。

【例9.1】2017年2月B市五名区一小区进行楼层的外墙外保温工程，总高度为60m。外墙外保温工程采用聚苯乙烯泡沫塑料板薄抹灰方式施工。

(1) 请阐述聚苯乙烯泡沫塑料板薄抹灰外墙外保温工程的技术名词。

(2) 请阐述聚苯板的施工程序。

9.3 胶粉聚苯颗粒外墙外保温工程

普通混凝土小型空心砌块 —— 胶粉聚苯颗粒外墙外保温工程特点

轻骨料混凝土小型空心砌块

胶粉聚苯颗粒外墙外保温工程

胶粉聚苯颗粒保温浆料工程构造和技术要求 —— 几种常见构造做法图

技术要求

带着问题学知识

胶粉聚苯颗粒外墙外保温施工工艺流程是什么?

胶粉聚苯颗粒外墙外保温施工要点是什么?

9.3.1 胶粉聚苯颗粒外墙外保温工程特点

采用预混合干拌技术,将保温胶凝材料与各种外加剂混合包装,聚苯颗粒按袋分装,到施工现场以袋为单位配合比将各种材料加水混合搅拌呈膏状,计量容易控制,保证配比准确。

采用同种材料冲筋,可保证保温层厚度控制准确,保温效果一致。从原材料本身出发,采用高吸水树脂及水溶性高分子外加剂,解决了一次抹灰太薄的问题,保证一次抹灰 4～6cm,黏结力强,不滑坠、干缩小,增强了抗裂防护层的保温抗裂能力,杜绝质量通病。

9.3.2 技术名词概念

(1) 胶粉颗粒保温浆料外墙外保温系统。采用胶粉聚苯颗粒浆料保温隔热材料,抹在基层墙体表面,保温浆料的防护层为嵌埋有耐碱玻璃纤维网格布的增强的聚合物抗裂砂浆,属薄型抹灰面层。

(2) 基层墙体。建筑物中起承重或围护作用的外墙。

(3) 界面砂浆。由高分子聚合物乳液与助剂配制而成的界面剂与水泥和中砂按一定比例搅拌均匀制成的砂浆。

(4) 胶粉聚苯颗粒保温浆料。由体积比不小于 80%的聚苯颗粒和胶粉料组成的保温灰浆。

(5) 胶粉料。由无机胶凝材料与各种外加剂在工厂采用混合干拌技术制成的专门用于配制胶粉聚苯颗粒保温浆料的复合胶凝材料。

(6) 聚苯颗粒。由聚苯乙烯泡沫塑料经粉碎、混合而成的具有一定粒度、级配的专门用于配制胶粉聚苯颗粒保温浆料的轻骨料。

(7) 抗裂柔性耐水腻子。由柔性乳液、助剂和粉料等制成的具有一定柔韧性和耐水性的腻子。

(8) 面砖黏结砂浆。由聚合物乳液和外加剂制得的面砖专用胶液、普通硅酸盐水泥和中砂按一定比例混合搅拌均匀制成的黏结砂浆。

(9) 面砖勾缝料。由多分子材料、水泥、各种填料、助剂等配制而成的陶瓷面砖勾缝料。

(10) 柔性底层涂料。由柔性防水乳液，加入多种助剂、填料配制而成的具有防水和透气效果的封底涂层。

9.3.3　胶粉聚苯颗粒保温浆料工程构造和技术要求

1．几种常见构造做法

外墙贴面砖如图 9.10 至图 9.15 所示。

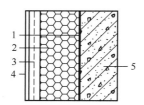

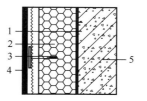

图 9.10　涂料饰面胶粉聚苯颗粒外保温构造详图

1—界面砂浆；2—胶粉聚苯颗粒保温层；

3—抗裂砂浆耐碱网格布+弹性底涂料；

4—柔性耐水腻子涂料；5—基层墙体

图 9.11　面砖饰面胶粉聚苯颗粒外保温构造详图

1—界面砂浆；2—保温浆料；

3—第一遍护裂砂浆+热镀锌电焊网+第二遍抗裂砂浆；

4—黏结砂浆+面砖+勾缝材料；5—基层墙体

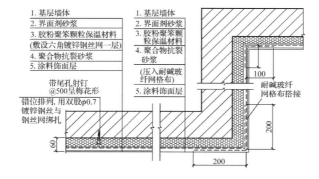

图 9.12　墙体及墙角构造详图

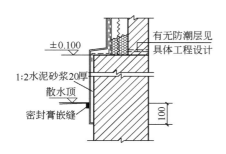

图 9.13　勒脚构造详图

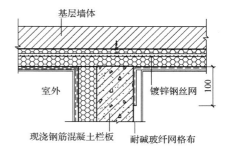

图 9.14　阳台构造详图

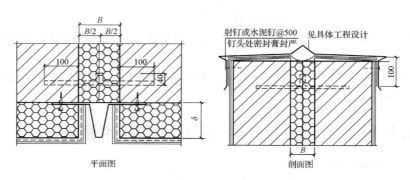

图 9.15 墙身变形缝构造详图

2. 技术要求

高层建筑如采用粘贴面砖时,面砖重量不大于 $20kg/m^2$ 且面积不大于 $1000mm^2$/块。涂料饰面层涂抹前,应先在抗裂砂浆抹面层上涂刷高分子乳液弹性底涂层,再刮抗裂性柔性耐水腻子。胶粉聚苯颗粒保温浆料保温层设计厚度不宜超过 100mm,必要时应设置抗裂分隔缝。现场应取样检查胶粉聚苯颗粒保温浆料的干密度,但必须在保温层硬化和达到设计要求的厚度后。其干密度不应大于 $250kg/m^3$,并且不应小于 $180kg/m^3$。现场检查保温层厚度应符合设计要求,不得有负偏差。

9.3.4 施工工艺流程

基层墙体处理→涂刷界面剂→吊垂、套方、弹控制线→贴饼、冲筋、作口→抹第一遍聚苯颗粒保温浆料→(24h 后)抹第二遍聚苯颗粒保温浆料→(晾干后)划分格线、开分格槽、粘贴分格条、滴水槽→抹抗裂砂浆→铺压玻纤网格布→抗裂砂浆找平、压光→涂刷防水弹性底漆→刮柔性耐水腻子→验收。

9.3.5 胶粉聚苯颗粒外墙外保温施工要点

(1) 基层墙体表面应干净,此外符合要求的基层墙体表面,均应涂刷界面砂浆,如为黏土砖可浇水淋湿。

(2) 保温隔热层的厚度偏差要求。保温浆料分多次抹灰,时间间隔大于 24h,每遍抹灰厚度不宜超过 25mm。

(3) 保温层类型。通常是一般型和加强型。建筑物高度大于 30m 时采用加强型保温层,其厚度大于 60mm。

(4) 墙面分格缝设置。分格缝可根据设计要求、施工应符合现行国家和行业标准、规范、规程的要求设置。变形缝盖板一般采用 1mm 厚铝板或 0.7mm 厚镀锌薄钢板。凡在盖缝板外侧抹灰时,均应在与抹灰层相接触的盖缝板部位钻孔,钻孔面积应占接触面积的 25% 左右,增加抹灰层与基础的咬合作用。施工完工后,应做好成品保护工作,防止施工时的污染、破坏和损坏。

9.4　钢丝网架板现浇混凝土外墙外保温工程

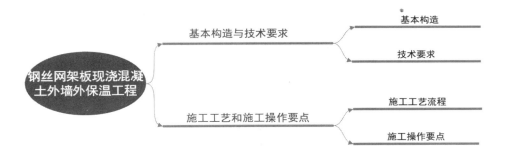

带着问题学知识

钢丝网架板现浇混凝土外墙外保温工程施工技术要求是什么？
钢丝网架板现浇混凝土外墙外保温工程施工工艺是什么？

9.4.1　钢丝网架与现浇混凝土外墙外保温工程的特点

单面钢丝网架聚苯板质量轻、吸水率小、耐候性能好，其剪裁安装、绑扎、固定等操作简单，不占主导工期。单面钢丝网架聚苯板安装可比主体结构施工先进行，利用主体结构施工的架子和安全防护设施，有利于安全施工。冬期施工时，单面钢丝网架聚苯板可起保温作用，外围护不需另设保温措施。聚苯板与混凝土墙体结合良好，施工方法简单，有较高的安全度，而且提高了混凝土墙体的质量，原因是外侧聚苯板对混凝土起到了良好的养护作用。

9.4.2　基本构造和技术要求

1. 基本构造

钢丝网架板混凝土外墙外保温工程(以下简称有网现浇系统)是以现浇混凝土为基层墙体，采用腹丝穿透性钢丝网架聚苯板作为保温隔热材料，聚苯板单面钢丝网架板置于外墙外模板内侧，并以 $\phi6$ 锚筋勾紧钢丝网片作为辅助固定措施与钢筋混凝土现浇为一体，聚苯板的抹面层为抗裂砂浆，属厚型抹灰面层、面砖饰面。有网现浇系统几种常见的构造做法如图 9.16 至图 9.22 所示。

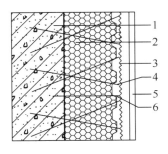

图 9.16　有网现浇系统

1—现浇混凝土外墙；2—EPS 单面钢丝网架板；
3—掺外加剂的水泥砂浆厚抹面层；
4—钢丝网架；5—饰面层；6—$\phi6$ 网筋

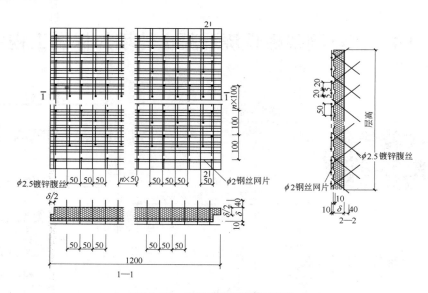

图 9.17 钢丝网架聚苯板板型

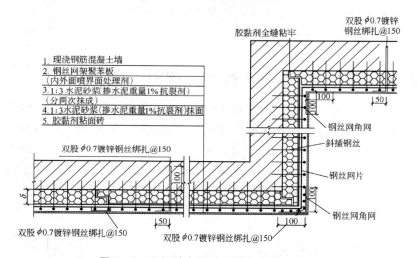

图 9.18 阴阳墙角于墙体的构造做法详图

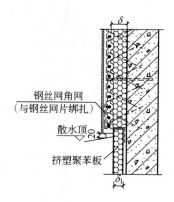

图 9.19 勒角构造做法详图

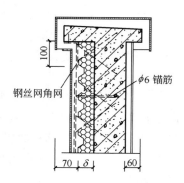

图 9.20 女儿墙构造做法详图

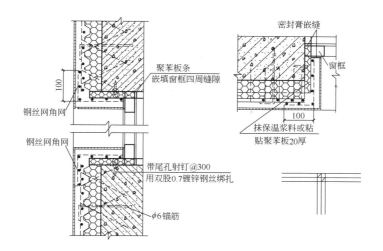

图 9.21　窗口构造做法详图

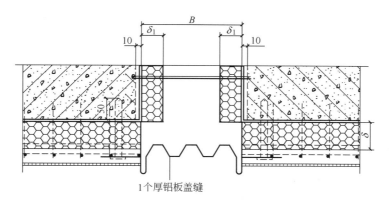

图 9.22　墙面变形缝构造做法详图

2．技术要求

(1)　板面斜插腹丝不得超过 200 根/m²，斜插腹丝应为镀锌腹丝，板两面应预喷刷界面砂浆，加工质量应符合现行行业标准《钢丝网架水泥聚苯乙烯夹芯板》(JC 623—1996)的有关规定。

(2)　聚苯板安装就位后，将 L 形 ϕ6 锚筋穿透板面与混凝土墙体钢筋绑牢，锚筋穿过聚苯板的部分刷防锈漆两遍。L 形 ϕ6 锚筋不少于 4 根/m²，锚固深度不得小于 100mm。

(3)　每层层间应当设水平抗裂分隔缝，聚苯板面的钢丝网片在楼层分层处应断开，不得相连，抹灰时嵌入层间塑料分隔条或泡沫塑料棒，并用建筑密膏嵌缝。垂直抗裂分隔缝不宜大于 30m² 墙面面积。

(4)　应采用钢制大模板施工，并应有可靠技术保证措施，保证钢丝网架板和辅助固定件安装位置正确。

(5)　墙体混凝土应分层浇注、分层振捣，分层高度应控制在 500mm 以内，严禁混凝土泵正对聚苯板下料，振捣棒更不得接触聚苯板，以免板受损。

(6)　界面砂浆涂敷应均匀，与钢丝和聚苯板附着强，斜丝脱焊点不超过 3%，并且穿过

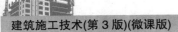

板的挑头不应小于 30mm。板长 300mm 范围内对接接头不得多于两处，对接处可以用胶黏剂黏牢。

9.4.3　施工工艺和施工操作要点

1．施工工艺流程

墙体放线→绑扎外墙钢筋、钢筋隐检→安装钢丝网架聚苯板→验收钢丝网架聚苯板→支外墙模板→验收模板→浇筑墙体混凝土→检验墙及钢丝网架聚苯板→钢丝网架聚苯板板面抹灰。

2．施工操作要点

1)　外墙外保温板安装

混凝土内外钢筋绑扎验收合格后，弹水平线及垂直线，同时在外墙钢筋外侧，每块板(1200mm×2700mm)绑扎不少于 4 块的塑料卡垫块。

保温板就位后，可将 L 形 ϕ6 钢筋按垫块位置穿过保温板，用火烧丝将其两侧与钢丝网及墙体绑扎牢固。L 形 ϕ6 钢长 200mm，弯钩 30mm，穿过保温板部分刷两道防锈漆。

2)　模板安装

在底层混凝土强度不低于 7.5MPa 时，按弹出的墙体位置线开始安装钢制大模板。安装上一层模板时，利用下一层外墙螺栓孔挂三角平台架及金属防护栏。安装外墙钢制大模板前必须在现浇混凝土墙体根部或保温板外侧采取可靠的定位措施，以防模板挤靠保温板。模板放在三角平台架上，将模板就位，穿螺栓紧固校正。

3)　浇筑混凝土

在浇筑商品混凝土或者现场搅拌混凝土时，保温板顶面应当遮挡，新、旧混凝土接槎处应均匀浇筑 3～5cm 同强度等级的细石混凝土。混凝土应分层浇筑的厚度不大于 500mm。

振捣棒振动间距一般应不大于 50cm，振捣结束标志是表面浮浆不再下沉。

4)　大模板的拆除

常温条件下，墙体混凝土强度不应低于 1.0MPa，冬期施工墙体混凝土强度不应低于 7.5MPa，方可拆除模板。先拆除外墙模板再拆除外墙内侧模板，并及时修补混凝土墙面的缺陷。穿墙套管拆除后，应以干硬性砂浆补洞，洞口处所缺保温板应用保温板填好。

5)　混凝土的养护

按照规范进行养护。

6)　混凝土墙体检验

墙体混凝土必须振捣密实均匀，墙面及接槎处应光滑、平整，墙面不得有孔洞、露筋等缺陷。允许偏差应符合有关规范的要求。聚苯板压缩允许厚度为板设计厚度的 1/10，检验时，用钢尺，上、中、下各侧 3 点取平均值。

7)　外墙外保温板的抹灰

保温板表面干净无异物，且两层之间的保温板钢丝网应剪断。水泥可用强度等级为 42.5MPa 的普通硅酸盐水泥，砂子用中砂，含泥量不大于 30%。水泥砂浆按 1:3 比例配制，并按水泥重量的 1%掺入防裂剂。板面应喷界面剂而且应均匀一致，干燥后可进行抹灰。

抹灰应分底层和面层，每层厚度不大于 10mm，总厚度不大于 20mm，以盖住钢丝网为宜。待底层抹灰凝结后可抹面层，常温下 24h 后即可黏结面砖。

9.5　实　训　练　习

一、单选题

1. 关于聚苯板外墙外保温工程薄抹灰系统，说法错误的是(　　)。

　A. 聚苯板外墙外保温工程薄抹灰系统是采用聚苯板作为保温隔热层，用胶黏剂将其与基层墙体粘贴并辅以锚栓固定

　B. 当建筑物高度不超过 40m 时，也可采用单一的粘接固定方式，一般由工程设计部门根据具体情况确定

　C. 聚苯板的防护层为嵌埋有耐碱玻璃纤维网格增强的聚合物抗裂砂浆，属薄抹灰面层，防护层厚度普通型为 3～5mm，加强型为 5～7mm，饰面为涂料

　D. 挤塑聚苯板因其强度高，有利于抵抗各种外力作用，可用于建筑物的首层及二层等易受撞击的位置

2. 以下说法正确的是(　　)。

　A. 由可发性聚苯乙烯珠粒经加热发泡后在模具中加热成型而制得的具有开孔结构的聚苯乙烯泡沫塑料板材，有阻燃和绝热的作用，表观密度为 18～22kg/m³

　B. 锚栓是固定聚苯板于基层墙体上的专用连接件，一般情况下包括塑料钉或具有防腐性能的金属螺钉和带圆盘的塑料膨胀套管两部分，有效锚固深度不小于 30mm，塑料圆盘直径不小于 50mm

　C. 抗裂砂浆是指由聚合物乳液和外加剂制成的抗裂剂和水泥和砂按一定比例制成的能满足一定变形而保持不开裂的砂浆

　D. 耐碱网布是指在玻璃纤维网格布的表面涂覆耐碱防水材料，埋入抹面胶浆中，形成薄抹灰增强防护层，提高防护层的机械强度和抗冻性

3. 关于外墙外保温工程技术要求说法正确是(　　)。

　A. 粘贴聚苯板时，胶黏剂涂在板的背面，一般可采用面框法。涂胶黏剂面积不得小于板面积的 40%，板的侧边不得涂胶

　B. 基层与胶黏剂的拉伸黏结强度不低于 0.3MPa，进行强度检验时，黏结界面脱开面积不应大于 50%

　C. 聚苯板的尺寸一般为 1200mm×600mm，建筑高度在 40m 以上时，在受风压作用较大部位聚苯板应用锚栓固定，必要时应设置抗裂分隔缝

　D. 聚苯板应按逆砌方式粘贴，竖缝应逐行错缝。板应粘贴牢固，不得有松动空鼓现象。洞口四角部位的板应切割成型，不得拼接

4. 关于聚苯板的施工方法，说法错误的是(　　)。

　A. 施工现场控制环境温度和基层墙体表现温度高于 10℃，但防止暴晒。对于大于 5 级大风天气和雨天不能施工，若正常雨天施工，应当做好墙面防冲刷措施

　B. 在施工过程中，墙体应采用必要的保护措施，防止施工墙面受到污染，待建筑泛水、密封膏等构造细部按设计要求施工完毕后，方可拆除保护物

C. 外墙和外墙门窗施工完毕并验收合格

D. 消防楼梯、水落管、各种进户管线伸出墙外等的预埋件连接件在安装时应当留保温厚度的间隙

二、多选题

1. 新型聚苯板外墙外保温特点有(　　)。
   A. 节能　　　　　　　B. 牢固　　　　　　　C. 防水
   D. 体轻　　　　　　　E. 阻燃

2. 外墙外保温工程的特点有(　　)。
   A. 外墙外保温工程能承受风荷载的作用而不被破坏
   B. 能长期承受自重而不产生有害变形
   C. 能适应基层的正常变形而不产生裂缝或空鼓
   D. 应能耐受室外气候的长期反复作用而不产生破坏
   E. 使用年限不应小于25年

3. 钢丝网架与现浇混凝土外墙外保温工程的特点,描述正确的有(　　)。
   A. 单面钢丝网架聚苯板质量重、吸水率小、耐候性能好,其剪裁安装、绑扎、固定等操作简单,不占主导工期
   B. 单面钢丝网架聚苯板安装可比主体结构施工先进行,利用主体结构施工的架子和安全防护设施,有利于安全施工
   C. 冬期施工时,单面钢丝网架聚苯板可起保温作用,外围护不需另设保温措施
   D. 聚苯板与混凝土墙体结合良好,施工方法复杂,有较高的安全度,而且提高了混凝土墙体的质量,原因是外侧聚苯板对混凝土起到了良好的养护作用
   E. 单面钢丝网架聚苯板质量轻、吸水率小、耐候性能好,其剪裁安装、绑扎、固定等操作复杂,不占主导工期

三、简答题

1. 简述聚苯板的施工程序。
2. 解释抗裂砂浆、耐碱网布、抹面胶浆名词。
3. 简述聚苯板的施工操作要点。

JS09 课后答案

实训工作单

班级		姓名		日期	
教学项目		聚苯乙烯泡沫塑料板薄抹灰外墙外保温工程			
任务	了解聚苯乙烯泡沫塑料板薄抹灰外墙外保温工程相关技术名词、一般规定与技术性能指标、掌握外墙外保温工程构造和技术要求		方式	相关视频结合工程实例学习	
相关知识	外墙外保温工程几种常见构造做法、外墙外保温工程技术要求、外墙外保温工程施工				
其他要求	无				
学习总结记录					
评语				指导教师	

第10章 装饰工程

装饰工程是指为了保护建筑物的主体结构，完善建筑物的使用功能和美化建筑物，采用装饰装修材料或装饰物，对建筑物的内外表面及空间进行各种处理的过程。

装饰工程涉及的范围很广，包括的主要内容有抹灰工程、门窗工程、吊顶工程、轻质隔墙工程、饰面板(砖)工程、幕墙工程、涂饰工程、裱糊与软包工程及细部工程等。

JS10 拓展资源

JS10 图片库

学习目标

(1) 了解掌握常见装饰工程施工工艺要点。
(2) 熟悉装饰工程施工质量标准。

教学要求

章节知识	掌握程度	相关知识点
抹灰工程	了解一般抹灰工程的组成与分类及其质量要求	一般抹灰工程的组成与分类、一般抹灰、抹灰工程的质量要求
饰面板(砖)工程	掌握饰面板施工和饰面砖施工特点	饰面板施工、饰面砖施工
地面工程	掌握地面装饰工程的内容	地面工程层次构成及面层材料、整体面层施工、板块面层施工等
吊顶与轻质隔墙工程	熟悉吊顶工程的分类和施工方法	木骨架、轻钢骨架罩面板顶棚施工
门窗工程	了解门窗工程的内容、安装方法和质量标准	木门窗安装、硬 PVC 塑料门窗安装
涂饰工程	掌握涂饰工程的分类及施工工艺	涂料的组成及分类、涂饰工程的施工工艺及其质量验收要求

思政目标

装饰工程与人们的日常生活息息相关，小到墙壁抹灰掉落，大到吊顶、门窗的结构变形问题，谈谈你对装饰工程施工工艺与安全问题的看法。

案例导入

　　某现浇钢筋混凝土框架结构的商场，建筑面积为 17 046.76m²，长度为 147.2m，宽度为 57.9m。屋面设计防水等级为 I 级的上人屋面。试思考该屋面防水工程应采用何种施工方案，注意哪些问题？

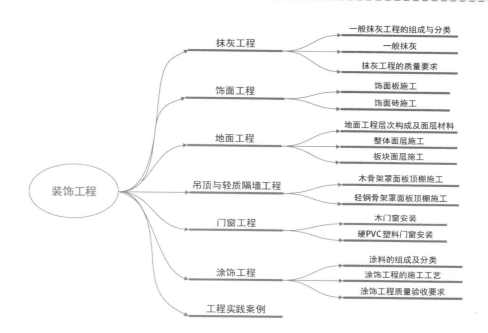

10.1　抹　灰　工　程

　　抹灰工程是用灰浆涂抹在房屋建筑的墙、地、顶棚表面上的一种传统做法的装饰工程。抹灰工程分内抹灰和外抹灰，通常把位于室内各部位，如楼地面、顶棚、墙裙、踢脚。我国有些地区习惯把它称为"粉饰"或"粉刷"。

10.1.1　一般抹灰工程的组成与分类

1．抹灰工程

1）抹灰层的组成

　　为了使抹灰层与基层黏结牢固，防止起鼓开裂，并使抹灰层的表面平整，保证工程质量，抹灰层应分层涂抹。抹灰层一般由底层、中层和面层组成。底层主要起与基层(基体)

的黏结作用，中层主要起找平作用，面层主要起装饰美化作用。各层厚度和使用砂浆品种应根据基层材料、部位、质量标准以及各地气候情况决定。抹灰层的一般做法，如表10.1所示。

2) 抹灰层的平均总厚度

抹灰层的平均总厚度应小于下列数值，其目的主要是为了防止抹灰层脱落。

(1) 顶棚。板条、现浇混凝土和空心砖抹灰厚度为15mm；预制混凝土抹灰厚度为18mm；金属网抹灰厚度为20mm。

(2) 内墙。普通抹灰两遍做法(一层底层，一层面层)，厚度为18mm；普通抹灰3遍做法(一层底层，一层中层和一层面层)，厚度为20mm；高级抹灰为25mm。

抹灰层厚度控制

(3) 外墙抹灰厚度为20mm；勒脚及凸出墙面部分抹灰厚度为25mm。

(4) 石墙抹灰厚度为35mm。

表 10.1 抹灰层的一般做法

层次	作 用	基层材料	一般做法
底层	主要起与基层的黏结作用，兼起初步找平作用。砂浆稠度为10～20cm	砖 墙	室内墙面一般采用石灰砂浆或水泥混合砂浆打底；室外墙面、门窗洞口外侧壁、屋檐、勒脚、压檐墙等及湿度较大的房间和车间宜采用水泥砂浆或水泥混合砂浆
		混凝土	宜先刷素水泥浆一道，采用水泥砂浆或混合砂浆打底；高级装修顶板宜用乳胶水泥砂浆打底
		加气混凝土	宜用水泥混合砂浆、聚合物水泥砂浆或掺增稠粉的水泥砂浆打底。打底前先刷一遍胶水溶液
		硅酸盐砌块	宜用水泥混合砂浆或掺增稠粉的水泥砂浆打底
		木板条、苇箔、金属网基层	宜用麻刀灰、纸筋灰或玻璃丝灰打底，并将灰浆挤入基层缝隙内，以加强拉结
		平整光滑的混凝土基层，如顶棚、墙体	可不抹灰，采用刮粉刷石膏或刮腻子处理
中层	主要起找平作用。砂浆稠度为7～8cm		基本与底层相同，砖墙则采用麻刀灰、纸筋灰或粉刷石膏；根据施工质量要求可以一次抹成，也可以分遍进行
面层	主要起装饰作用。砂浆稠度为10cm		要求平整、无裂纹，颜色均匀；室内一般采用麻刀灰、纸筋灰、玻璃丝灰或粉刷石膏；高级墙面用石膏灰；保温、隔热墙面按设计要求；室外常用水泥砂浆、水刷石、干黏石等

3) 抹灰层每遍厚度

抹灰工程一般应分遍进行，以便黏结牢固，并能起到找平和保证质量的作用。如果一层抹得太厚，由于内外收水快慢不同，容易开裂，甚至起鼓脱落。每遍抹灰厚度一般控制如下。

(1) 抹水泥砂浆每遍厚度为5～7mm。

（2）　抹石灰砂浆或混合砂浆每遍厚度为 7～9mm。

（3）　抹灰面层用麻刀灰、纸筋灰、石膏灰以及粉刷石膏等罩面时，经赶平、压实后，其厚度麻刀灰不大于 3mm；纸筋灰、石膏灰不大于 2mm；粉刷石膏不受限制。

（4）　混凝土内墙面和楼板平整光滑的底面，可采用腻子分遍刮平，总厚度为 2～3mm。

（5）　用麻刀灰、纸筋灰为板条、金属网抹灰时，每遍的厚度为 3～6mm。

水泥砂浆和水泥混合砂浆的抹灰层，应待前一层抹灰层凝结后，方可涂抹后一层；石灰砂浆抹灰层，应待前一层达到 7～8 成干后，方可涂抹后一层。

2．抹灰工程分类

抹灰工程按使用的材料及其装饰效果可分为一般抹灰和装饰抹灰。

1）　一般抹灰

一般抹灰所使用的材料有石灰砂浆、水泥混合砂浆、水泥砂浆、聚合物水泥砂浆、麻刀灰、纸筋石灰和粉刷石膏等。

按建筑物的标准，一般抹灰分为高级抹灰和普通抹灰两个级别，如表 10.2 所示。

表 10.2　一般抹灰的分类

级　别	适用范围	做法要求
高级抹灰	适用于大型公共建筑、纪念性建筑物(如剧院、礼堂、宾馆、展览馆和高级住宅)以及有特殊要求的高级建筑等	一层底灰，数层中层和一层面层。阴阳角找方，设置标筋，分层赶平、修整，表面压光。要求表面应光滑、洁净，颜色均匀、线角平直、清晰、美观，无纹路
普通抹灰	适用于一般居住、公用和工业建筑(如住宅、宿舍、教学楼、办公楼)以及建筑物中的附属用房，如汽车库、仓库、锅炉房、地下室、储藏室等	一层底灰，一层中层和一层面层(或一层底灰，一层面层)。阳角找方，设置标筋，分层赶平、修整，表面压光。要求表面洁净，线角顺直、清晰，接槎平整

2）　装饰抹灰

装饰抹灰是指通过对操作工艺及选用材料等方面的改进，使抹灰更富于装饰效果，主要有水刷石、斩假石、干粘石和假面砖等。

除了一般抹灰和装饰抹灰以外，还有采用特种砂浆进行的具有特殊要求的抹灰。例如，钡砂(重晶石)砂浆抹灰，对 α 和 γ 射线有阻隔作用，常用作 α 射线探伤室、α 射线治疗室、同位素实验室等墙面抹灰。还有应用膨胀珍珠岩、膨胀蛭石作为骨料的保温隔热砂浆抹灰，不但具有保温、隔热、吸声性能，还具有无毒、无臭、不燃烧和质量密度轻的特点。

10.1.2　一般抹灰

1．一般抹灰的材料

1）　水泥

一般抹灰常用的水泥为强度等级不小于 32.5 级的普通硅酸盐水泥、矿渣硅酸盐水泥，水泥的品种、强度等级应符合设计要求。出厂 3 个月的水泥，应经试验后方能使用，受潮后结块的水泥应过筛试验后使用。水泥体积的稳定性必须合格。

2) 石灰膏和磨细生石灰粉

块状生石灰须经熟化成石灰膏才能使用，在常温下，熟化时间不应少于 15d；用于罩面的石灰膏，在常温下，熟化的时间不得少于 30d。

将块状生石灰碾碎磨细后的成品，即为磨细生石灰粉。罩面用的磨细生石灰粉的熟化时间不得少于 3d。使用磨细生石灰粉粉饰，不仅具有节约石灰、适合冬季施工的优点，而且粉饰后不易出现膨胀、鼓皮等现象。

3) 石膏

抹灰用石膏，一般用于高级抹灰或抹灰龟裂的补平。宜采用乙级建筑石膏，使用时磨成细粉无杂质，细度要求通过 0.15mm 筛孔，筛余量不大于 10%。

4) 粉煤灰

粉煤灰作为抹灰掺合料，可以节约水泥，提高和易性。

5) 粉刷石膏

粉刷石膏是以建筑石膏粉为基料，加入多种添加剂和填充料等配制而成的一种白色粉料，是一种新型的装饰材料。常见的有面层粉刷石膏、基层粉刷石膏、保温粉刷石膏等。

6) 砂

抹灰用砂最好是中砂，或粗砂与中砂混合掺用。可以用细砂，但不宜用特细砂。抹灰用砂要求颗粒坚硬、洁净，使用前需要过筛(筛孔不大于 5mm)，不得含有黏土(不超过 2%)、草根、树叶、碱质及其他有机物等有害杂质。

7) 麻刀、纸筋、稻草、玻璃纤维

麻刀、纸筋、稻草、玻璃纤维在抹灰层中起拉结和骨架作用，可提高抹灰层的抗拉强度，增加抹灰层的弹性和耐久性，使抹灰层不易裂缝、脱落。

2．施工流程

室内一般抹灰的工艺流程，如图 10.1 所示。

墙面抹灰

1) 基层处理

(1) 砖墙面。将墙面、砖缝残留的灰浆、污垢、灰尘等杂物清理干净，用水浇墙使其湿润。

(2) 混凝土墙面。用笤帚扫甩内掺水重 20%的环保类建筑界面胶的 1∶1 水泥细砂浆一道进行"毛化"处理。

(3) 加气混凝土应在湿润后，边刷界面剂边抹强度不小于 M5 的水泥混合砂浆。

2) 找规矩

根据设计图纸要求的抹灰质量等级，按基层表面平整垂直情况，吊垂直、套方、找规矩，经检查后确定抹灰厚度，但每层厚度不应小于 7mm。

3) 抹灰饼

确定灰饼位置，先抹上灰饼再抹下灰饼，用靠尺找好垂直度与平整度。灰饼宜用 1∶3 水泥砂浆抹成 50 mm 见方形状，其厚度则根据墙面平整和垂直程度决定(见图 10.2)。

4) 墙面冲筋

依照贴好的灰饼，从水平方向或垂直方向在各灰饼之间用与抹灰层相同的砂浆冲筋，反复搓平，上下吊垂直。冲筋的根数应根据房间的宽度或高度决定，一般筋宽为 50mm。冲筋方式可充横筋也可充立筋。

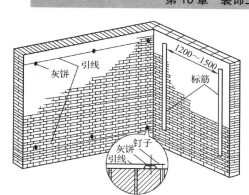

(a) 灰饼、标筋位置示意

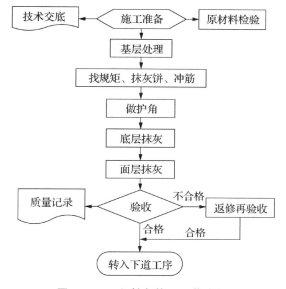

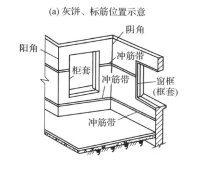

(b) 水平横向标筋示意

图 10.1　一般抹灰施工工艺流程　　　图 10.2　挂线做标准灰饼及冲筋

5)　做护角

室内墙面的阳角、柱面的阳角和门窗洞口的阳角，根据抹灰砂浆品种的不同分别做护角。当在墙面抹石灰砂浆时，应用 1∶3 水泥砂浆打底并与所抹灰饼找平，待砂浆稍干后，再用 1∶2 水泥细砂浆做明护角。护角高度不应低于 2m，每侧宽度不小于 50mm。门窗口护角做完后，应及时用清水刷洗门窗框上黏附的水泥浆。

6)　底层抹灰

一般情况下冲筋完 2h 左右就可以抹底灰。抹底灰要根据基层偏差情况分层进行，抹灰遍数：普通抹灰最少两遍成活，高级抹灰最少 3 遍成活。每层抹灰厚度：普通抹灰 7～9mm 较适宜，高级抹灰 5～7mm 较适宜，每层抹灰应等前一道抹灰层初凝收浆后才能进行。

抹灰结束后要全面检查底子灰是否平整、阴阳角是否方正、管道处是否密实、墙与顶(板)交接处是否光滑平顺。墙面的垂直与平整情况要用托线板及时检查。

7)　面层抹灰

(1)　砂浆面层。面层砂浆一般为 1∶2.5 水泥砂浆或 1∶1∶4 水泥混合砂浆，抹灰厚度宜为 5～8mm。抹灰前先用适量水湿润底灰层，抹灰时先薄刮一层素水泥膏，接着抹面层砂浆并用刮杠横竖刮平、木抹子搓毛，待其表面收浆、无明水时用铁抹子压实、溜光。若设计不是光面时，在面层灰表面收浆无明水后还得用软毛刷蘸水垂直于同一方向轻刷一遍，以保证面层灰颜色一致，避免和减少收缩裂缝。

(2)　罩面灰膏。当设计为砖墙抹石灰砂浆时，应抹罩面灰膏。罩面灰应两遍成活，厚度约 2mm，抹灰前，如底灰过干应洒水湿润。抹罩面灰时应按先上后下的顺序进行，再赶光压实,然后用铁抹子收压一遍,待罩面灰表面收浆、稍微变硬时再进行最后的压光,随后用毛刷蘸水将罩面灰污染处清刷干净。

8) 顶棚抹灰

为顶棚抹找平灰前,先用水准仪对顶棚进行测量抄平,然后在顶棚四周的墙面上弹出抹灰控制线,并在顶棚的四周找出抹灰控制点后贴灰饼;然后用铁抹子把拌好的界面剂料浆在混凝土基层上均匀地涂抹一道,接着就抹找平底灰。底灰一般可采用1:3的水泥砂浆或1:1:6的水泥混合砂浆,每层抹灰厚度5~7mm且应等前一层抹灰初凝收浆后才能进行。每层抹灰结束后应用木抹子搓平、搓毛,最后一层抹完后应按控制线或灰饼用刮杠顺平并用铁抹子收压密实。

3. 抹灰工艺顺序

抹灰一般应遵循先外墙后内墙,先上后下,先顶棚、墙面后地面的顺序。外墙抹灰顺序:屋檐→阳角线→台口线→窗→墙面→勒脚→散水坡→明沟;内墙抹灰顺序:内墙抹灰应在屋面防水工程完工后,且无后续工程损坏和沾污的情况下进行,其顺序:房间(顶棚→墙面→地面)→走廊→楼梯→门厅。

10.1.3 抹灰工程的质量要求

一般抹灰的质量标准如下。

1. 主控项目

主控项目如表10.3所示。

2. 一般项目

(1) 一般抹灰工程的表面质量应符合下列规定。
① 普通抹灰表面应光滑、洁净、接槎平整,分格缝应清晰。
② 高级抹灰表面应光滑、洁净、颜色均匀、无抹纹,分格缝和灰线应清晰美观。

表 10.3 一般抹灰工程主控项目质量标准

项次	项　目	检验方法
1	抹灰前基层表面的尘土、污垢、油渍等应清除干净,并应洒水润湿	检查施工记录
2	一般抹灰所用材料的品种和性能应符合设计要求;水泥的凝结时间和安定性复验应合格;砂浆的配合比应符合设计要求	检查产品合格证书、进场验收记录、复验报告和施工记录
3	抹灰工程应分层进行,当抹灰总厚度不小于35mm时,应采取加强措施;不同材料基体交接处表面的抹灰,应采取防止开裂的加强措施;当采用加强网时,加强网与各基体的搭接宽度不应小于100mm	检查隐蔽工程验收记录和施工记录
4	抹灰层与基层之间及各抹灰层之间必须黏结牢固,抹灰层应无脱层、空鼓,面层应无爆灰和裂缝	观察;用小锤轻击检查;检查施工记录

(2) 护角、孔洞、槽、盒周围的抹灰表面应整齐、光滑;管道后面的抹灰表面应平整。
(3) 抹灰层的总厚度应符合设计要求;水泥砂浆不得抹在石灰砂浆层上;罩面石膏灰

不得抹在水泥砂浆层上。

(4) 抹灰分格缝的设置应符合设计要求,宽度和深度应均匀,表面应光滑,棱角应整齐。

(5) 有排水要求的部位应做滴水线(槽),滴水线(槽)应整齐顺直、内高外低,滴水槽的宽度和深度均不应小于 10mm。

(6) 一般抹灰工程质量的允许偏差和检验方法应符合表 10.4 的规定。

表 10.4　一般抹灰的允许偏差和检验方法

项次	项　目	允许偏差/mm		检验方法
		普通抹灰	高级抹灰	
1	立面垂直度	4	3	用 2m 垂直检测尺检查
2	表面平整度	4	3	用 2m 靠尺和塞尺检查
3	阴阳角方正	4	3	用直角检测尺检查
4	分格条(缝)直线度	4	3	拉 5m 线,不足 5m 拉通线,用钢直尺检查
5	墙裙、勒脚上口直线度	4	3	拉 5m 线,不足 5m 拉通线,用钢直尺检查

注:对于普通抹灰,本表第 3 项阴角方正可不检查。

10.2　饰面板(砖)工程

饰面工程是在墙柱表面镶贴或安装具有保护和装饰功能的块料而形成的饰面层。块料可分为饰面板和饰面砖两大类。饰面板有石材饰面板(包括天然石材和人造石材)、金属饰面板、塑料饰面板、镜面玻璃饰面板等;饰面砖有釉面瓷砖、外墙面砖、陶瓷锦砖和玻璃马赛克等。

10.2.1　饰面板施工

1.大理石、磨光花岗石、预制水磨石饰面施工

1) 工艺流程

薄型小规格块材(边长小于 400mm、厚度在 10mm 以下)工艺流程:基层处理→吊垂直、套方、找规矩、贴灰饼→抹底层砂浆→弹线分格→排块材→浸块材→镶贴块材→表面勾缝与擦缝。

大规格块材(边长大于 400mm)工艺流程:施工准备(钻孔、剔槽)→穿铜丝或镀锌丝与块材固定→绑扎、固定钢筋网→吊垂直、找规矩弹线→安装大理石、磨光花岗石或预制水磨石→分层灌浆→擦缝。

2) 工艺要点

(1) 薄型小规格块材施工可采用粘贴方法。

① 基层处理和吊垂直、套方、找规矩施工可参见镶贴面砖施工要点有关部分。同一墙面不得有一排以上的非整砖,并应将非整块的砖镶贴在较隐蔽的部位。

② 在基层湿润的情况下,先刷 108 胶素水泥浆一道(内掺水重 10%的 108 胶),随刷随打底;底灰采用 1∶3 水泥砂浆,厚度约 12mm,分两遍操作,第一遍约 5mm,第二遍约 7mm,待底灰压实刮平后,将底子灰表面划毛。

③ 待底子灰凝固后便可进行分块弹线,随即在湿润的块材上抹厚度为 2～3mm 的素水泥浆,内掺水重 20%的 108 胶进行镶贴(也可以用胶粉),用木锤轻敲,用靠尺找平找直。

(2) 大规格块材(边长大于 400mm,镶贴高度超过 1m 时)施工可采用安装方法。

① 钻孔、剔槽。饰面板安装前要先按照设计要求用台钻打眼。打眼前钉木架使钻头直对板材上端面,在每块板的上、下两个面打眼,孔位在距板宽的两端 1/4 处。每个面各打两个眼,孔径为 5mm,深度为 12mm,孔位距石板背面以 8mm 为宜(指钻孔中心)。对于大理石或预制水磨石、磨光花岗石等,板材宽度较大时,可以增加孔数。钻孔后用金钢錾子在石板背面的孔壁内轻轻剔一道槽,深 5mm 左右,连同孔洞形成象鼻眼,以备埋卧铜丝之用,如图 10.3 所示。

若饰面板规格较大,特别是预制水磨石和磨光花岗石板,如下端不便拴绑镀锌铅丝或铜丝时,也可在未镶贴饰面板的一侧采用手提轻便小薄砂轮(4～5mm),按规定在板高的 1/4 处上、下各开一槽(槽长 3～4mm,槽深约 12mm,与饰面板背面打通,竖槽一般居中,也可偏外,但以不损坏外饰面和不泛碱为宜),可将镀锌铅丝或铜丝卧入槽内,便可拴绑与钢筋网固定。

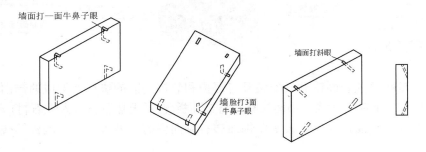

图 10.3 饰面板材打眼示意

② 穿钢丝或镀锌铅丝。把备好的铜丝或镀锌铅丝剪成长 20cm 左右的小段,用木楔粘环氧树脂将铜丝或镀锌铅丝小段一端伸进孔内固定牢固,另一端顺孔槽弯曲并卧入槽内,使大理石或预制水磨石、磨光花岗石板上、下端面没有铜丝或镀锌铅丝凸出,以便和相邻石板接缝严密。

③ 绑扎钢筋网。首先剔出墙上的预埋筋,把墙面上镶贴大理石或预制水磨石的部位清扫干净。先绑扎一道竖向 $\phi6$ 钢筋,并把绑好的竖筋用预埋筋弯压于墙面。横向钢筋为绑扎大理石或预制水磨石、磨光花岗石板材所用,如板材高度为 60cm 时,第一道横筋在地面以上 10cm 处与主筋绑牢,用来绑扎第一层板材下口的固定铜丝或镀锌铅丝。第二道横筋绑在 50cm 水平线上 7～8cm,比石板上口低 2～3cm 处,用于绑扎第一层石板上口的固定铜丝

或镀锌铅丝，再往上每 60cm 绑一道横筋即可。

④　弹线。首先在大理石或预制水磨石、磨光花岗石的墙面、柱面和门窗套用大线坠从上至下找垂直(高层应用经纬仪找垂直)。应考虑大理石或预制水磨石、磨光花岗石板材厚度、灌注砂浆的空隙和钢筋网所占尺寸，一般大理石或预制水磨石、磨光花岗石外皮距结构面的厚度应以 5～7cm 为宜。找垂直后，在地面上顺墙弹出大理石或预制水磨石板等的外轮廓尺寸线(柱面和门窗套等同)，此线即为第一层大理石或预制水磨石等的安装基准线。在弹好的基准线上画出编好号的大理石或预制水磨石板等的就位线，每块留 1mm 缝隙(如设计要求拉开缝，则按设计规定留出缝隙)。

⑤　安装大理石或预制水磨石、磨光花岗石。按部位取石板并梳直铜丝或镀锌铅丝，将石板就位，使石板上口外仰，右手伸入石板背面，把石板下口铜丝或镀锌铅丝绑扎在横筋上。绑时不要太紧可留余量，只要把铜丝或镀锌铅丝和横筋拴牢即可(灌浆后即可锚固)。把石板竖起，便可绑大理石或预制水磨石、磨光花岗石板上口铜丝或镀锌铅丝，并用木楔子垫稳，块材与基层间的缝隙(即灌浆厚度)一般为 30～50mm。用靠尺板检查调整木楔，再拴紧铜丝或镀锌铅丝，依次向另一方进行。柱面可按顺时针方向安装，一般先从正面开始。第一层安装完毕再用靠尺板找垂直、水平尺找平整、方尺找阴阳角方正。安装石板时如出现石板规格不准确或石板之间的空隙不符，应用铅皮垫牢，使石板之间缝隙均匀一致，并保持第一层石板上口的平直。找完垂直、平整、方正后，用碗调制熟石膏，把调成粥状的石膏贴在大理石或预制水磨石、磨光花岗石板上下之间，使这两层石板结成一整体。木楔处也可粘贴石膏，再用靠尺板检查有无变形，等石膏硬化后方可灌浆(如设计有嵌缝塑料软管者，应在灌浆前塞放好)。

⑥　灌浆。把配合比为 1∶2.5 的水泥砂浆放入半截大桶加水调成粥状(稠度一般为 8～12cm)，用铁簸箕舀出水泥砂浆并徐徐灌入，注意不要碰大理石或预制水磨石板，边灌边用橡皮锤轻轻敲击石板面排出灌入砂浆里的空气。第一层浇灌高度为 15cm，不能超过石板高度的 1/3。第一层灌浆很重要，因为既要锚固石板的下口铜丝，又要固定石板，所以要轻轻操作，防止碰撞和猛灌。如发生石板外移错动，应立即拆除重新安装。第一次灌入 15cm 后停 1～2h，等砂浆初凝，此时应检查石板是否有移动，再进行第二层灌浆，灌浆高度一般为 20～30cm，待初凝后再继续灌浆。第三层灌浆至低于板上口 5～10cm 处为止。

⑦　擦缝。全部石板安装完毕后，清除所有石膏和余浆痕迹，用麻布擦洗干净，并按石板颜色调制色浆嵌缝，边嵌边擦干净，使缝隙密实、均匀、干净、颜色一致。

⑧　柱子贴面。安装柱面大理石或预制水磨石、磨光花岗石的弹线、钻孔、绑钢筋和安装等工序与墙面镶贴石板方法相同，要注意灌浆前用木方子钉成槽形木卡子，双面卡住大理石板或预制水磨石板，以防止灌浆时大理石或预制水磨石、磨光花岗石板外胀。

(3)　夏期安装室外大理石或预制水磨石、磨光花岗石时，应有防止暴晒的可靠措施。

(4)　冬期施工。

①　灌缝砂浆应采取保温措施，砂浆的温度不宜低于 5℃。

②　灌注砂浆硬化初期不得受冻，气温低于 5℃时，室外灌注砂浆可掺入能降低冻结温度的外加剂，其掺量应由试验确定。

③　用冻结法砌筑的墙，应待其解冻后才可施工。

④　冬期施工，镶贴饰面板宜采取供暖措施，也可采用热空气或带烟囱的火炉加速干

燥。采用热空气时，应设通风设备排除湿气，并设专人进行测温控制和管理，保温养护 7～9d。

2．大理石、花岗石干挂施工

大理石、花岗石干挂施工是直接在板材上打孔，然后用不锈钢连接器与埋在混凝土墙体内的膨胀螺栓相连，板与墙体间形成 80～90mm 空气层，如图 10.4 所示。该工艺多用于 30m 以下的钢筋混凝土结构，造价比较高，不适用于砖墙或加气混凝土基层。

用此工艺做成的饰面，在风力和地震力的作用下允许产生适量的变位，以吸收部分风力和地震力，而不致出现裂纹和脱落。当风力和地震力消失后，石材也随结构而复位。该工艺与传统的湿作业工艺比较，免除了灌浆工序，可缩短施工周期，减轻建筑物自重，提高建筑物抗震性能，更重要的是

干挂施工

有效地防止灌浆中的盐碱等色素对石材的渗透污染，提高其装饰质量和观感效果。此外，由于季节性室外温差变化引起的外饰面胀缩变形，有可能使饰面板脱落，这种工艺可有效地预防饰面板脱落伤人事故的发生。这种干挂饰面板安装工艺也可与玻璃幕墙或大玻璃窗、金属饰面板等安装工艺配套应用。

3．金属饰面板施工

金属饰面板一般采用铝合金板、彩色压型钢板和不锈钢钢板，用于内、外墙面，屋面，顶棚等。也可与玻璃幕墙或大玻璃窗配套应用，以及在建筑物四周的转角部位、玻璃幕墙的伸缩缝、水平部位的压顶处等配套应用。

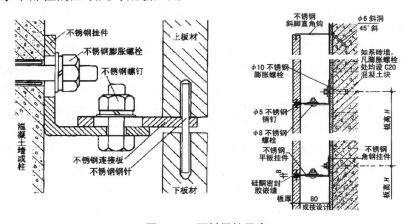

图 10.4　石材干挂示意

目前生产金属饰面板的厂家较多，各厂生产的饰面板的节点构造及安装方法存在一定差异，安装时应仔细了解。本部分仅叙述其中一种做法。

1）工艺流程

金属饰面板施工原则上是自下而上安装墙面，其工艺流程如下：吊直、套方、找规矩、弹线→固定骨架的连接件→固定骨架→金属饰面板安装→收口构造。

2）工艺要点

(1) 吊直、套方、找规矩、弹线。首先根据设计图纸的要求和几何尺寸，对镶贴金属饰面板的墙面进行吊直、套方、找规矩，并依次实测和弹线，确定饰面墙板的尺寸和数量。

(2) 固定骨架的连接件。骨架的横竖杆件是通过连接件与结构固定的，而连接件与结

构之间可以通过结构的预埋件焊牢，也可以在墙上打膨胀螺栓。因为后面的一种方法比较灵活，尺寸误差较小，容易保证位置的准确性，所以实际施工中采用比较多。施工时须在安装螺栓位置画线按线开孔。

(3) 固定骨架。骨架应预先进行防腐处理，安装骨架位置要准确，结合要牢固。骨架安装后应全面检查中心线、表面标高等。对于高层建筑外墙，为了保证饰面板的安装精度，宜用经纬仪对横竖杆件进行贯通。同时变形缝、沉降缝等应妥善处理。

(4) 金属饰面板安装。墙板的安装顺序是从每面墙的竖向第一排下部第一块板开始，自下而上安装，安装完该面墙的第一排再安装第二排。每安装铺设 10 排墙板后，应吊线检查一次，以便及时消除误差。为了保证墙面外观质量，螺栓位置必须准确，并采用单面施工的钩形螺栓固定，螺栓的位置应横平竖直。固定金属饰面板常用的方法主要有两种，一种是将板条或方板用螺钉拧到型钢或木架上，这种方法耐久性较好，多用于外墙；另一种是将板条卡放在特制的龙骨上，此法多用于室内。

(5) 收口构造。水平部位的压顶、端部的收口、伸缩缝的处理、两种不同材料的交接处理等不仅关系到装饰效果，而且对建筑物的使用功能也有较大的影响。因此，一般多用特制的与两种材质性能相似的成型金属板进行妥善处理。

4．饰面板施工质量要求

1) 主控项目

饰面板主控项目如表 10.5 所示。

表 10.5　饰面板主控项目

项次	项　目	检验方法
1	饰面板的品种、规格、颜色和性能应符合设计要求，木龙骨、木饰面板和塑料饰面板的燃烧性能等级应符合设计要求	观察；检查产品合格证书、进场验收记录和性能检测报告
2	饰面板孔、槽的数量、位置和尺寸应符合设计要求	检查进场验收记录和施工记录
3	饰面板安装工程的预埋件(或后置埋件)、连接件的数量、规格、位置、连接方法和防腐处理必须符合设计要求。后置埋件的现场拉拔强度必须符合设计要求。饰面板安装必须牢固	手扳检查；检查进场验收记录、现场拉拔检测报告、隐蔽工程验收记录和施工记录

2) 一般项目

饰面板一般项目如表 10.6 所示。

表 10.6　饰面板一般项目

项次	项　目	检验方法
1	饰面板表面应平整、洁净、色泽一致，无裂痕和缺损，石材表面应无泛碱等污染	观察
2	饰面板嵌缝应密实、平直，宽度和深度应符合设计要求，嵌填材料色泽应一致	观察；尺量检查
3	采用湿作业法施工的饰面板工程，石材应进行防碱背涂处理。饰面板与基体之间的灌注材料应饱满、密实	用小锤轻击检查；检查施工记录
4	饰面板上的孔洞应套割吻合，边缘应整齐	观察

3) 饰面板安装的允许偏差和检验方法

饰面板安装的允许偏差和检验方法如表 10.7 所示。

表 10.7 饰面板安装的允许偏差和检验方法

| 项次 | 项 目 | 允许偏差/mm | | | | | | | 检验方法 |
| | | 石材 | | | 瓷板 | 木材 | 塑料 | 金属 | |
		光面	剁斧石	蘑菇石					
1	立面垂直度	2	3	3	2	1.5	2	2	用 2m 垂直检测尺检查
2	表面平整度	2	3	—	1.5	1	3	3	用 2m 靠尺和塞尺检查
3	阴阳角方正	2	4	4	2	1.5	3	3	用直角检测尺检查
4	接缝直线度	2	4	4	2	1	1	1	拉 5m 线,不足 5m 拉通线,用钢直尺检查
5	墙裙、勒脚上口直线度	2	3	3	2	2	2	2	拉 5m 线,不足 5m 拉通线,用钢直尺检查
6	接缝高低差	0.5	3	—	0.5	0.5	1	1	用钢直尺和塞尺检查
7	接缝宽度	1	2	2	1	1	1	1	用钢直尺检查

10.2.2　饰面砖施工

1．外墙面砖施工

1) 工艺流程

基层处理→吊垂直、套方、找规矩→贴灰饼→抹底层砂浆→弹线分格→排砖→浸砖→镶贴面砖→面砖勾缝与擦缝

2) 工艺要点

(1) 基层为混凝土墙面时的操作方法。

① 基层处理。首先将凸出墙面的混凝土剔平,对于大规模施工的混凝土墙面应凿毛,还应用钢丝刷满刷一遍,再浇水湿润。如果基层混凝土表面很光滑,也可采取"毛化处理"办法,即先将混凝土表面尘土、污垢清扫干净,用 10%火碱水将板面的油污刷掉,随之用干净水将碱液冲净、晾干,然后用 1∶1 水泥细砂浆内掺水重 20%的 108 胶喷或用笤帚甩到墙上,其甩点要均匀,待终凝后浇水养护,直至水泥砂浆疙瘩全部粘到混凝土光面上,并有较高的强度(用手掰不动)为止。

② 吊垂直、套方、找规矩、贴灰饼。若建筑物为高层时,应在四大角和门窗口边用经纬仪打垂直线找直;如果建筑物为多层时,可从顶层开始用特制的大线坠绷铁丝吊垂直,然后根据面砖的规格尺寸分层设点,做灰饼。横线则以楼层为水平基准线交圈控制,竖向线则以四周大角和通天柱或垛子为基准线控制,应全部是整砖。每层打底时则以灰饼为基准点进行冲筋,使其底层灰横平竖直。同时要注意找好凸出檐口、腰线、窗台、雨篷等饰面的流水坡度和滴水线(槽)。

③ 抹底层砂浆。先刷一道掺水重 10%的 108 胶水泥素浆,紧跟着分层分遍抹底层砂浆(常温时采用配合比为 1∶3 水泥砂浆),第一遍厚度约为 5mm,抹后用木抹子搓平,隔天

浇水养护；待第一遍6～7成干时，即可抹第二遍，厚度为8～12mm，随即用木杠刮平、木抹子搓毛，隔天浇水养护；若需要抹第三遍时，其操作方法同第二遍，直至把底层砂浆抹平为止。

④ 弹线分格。待基层灰6～7成干时，即可按图纸要求进行分段分格弹线，同时也可进行面层贴标准点的工作，以控制面层出墙尺寸及其垂直和平整度。

⑤ 排砖。根据大样图及墙面尺寸进行横竖向排砖，以保证面砖缝隙均匀，符合设计图纸要求，注意大墙面、通天柱子和垛子要排整砖，以及同一墙面上的横竖排列，均不得有一行以上的非整砖。非整砖行应排在次要部位，如窗间墙或阴角处等，但也要注意一致和对称。如遇有凸出的卡件，应用整砖套割吻合，不得用非整砖随意拼凑镶贴。

⑥ 浸砖。外墙面砖镶贴前，首先要将面砖清扫干净，放入净水中浸泡2h以上取出，待其表面晾干或擦干净后方可使用。

⑦ 镶贴面砖。镶贴面砖应自上而下进行，高层建筑采取措施后，可分段进行，每一分段或分块内的面砖，均自下而上镶贴。镶贴时，在最下一层砖下皮的位置线处先稳好靠尺，以此托住第一皮面砖，在面砖外皮上口拉水平通线，作为镶贴的标准。面砖背面可采用1:2水泥砂浆或1:0.2:2=水泥:白灰膏:砂的混合砂浆镶贴，砂浆厚度为6～10mm。贴砖后用灰铲柄轻轻敲打，使之附线，再用钢片刀调整竖缝，并用小杠通过标准点调整平面和垂直度。

⑧ 面砖勾缝与擦缝。面砖铺贴勾缝时，用1:1水泥砂浆，先勾水平缝再勾竖缝，勾好后要求缝凹进砖外表面2～3mm。若横竖缝为干挤缝，或小于3mm，应用白水泥配颜料进行擦缝处理。面砖缝勾完后，用布或棉丝蘸稀盐酸擦洗干净。

(2) 基层为砖墙面时的操作方法。

① 抹灰前，墙面必须清扫干净，浇水湿润。

② 大墙面和四角、门窗口边弹线找规矩，必须由顶层到底一次进行，并决定面砖出墙尺寸，分层设点、做灰饼。横线则以楼层为水平基线交圈控制，竖向线则以四周大角和通天垛、柱子为基准线控制。每层打底时则以此灰饼作为基准点进行冲筋，使其底层灰做到横平竖直。同时要注意找好凸出檐口、腰线、窗台和雨篷等饰面的流水坡度。

③ 抹底层砂浆。先把墙面浇水湿润，然后用1:3水泥砂浆刮一道，约6mm厚，紧跟着用同强度等级的灰与所冲的筋抹平，随即用木杠刮平、木抹搓毛，隔天浇水养护。

(3) 基层为加气混凝土墙面时，可酌情选用下述两种方法中的一种。

① 用水湿润加气混凝土表面，修补缺棱掉角处。修补前，先刷一道聚合物水泥浆，然后用1:3:9=水泥:白灰膏:砂子混合砂浆分层补平，隔天刷聚合物水泥浆并抹1:1:6混合砂浆打底，木抹子搓平，再隔天浇水养护。

② 用水湿润加气混凝土表面，在缺棱掉角处刷聚合物水泥浆一道，用1:3:9混合砂浆分层补平，待干燥后，钉一层金属网并绷紧。在金属网上分层抹1:1:6混合砂浆打底(最好采取机械喷射工艺)，砂浆与金属网应结合牢固，最后用木抹子轻轻搓平，隔天浇水养护。

其他做法同混凝土墙面。

(4) 夏期镶贴室外饰面砖，应有防止暴晒的可靠措施。

(5) 冬期施工时一般只在冬期初期施工，严寒阶段不得施工。

① 砂浆的使用温度不得低于5℃，砂浆硬化前，应采取防冻措施。

② 用冻结法砌筑的墙，应待其解冻后再抹灰。

③ 镶贴砂浆硬化初期不得受冻。气温低于5℃时，可在室外镶贴砂浆内掺入能降低冻结温度的外加剂，其掺量应由试验确定。

④ 为了防止灰层早期受冻，并保证操作质量，其砂浆内的白灰膏和108胶不能使用，可采用同体积粉煤灰或改用水泥砂浆抹灰。

2. 饰面砖镶贴质量要求

1) 主控项目

主控项目如表10.8所示。

表10.8 饰面砖镶贴主控项目

项次	项 目	检验方法
1	饰面砖的品种、规格、图案、颜色和性能应符合设计要求	观察；检查产品合格证书、进场验收记录、性能检测报告和复验报告
2	饰面砖粘贴工程的找平、防水、黏结和勾缝材料及施工方法应符合设计要求及国家现行产品标准和工程技术标准的规定	检查产品合格证书、复验报告和隐蔽工程验收记录
3	饰面砖粘贴必须牢固[按《建筑工程饰面砖黏结强度检验标准》(JGJ 110—2008)检验]	检查样板件黏结强度检测报告和施工记录
4	满粘法施工的饰面砖工程应无空鼓、裂缝	观察；用小锤轻击检查

2) 一般项目

一般项目如表10.9所示。

表10.9 饰面砖镶贴一般项目

项次	项 目	检验方法
1	饰面砖表面应平整、洁净、色泽一致，无裂痕和缺损	观察
2	阴阳角处搭接方式、非整砖使用部位应符合设计要求	观察
3	墙面凸出物周围的饰面砖应整砖套割吻合，边缘应整齐；墙裙、贴脸凸出墙面的厚度应一致	观察；尺量检查
4	饰面砖接缝应平直、光滑，填嵌应连续、密实；宽度和深度应符合设计要求	观察；尺量检查
5	有排水要求的部位应做滴水线(槽)，滴水线(槽)应顺直，流水坡向应正确，坡度应符合设计要求	观察；用水平尺检查

3) 饰面砖粘贴的允许偏差和检验方法

饰面砖粘贴的有关要求如表10.10所示。

表 10.10　饰面砖粘贴的允许偏差和检验方法

项次	项　目	允许偏差/mm		检验方法
		外墙面砖	内墙面砖	
1	立面垂直度	3	2	用 2m 垂直检测尺检查
2	表面平整度	4	3	用 2m 靠尺和塞尺检查
3	阴阳角方正	3	3	用直角检测尺检查
4	接缝直线度	3	2	拉 5m 线, 不足 5m 拉通线, 用钢直尺检查
5	接缝高低差	1	0.5	用钢直尺和塞尺检查
6	接缝宽度	1	1	用钢直尺检查

10.3　地　面　工　程

10.3.1　地面工程层次构成及面层材料

建筑地面工程是房屋建筑物底层地面(即地面)和楼层地面(即楼面)的总称。它主要由基层和面层两大基本构造层组成,基层部分包括结构层和垫层,而底层地面的结构层是基土,楼层地面的结构层是楼板;面层部分即地面与楼面的表面层,可以做成整体面层、板块面层和木竹面层。

按照现行国家标准《建筑工程施工质量验收统一标准》(GB 50300—2013)的规定,整体面层包括水泥混凝土面层、水泥砂浆面层、水磨石面层、水泥钢(铁)屑面层、防油渗面层和不发火(防爆的)面层;板块面层包括砖面层(陶瓷锦砖、缸砖、陶瓷地砖和水泥化砖面层)、大理石面层和花岗石面层、预制板块面层(水泥混凝土板块、水磨石板块面层)、料石面层(条石、块石面层)、塑料板面层、活动地板面层和地毯面层;木竹面层包括实木地板面层、实木复合地板面层、中密度(强化)复合地板面层和竹地板面层等。

10.3.2　整体面层施工

1. 水泥砂浆地面施工

1)　工艺流程

基层处理→找标高、弹线→洒水湿润→抹灰饼和标筋→搅拌砂浆→刷水泥浆结合层→铺水泥砂浆面层→木抹子搓平→铁抹子压第一遍→第二遍压光→第三遍压光→养护。

2)　工艺要点

(1) 基层处理。先将基层上的灰尘扫掉,用钢丝刷和錾子刷净、剔掉灰浆皮和灰渣层,用 10%的火碱水溶液刷掉基层上的油污,并用清水及时将碱液冲净。

(2) 找标高、弹线。根据墙上的+50cm 水平线,往下量测出面层标高,并弹在墙上。

(3) 洒水湿润。用喷壶将地面基层均匀洒水一遍。

(4) 抹灰饼和标筋(或称冲筋)。根据房间内四周墙上弹的面层标高水平线，确定面层抹灰厚度(不应小于 20mm)，然后拉水平线开始抹灰饼(5cm×5cm)，灰饼横竖间距为 1.5～2.00m。灰饼上平面即为地面面层标高。

(5) 搅拌砂浆。水泥砂浆的体积比宜为 1∶2(水泥∶砂)，其稠度不应大于 35mm，强度等级不应小于 M15。为了控制加水量，应使用搅拌机将水泥砂浆搅拌均匀，使颜色一致。

(6) 刷水泥浆结合层。在铺设水泥砂浆之前，应涂刷水泥浆一层，其水灰比为 0.4～0.5(涂刷之前要将抹灰饼的余灰清扫干净，再洒水湿润)，不要涂刷面积过大，随刷随铺面层砂浆。

(7) 铺水泥砂浆面层。涂刷水泥浆之后紧跟着要铺水泥砂浆，在灰饼之间(或标筋之间)将砂浆铺均匀，然后用木刮杠按灰饼(或标筋)高度将砂浆刮平。铺砂浆时如果灰饼(或标筋)已硬化，用木刮杠将砂浆刮平后，同时将利用过的灰饼(或标筋)敲掉，并用砂浆填平。

(8) 木抹子搓平。用木刮杠将砂浆刮平后，应立即用木抹子将砂浆搓平。搓平时从内向外退着操作，并随时用 2m 靠尺检查其平整度。

(9) 铁抹子压第一遍。木抹子抹平后，立即用铁抹子压第一遍，直到出浆为止。如果砂浆过稀表面有泌水现象时，可均匀撒一遍干水泥和砂(1∶1)的拌合料(砂子要过 3mm 筛)，再用木抹子用力抹压，使干拌料与砂浆紧密结合为一体，待泌水现象消失后用铁抹子压平。如地面有分格要求，在面层上弹分格线，用分格器开缝，再用分格器将缝压平、直、光。上述操作均在水泥砂浆初凝之前完成。

(10) 第二遍压光。面层砂浆初凝后，当人踩上去有脚印但不下陷时，用铁抹子压第二遍，边抹压边把坑凹处填平，要求不漏压，表面压平、压光。有分格的地面压过后，应用分格器压缝，做到缝边光直、缝隙清晰、缝内光滑顺直。

(11) 第三遍压光。在水泥砂浆终凝前进行第三遍压光(人踩上去稍有脚印)，当用铁抹子抹上去不再有抹纹时，用铁抹子把第二遍抹压时留下的全部抹纹压平、压实、压光(必须在终凝前完成)。

(12) 养护。地面压光完工 24h 后，在地面上铺锯末或其他材料进行洒水养护，保持地面湿润状态。养护时间不少于 7d，当抗压强度达 5MPa 时才能上人。

(13) 冬期施工时，室内温度不得低于 5℃。

(14) 抹踢脚板。根据设计图纸规定：墙基体有抹灰时，踢脚板的底层砂浆和面层砂浆分两次抹成。墙基体不抹灰时，踢脚板只抹面层砂浆。

2．水磨石地面施工

1) 工艺流程

基层处理→找标高→弹水平线→铺抹找平层砂浆→养护→弹分格线→镶分格条→拌制水磨石拌合料→涂刷水泥浆结合层→铺水磨石拌合料→滚压、抹平→试磨→粗磨→细磨→磨光→草酸清洗→打蜡上光。

2) 工艺要点

(1) 基层处理。将混凝土基层上的杂物清净，不得有油污、浮土。用钢錾子和钢丝刷将沾在基层上的水泥浆皮錾掉铲净。

(2) 找标高、弹水平线。根据墙面上+50cm标高线，往下量测出水磨石面层的标高，弹在四周墙上,并考虑其他房间和通道面层的标高要相互一致。

(3) 抹找平层砂浆。

① 根据墙上弹出的水平线,留出面层厚度(10~15mm厚),用1:3水泥砂浆抹找平层,为了保证找平层的平整度,先抹灰饼(纵横方向间距1.5m左右),大小为8~10cm。

② 待灰饼砂浆硬结后,以灰饼高度为标准,抹宽度为8~10cm的纵横标筋。

③ 洒水湿润基层,刷一道水灰比为0.4~0.5的水泥浆,面积不得过大,随刷浆随铺抹1:3找平层砂浆,并用2m长刮杠以标筋为标准进行刮平,再用木抹子搓平。

(4) 养护。抹好找平层砂浆后养护24h,待抗压强度达到1.2MPa后,方可进行下道工序施工。

(5) 弹分格线。根据设计要求的分格尺寸,在房间中部弹十字线,计算好周边的镶边宽度后,以十字线为准可弹分格线。如果设计有图案要求时,应按设计要求弹出清晰的线条。

(6) 镶分格条。用小铁抹子抹稠水泥浆,将分格条固定住(分格条安在分格线上),分格条呈30°的八字形(见图10.5),高度应低于分格条条顶3mm。分格条应平直(上平必须一致)、牢固、接头严密,不得有缝隙,作为铺设面层的标志。另外,在分格条十字交叉接头处,为了使拌合料填塞饱满,距交点40~50mm内不抹水泥浆(见图10.6)。

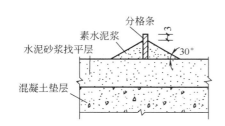

图 10.5　现制水磨石地面镶嵌分格条剖面示意　　图 10.6　分格条交叉处正确的粘贴方法

当分格条采用铜条时,应预先在两端头下部 1/3 处打眼,穿入 22 号铁丝,锚固于下口八字角水泥浆内。镶条 12h 后开始浇水养护,最少 2d,一般洒水养护 3~4d。在此期间房间应封闭,禁止各工序进行。

(7) 拌制水磨石拌合料(或称石渣浆)。

① 拌合料的体积比宜采用 1:1.5~1:2.5(水泥:石粒),要求配合比准确,拌合均匀。

② 彩色水磨石拌合料,除彩色石粒外,还加入耐光耐碱的矿物颜料,其掺入量为水泥重量的 3%~6%。普通水泥与颜料配合比、彩色石子与普通石子配合比,在施工前都须经实验室试验后确定。同一彩色水磨石面层应使用同厂、同批颜料。在拌制彩色水磨石料前应根据整个地面所需的用量,将水泥和所需颜料一次统一配好、配足。配料时不仅要用铁铲拌合,还要用筛子筛匀后,用包装袋装起来存放在干燥的室内,避免受潮。彩色石粒与普通石粒拌合均匀后,集中储存待用。

③ 各种拌合料在使用前加水拌合均匀,稠度约 6cm。

(8) 涂刷水泥浆结合层。先用清水将找平层洒水湿润,然后涂刷与面层颜色相同的水泥浆结合层,其水灰比宜为 0.4~0.5,涂刷要均匀。也可在水泥浆内掺加胶黏剂,要随刷随铺拌合料,不得刷得面积过大,防止浆层风干导致面层空鼓。

(9) 铺水磨石拌合料。

① 水磨石拌合料面层的厚度，除有特殊要求的以外，宜为12～18mm，并应按石料粒径确定。铺设时先铺抹分格条边，后铺分格条方框中间部分，用铁抹子由中间向边角推进，在分格条两边及交角处特别要注意压实抹平，随抹随用直尺进行平度检查。如局部地面铺设过高时，应用铁抹子将过高部分挖去，再将周围的水泥石子浆拍挤抹平(不得用刮杠刮平)。

② 几种颜色的水磨石拌合料不可同时铺抹，要先铺抹深色的，后铺抹浅色的，待前一种凝固后，再铺后一种(因为深颜色的掺矿物颜料多，强度增长慢，影响机磨效果)。

(10) 滚压、抹平。用滚筒滚压前，先用铁抹子或木抹子在分格条两边宽约10cm范围内轻轻拍实(避免将分格条挤移位)。滚压时用力要均匀(要随时清掉粘在滚筒上的石渣)，应从横、竖两个方向轮换进行，达到表面平整密实、出浆石粒均匀为止。待石粒浆稍收水后，再用铁抹子将浆抹平、压实，如发现石粒不均匀之处，应补石粒浆再用铁抹子拍平、压实。完工24h后浇水养护。

(11) 试磨。一般根据气温情况确定混凝土养护天数，温度在20～30℃时2～3d即可开始机磨。过早开磨石粒易松动，过迟则磨光困难。所以，需进行试磨，以面层不掉石粒为准。

(12) 粗磨。第一遍用60～90号粗金刚石磨，使磨石机机头在地面上走横"8"字形，边磨边加水(如磨石面层养护时间太长，可加细砂，以加快机磨速度)，随时清扫水泥浆，并用靠尺检查平整度，直至表面磨平、磨匀，分格条和石粒全部露出(边角处用人工磨成同样效果)，用水清洗晾干，然后用较浓的水泥浆(如掺有颜料的面层，应用同样掺有颜料配合比的水泥浆)擦一遍，特别是要将面层的洞眼、小孔隙填实抹平，脱落的石粒应补齐。完工后浇水养护2～3d。

(13) 细磨。第二遍用90～120号金刚石磨，要求磨至表面光滑为止。然后用清水冲净，满擦第二遍水泥浆，仍注意小孔隙处要细致处理，然后养护2～3d。

(14) 磨光。第三遍用200号细金刚石磨，磨至表面石子显露均匀、无缺石粒现象、平整、光滑、无孔隙为止。

普通水磨石面层磨光遍数不应少于3遍，高级水磨石面层的厚度和磨光遍数及油石规格应根据设计确定。

(15) 草酸擦洗。为了使水磨石面层打蜡后取得显著的效果，在打蜡前应对磨石面层进行一次适量限度的酸洗。一般用草酸进行擦洗，方法为：先用水加草酸混合成约10%浓度的溶液，用扫帚蘸溶液洒在地面上，再用油石轻轻磨一遍；磨出水泥及石粒本色后，再用水冲洗、软布擦干。此道操作必须在各工种完工后才能进行，经酸洗后的面层不得再受污染。

(16) 打蜡上光。将蜡包在薄布内，在面层上薄薄涂一层，待干后用钉有帆布或麻布的木块代替油石，装在磨石机上研磨面层。用同样的方法再打第二遍蜡，直到面层光滑洁亮为止。

(17) 冬期施工现制水磨石面层时，环境温度应保持在5℃以上。

(18) 水磨石踢脚板。

① 抹底灰。水磨石踢脚板底灰层与墙面抹灰厚度一致，在阴阳角处套方、量尺、拉线，确定踢脚板厚度，按底层灰的厚度冲筋，间距为1～1.5m。然后用短杠刮平，用木抹子搓成麻面并划毛。

② 抹水磨石踢脚板拌合料。先将底子灰用水湿润，在阴阳角及上口，用靠尺按水平线找好规矩，贴好靠尺板，先涂刷一层薄水泥浆，紧跟着抹拌合料，抹平、压实。刷两遍水将水泥浆轻轻刷去，使石子面上无浮浆。常温下养护24h后，开始人工磨面。

人工磨面方法：第一遍用粗油石磨，先竖磨再横磨，要求把石渣磨平，把阴阳角磨圆，然后擦第一遍素灰，将孔隙填抹密实，养护1~2d，再用细油石磨第二遍。用同样方法磨完第三遍，用油石出光打草酸，用清水擦洗干净。

③ 人工涂蜡，擦两遍出光成活。

10.3.3 板块面层施工

大理石、花岗石及碎拼大理石地面施工介绍如下。

1. 工艺流程

准备工作→试拼→弹线→试排→刷水泥素浆及铺砂浆结合层→铺大理石板块(或花岗石板块)→灌缝、擦缝→打蜡。

2. 工艺要点

(1) 准备工作。

① 以施工大样图和加工单为依据，熟悉了解各部位尺寸和做法，弄清洞口、边角等各部位之间的相互关系。

② 基层处理。将地面垫层上的杂物清净，用钢丝刷刷掉黏结在垫层上的砂浆，并清扫干净。

(2) 试拼。在正式铺设前，对每一房间的板块，应按图案、颜色、纹理试拼。将非整块板对称排放在房门靠墙部位，试拼后将板块按两个方向编号排列，然后按编号堆放整齐。

(3) 弹线。为了检查和控制板块的位置，要在房间内拉十字控制线，并弹在混凝土垫层上，引至墙面底部。然后依据墙面+50cm标高线找出面层标高，在墙上弹出水平标高线。弹水平线时要注意室内与楼道面层标高要一致。

(4) 试排。在房间内两个相互垂直的方向铺两条干砂，其宽度大于板块宽度，厚度不小于3cm。结合施工大样图及房间实际尺寸，把板块排好，以便检查板块之间的缝隙，核对板块与墙面、柱、洞口等部位的相对位置。

(5) 刷水泥素浆及铺砂浆结合层。试铺后将砂和板块移开，并清扫干净，用喷壶洒水湿润，刷一层素水泥浆(水灰比为0.4~0.5，面积不要刷得过大，随铺砂浆随刷)。根据板面水平线确定结合层砂浆厚度，拉十字控制线。开始铺结合层干硬性水泥砂浆(一般采用1:2~1:3的干硬性水泥砂浆，干硬程度以手捏成团，落地即散为宜)，厚度控制在放板块时高出面层水平线3~4mm为宜。铺好后用大杠刮平，再用抹子拍实找平(铺摊面积不得过大)。

(6) 铺砌板块。

① 板块应先用水浸湿，待擦干或表面晾干后方可铺设。

② 根据房间拉的十字控制线，纵横各铺一行，作为大面积铺砌标筋用。依据试拼时的编号、图案及试排时的缝隙(板块之间的缝隙宽度，当设计无规定时不应大于1mm)，在十字控制线交点处开始铺砌。先试铺，即搬起板块对好纵横控制线，铺落在已铺好的干硬性

砂浆结合层上，用橡皮锤敲击木垫板(不得用橡皮锤或木锤直接敲击板块)，振实砂浆至铺设高度后，将板块掀起移至一旁，检查砂浆表面与板块之间是否相吻合，如发现有空虚之处，应用砂浆填补，然后正式镶铺。先在水泥砂浆结合层上浇满一层水灰比为0.5的素水泥浆(用浆壶浇均匀)，再铺板块，安放时四角同时往下落，用橡皮锤或木锤轻击木垫板，根据水平线用铁水平尺找平。铺完第一块后，向两侧和后退方向顺序铺砌。铺完纵、横向板块之后就有了标准，可分段分区依次铺砌。一般房间是先里后外，逐步退至门口，便于成品保护，但必须注意与楼道相呼应；也可从门口处往里铺砌，板块与墙角、镶边和靠墙处应紧密砌合，不得有空隙。

(7) 灌缝、擦缝。在板块铺砌后1~2d(昼夜)进行灌浆擦缝。根据大理石(或花岗石)颜色，选择与其颜色相同的矿物颜料和水泥(或白水泥)拌合均匀，调成1∶1稀水泥浆，用浆壶徐徐灌入板块之间的缝隙中(可分几次进行)，并用长把刮板把流出的水泥浆刮向缝隙内，至基本灌满为止。灌浆1~2h后，用棉纱团蘸原稀水泥浆擦缝，使缝与板面相平，同时将板面上水泥浆擦净，使大理石(或花岗石)面层的表面洁净、平整、坚实。以上工序完成后，对面层加以覆盖养护，养护时间不应小于7d。

(8) 打蜡。当水泥砂浆结合层达到强度后(抗压强度达到1.2MPa时)，方可进行打蜡，使面层达到光滑洁亮。

(9) 大理石(或花岗石)踢脚板工艺流程。

粘贴法工艺流程：找标高水平线→水泥砂浆打底→贴大理石踢脚板→擦缝→打蜡。

① 根据主墙+50cm 标高线，测出踢脚板上口水平线，弹在墙上，再用线坠吊线确定出踢脚板的出墙厚度，一般为 8~10mm。

② 用 1∶3 水泥砂浆打底找平，并在面层划纹。

③ 待找平层砂浆干硬后，拉踢脚板上口的水平线，在浸水阴干的大理石(或花岗岩)踢脚板的背面，刮抹一层 2~3mm 厚的素水泥浆(宜加 10%左右的 108 胶)后，往底灰上粘贴，并用木锤敲实，根据水平线找直。

④ 24h 以后用同色水泥浆擦缝，用棉丝团将余浆擦净。

⑤ 打蜡。详见现制水磨石地面施工工艺标准。

灌浆法工艺流程：找标高水平线→拉水平通线→安装踢脚板→灌水泥砂浆→擦缝→打蜡。

① 根据主墙+50cm 标高线，测出踢脚板上口水平线，弹在墙上，再用线坠吊线，确定出踢脚板的出墙厚度，一般为 8~10mm。

② 拉踢脚板上口水平线，在墙两端各安装一块踢脚板，其上楞高度在同一水平线内，出墙厚度要一致，然后逐块依顺序安装。随时检查踢脚板的水平度和垂直度。相邻两块板之间及踢脚板与地面、墙面之间要用石膏稳牢。

③ 灌 1∶2 稀水泥砂浆，并随时把溢出的砂浆擦干净，待灌入的水泥砂浆终凝后，把石膏铲掉。

④ 用棉丝团蘸与大理石踢脚板同颜色的稀水泥浆擦缝。

⑤ 踢脚板的面层打蜡同地面一起进行，方法同现制水磨石地面施工工艺标准。镶贴踢脚板时，板缝宜与地面的大理石(或花岗石)板对缝镶贴。

(10) 碎拼大理石面层施工工艺流程：挑选碎块大理石→弹线试拼→基层清理→扫素水泥浆→铺砂浆结合层→铺大理石碎块→灌缝→磨光打蜡。

① 根据设计要求的颜色、规格挑选碎块大理石，要薄厚一致，不得有裂缝。

② 根据设计要求的图案，结合房间尺寸，在基层上弹线并找出面层标高，然后进行大理石试拼，确定缝隙的大小。

③ 清理基层，必须将黏结在基层上的灰浆层、尘土清扫干净，然后洒水湿润，刷去水泥浆(随刷水泥浆随铺砂浆)。

④ 弹水平标高线，采用 1∶3 干硬性水泥砂浆(手捏成团，一颠即散的程度)铺砂浆结合层，铺好后用大杠刮平、木抹子拍实抹平。

⑤ 根据图案和试拼的缝隙铺砌大理石碎块，其方法同大理石板块地面。

⑥ 铺砌完成 1～2d(昼夜)后进行灌缝。根据设计要求，为碎块间隙灌水泥砂浆时，砂浆厚度与大理石块上面层相平，并将其表面找平压光。如果设计要求要在碎块间隙灌水泥石渣浆时，灌浆厚度应比大理石碎块上面层高出 2mm。养护时间不少于 7d。

⑦ 如果碎石间隙灌水泥石渣浆时，养护后需进行磨光和打蜡，其操作工艺同现制水磨石地面施工工艺标准。

10.4　吊顶与轻质隔墙工程

吊顶又名顶棚、平顶或天花板，是室内装饰工程的一个重要组成部分，具有保温、隔热、隔声和吸声作用，也是安装照明、暖卫、通风空调、通信和防火、报警管线设备的隐蔽层。吊顶有直接式顶棚和悬吊式顶棚两种形式。直接式顶棚按施工方法和装饰材料的不同，可分为直接刷(喷)浆顶棚、直接抹灰顶棚和直接粘贴式顶棚(用胶黏剂粘贴装饰面层)；悬吊式顶棚按结构形式不同，可分为活动式装配吊顶、隐蔽式装配吊顶、金属装饰板吊顶、开敞式吊顶和整体式吊顶(灰板条吊顶)等。

1. 木骨架罩面板顶棚施工

1) 工艺流程

弹顶棚标高水平线→划龙骨分挡线→安装管线设施→安装大龙骨→安装小龙骨→防腐处理→安装罩面板→安装压条。

2) 工艺要点

(1) 弹顶棚标高水平线。根据楼层标高水平线，顺墙高量至顶棚设计标高，沿墙四周弹顶棚标高水平线。

(2) 划龙骨分挡线。沿已弹好的顶棚标高水平线，划好龙骨的分挡位置线。

(3) 顶棚内管线设施安装。在顶棚施工前各专业的管线设施应按顶棚的标高控制，按专业施工图安装完毕，并经打压试验和隐蔽验收。

(4) 安装大龙骨。将预埋钢筋端头弯成环形圆钩，穿 8 号镀锌铁丝或用 $\phi 6$、$\phi 8$ 螺栓将大龙骨固定，未预埋钢筋时可用膨胀螺栓，并保证其设计标高。吊顶起拱按设计要求，设计无要求时，一般为房间跨度的 1/300～1/200。

(5) 安装小龙骨。

① 小龙骨底面应刨光、刮平，截面厚度应一致。

② 小龙骨间距应按设计要求设置，设计无要求时，应按罩面板规格决定，一般为 400～500mm。

③ 安分挡线，先安装两根通长龙骨，拉线找拱，各根小龙骨按起拱标高，通过短吊杆用圆钉固定在大龙骨上，吊杆要逐根错开，不得吊钉在龙骨的同一侧面上。通长小龙骨接头应错开，采用双面夹板用圆钉错位钉牢，接头两侧最少各钉两个钉子。

④ 安装卡挡小龙骨。按通长小龙骨标高，在两根通长小龙骨之间，根据罩面板材的分块尺寸和接缝要求，在通长小龙骨底面横向弹分挡线，以线为底找平钉固下挡小龙骨。

(6) 防腐处理。顶棚所有露明的铁件，钉罩面板前未作防锈处理的必须刷好防锈漆，木骨架与结构接触面应进行防腐处理。

(7) 安装罩面板。在木骨架底面安装顶棚罩面板，罩面板的品种较多，应按设计要求的品种、规格和固定方式(分为圆钉钉固法、木螺钉拧固法、胶结黏固法 3 种方式)选用。

① 圆钉钉固法。这种方法多用于胶合板、纤维板的罩面板安装。在已装好并经验收合格的木骨架下面，按罩面板的规格和拉缝间隙，在龙骨底面进行分块弹线。在吊顶中间顺通长小龙骨方向，先装一行作为基准，然后向两侧延伸安装。固定罩面板的钉距为 200mm。

② 木螺钉固定法。这种方法多用于塑料板、石膏板、石棉板等罩面板的安装。在安装前，先在罩面板四边按螺钉间距钻孔，安装程序与方法基本上同圆钉钉固法。

③ 胶结黏固法。这种方法多用于钙塑板罩面板的安装。安装前，应对板材进行选配修整，使其厚度、尺寸、边楞齐整一致。每块罩面板粘贴前应进行预装，然后在预装部位龙骨框底面刷胶，同时在罩面板四周刷胶，刷胶宽度为 10～15mm，经 5～10min 后，将罩面板压粘在预装部位。每间顶棚先由中间行开始，然后向两侧分行逐块粘贴，胶黏剂按设计规定选用，设计无要求时，应经试验选用，一般可用 401 胶。

(8) 安装压条。对于木骨架罩面板顶棚，当设计要求采用压条做法时，待一间罩面板全部安装完成后，先进行压条位置弹线，按线进行压条安装。其固定方法，一般同罩面板，钉固间距为 300mm，也可用胶结料粘贴。

2. 轻钢骨架罩面板顶棚施工

1) 工艺流程

轻钢龙骨安装示意如图 10.7 所示。

工艺流程：弹顶棚标高水平线→划龙骨分挡线→安装主龙骨吊杆→安装主龙骨→安装次龙骨→安装罩面板→刷防锈漆→安装压条。

2) 工艺要点

(1) 弹顶棚标高水平线。根据楼层标高水平线，用尺竖向量至顶棚设计标高，沿墙往四周弹顶棚标高水平线。

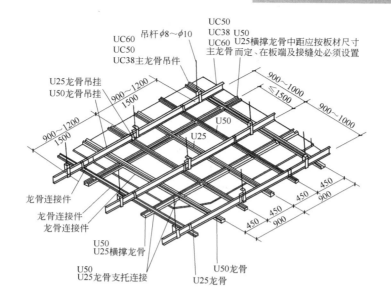

图 10.7　UC 型轻钢龙骨吊顶安装示意

（2）划龙骨分挡线。按设计要求的主、次龙骨间距在已弹好的顶棚标高水平线上画龙骨分挡线。

（3）安装主龙骨吊杆。弹好顶棚标高水平线及龙骨分挡位置线后，确定吊杆下端头的标高，按主龙骨位置及吊挂间距，将吊杆无螺栓螺纹扣的一端与楼板预埋钢筋连接固定。楼板未预埋钢筋时可用膨胀螺栓。

（4）安装主龙骨。

①　配装吊杆螺母。

②　在主龙骨上安装吊挂件。

③　安装主龙骨。将组装好吊挂件的主龙骨，按分挡线位置将吊挂件穿入相应的吊杆螺栓中，拧好螺母。

④　在主龙骨相接处装好连接件，拉线调整标高、起拱和平直度。

⑤　安装洞口附加主龙骨时，按图集相应节点构造，设置连接卡固件。

⑥　固边龙骨采用射钉固定。设计无要求时，射钉间距为 1000mm。

（5）安装次龙骨。

①　按已弹好的次龙骨分挡线，卡放次龙骨吊挂件。

②　吊挂次龙骨。按设计规定的次龙骨间距，将次龙骨通过吊挂件吊挂在大龙骨上。设计无要求时，一般间距为 500～600mm。

③　当次龙骨需多根延续接长时，用次龙骨连接件在吊挂次龙骨的同时连接，并调直固定。

④　当采用 T 形龙骨组成轻钢骨架时，应在每装一块罩面板先后各装一根卡挡次龙骨。

（6）安装罩面板。在安装罩面板前必须对顶棚内的各种管线进行检查验收，并经打压试验合格后，才允许安装罩面板。顶棚罩面板的品种繁多，一般应在设计文件中明确选用的种类、规格和固定方式。

罩面板与轻钢骨架固定的方式分为罩面板自攻螺钉钉固法、罩面板胶结黏固法和罩面板托卡固定法三种。

① 罩面板自攻螺钉钉固法。在已装好并经验收的轻钢骨架下面,按罩面板的规格、拉缝间隙进行分块弹线。从顶棚中间沿通长次龙骨方向先装一行罩面板,作为基准,然后向两侧伸延分行安装,固定罩面板的自攻螺钉的间距为150~170mm。

② 罩面板胶结黏固法。按设计要求和罩面板的品种、材质选用胶结材料,一般可用401胶黏结。罩面板应经选配修整,使厚度、尺寸、边楞一致、整齐。每块罩面板黏结时应预装,然后在预装部位龙骨框底面刷胶,同时在罩面板四周边宽 10~15mm 的范围刷胶,经 5min 后,将罩面板压粘在预装部位。每间顶棚罩面板的安装先由中间行开始,然后向两侧分行黏结。

③ 罩面板托卡固定法。当轻钢龙骨为 T 形时,多采用托卡固定法安装。

T 形轻钢骨架通长次龙骨安装完毕后,经检查其标高、间距、平直度和吊挂荷载符合设计要求,垂直于通长次龙骨弹分块线及卡挡龙骨线。罩面板的安装由顶棚中间行次龙骨的一端开始,先装一根边卡挡次龙骨,再将罩面板槽托入 T 形次龙骨翼缘或将无槽的罩面板装在 T 形翼缘上,然后安装另一侧卡挡次龙骨。按上述程序分行安装,最后分行拉线调整 T 形明龙骨。

(7) 刷防锈漆。对于轻钢骨架罩面板顶棚,碳钢或焊接处未做防腐处理的表面(如预埋件、吊挂件、连接件和钉固附件等),在各工序安装前应刷防锈漆。

(8) 安装压条。如设计要求罩面板顶棚需要安装压条,需待一间顶棚罩面板安装完成后,经位置调整,使拉缝均匀、对缝平整,按压条位置弹线,然后按线进行压条安装。其固定方法宜用自攻螺钉,螺钉间距为300mm;也可用胶结料粘贴。

10.5 门 窗 工 程

常见的门窗类型有木门窗、钢门窗、塑料门窗、彩板门窗和特种门窗等。门窗工程的施工可分为两类:一类是由工厂预先加工拼装成型,在现场安装;另一类是在现场根据设计要求加工制作即时安装。

10.5.1 木门窗安装

1. 工艺流程

弹线找规矩→决定门窗框安装位置→决定安装标高→掩扇、门框安装样板→窗框、扇安装→门框安装→门扇安装。

2．工艺要点

(1)　结构工程经过监督站验收达到合格后，即可进行门窗安装施工。首先，应从顶层用大线坠吊垂直，检查窗口位置的准确度，并在墙上弹出窗口安装位置线，对不符合线的结构边楞进行处理。

(2)　根据室内 50cm 的水平线检查窗框安装的标高尺寸，对不符合线的结构边楞进行处理。

(3)　室内外门框应根据图纸位置和标高安装。为保证安装的牢固，应提前检查预埋木砖数量是否满足：1.2m 高的门口每边预埋两块木砖；1.2～2m 的门口，每边预埋 3 块木砖，2～3m 高的门口，每边预埋 4 块木砖；每块木砖上应钉 2 根长 10cm 的钉子，将钉帽砸扁，顺木纹钉入木门框内。

(4)　木门框安装应在地面工程和墙面抹灰施工以前完成。

(5)　采用预埋带木砖的混凝土块与门窗框进行连接的轻质隔断墙，其混凝土块预埋的数量，也应根据门口高度设 2 块、3 块和 4 块，用钉子将其与门框钉牢。采用其他连接方法的，应符合设计要求。

(6)　做样板。把窗扇按照图纸要求安装到窗框上，此道工序称为掩扇。对掩扇的质量，应按验评标准检查其缝隙大小、五金件安装位置、尺寸、型号，以及牢固性，符合标准要求后将其作为样板，并以此作为验收标准和依据。

(7)　弹线、安装门窗框扇。安装门窗应考虑抹灰层厚度，并根据门窗尺寸、标高、位置及开启方向，在墙上画出安装位置线。有贴脸的门窗立框时，框应与抹灰面齐平；有预制水磨石窗台板的窗，应注意窗台板的出墙尺寸，以确定立框的位置；对于中立的外窗，如外墙为清水砖墙勾缝，可将窗框稍移动，以盖上砖墙立缝为宜。窗框的安装标高，以在墙上弹的 50cm 的水平线为准，用木楔将框临时固定于窗洞内。为保证相邻窗框的平直度，应在窗框下边拉小线找直，并用铁水平将水平线引入窗洞内作为立框时的标准，再用线坠校正吊直。安装黄花松窗框前，应先对准木砖位置钻眼，便于钉钉。

(8)　若隔墙为加气混凝土条板时，应按要求的木砖间距钻 $\phi 30$ 的孔，孔深 7～10cm，并在孔内预埋沾 108 胶水泥浆的木橛(木橛直径应略大于孔径 5mm，以便其打入后更牢固)，待其凝固后，再安装门窗框。

(9)　木门扇的安装。

①　先确定门的开启方向及小五金件的型号、安装位置，对开门扇扇口的裁口位置及开启方向(一般右扇为盖口扇)。

②　检查门框尺寸是否正确，边角是否方正，有无窜角；检查门框高度，应量门框的两个立边；检查门框宽度，应量门框的上、中、下三点，并在扇的相应部位定点画线。

③　将门扇靠在框上画出相应的尺寸线，如果扇大，应根据框的尺寸将门扇大出的部分刨去，若扇小，则应在门扇上绑木条，且木条应绑在装合页的一面；然后用胶粘后并用钉子打牢，钉帽要砸扁，顺木纹送入框内 1～2mm。

④　第一次修刨后的门扇应以能塞入门框内为宜，塞好后用木楔将门扇顶住临时固定；按门扇与门框边缝尺寸，画第二次修刨线，标出合页槽的位置(距门扇的上下端各 1/10，且避开上、下冒头)，同时应注意门框与扇安装的平整度。

⑤ 进行门扇的第二次修刨，待门框与扇缝隙尺寸合适后，即安装合页。应先用线勒子勒出合页的宽度根据上、下出头 1/10 的要求，定出合页安装边线，分别从上、下边线往里量出合页长度，剔合页槽，以槽的深度来调整门扇安装后与框的平整度。剔合页槽时应留线，不应剔得过大、过深。

⑥ 合页槽剔好后，即安装上、下合页，安装时应先拧一个螺钉，然后关上门检查缝隙是否合适，框与扇是否平整，无问题后方可将螺钉全部拧上并拧紧。木螺钉应钉入全长的 1/3，拧入 2/3。如木门为黄花松或其他硬木时，安装前应先打眼，眼的孔径为木螺钉直径的 0.9 倍，眼深为螺钉长的 2/3，打眼后再拧螺钉，以防安装劈裂或将螺钉拧断。

⑦ 安装对开门扇时，应将门扇的宽度用尺量好，再确定中间对口缝的裁口深度。如采用企口榫时，对口缝的裁口深度及裁口方向应满足装锁的要求，然后将门扇四周刨至准确尺寸。

⑧ 五金安装应符合设计图纸的要求，不得遗漏，一般门锁、碰珠、拉手等距地高度为 95～100cm，插销应在拉手下面。对开门装暗插销时，安装工艺同自由门。

⑨ 安装玻璃门时，一般玻璃裁口在走廊内，厨房、厕所玻璃裁口在室内。

⑩ 门扇开启后易碰墙，为固定门扇位置，应安装门碰头。对有特殊要求的关闭门，应安装门扇开启器，其安装方法参照"产品安装说明书"的要求。

3．木门窗制作与安装质量标准

1) 主控项目

(1) 木门窗的木材品种、材质等级、规格、尺寸和框扇的线形及人造木板的甲醛含量应符合设计要求。设计未规定材质等级时，所用木材的质量应符合《建筑装饰装修工程质量验收标准》(GB 50210—2018)的规定。

(2) 木门窗应采用烘干的木材，含水率应符合《木门窗》(GB/T 29498—2013)的规定。

(3) 木门窗的防火、防腐、防虫处理应符合设计要求。

(4) 木门窗的结合处和安装配件处不得有木节或已填补的木节。木门窗如有允许限值以内的死节及直径较大的虫眼时，应用同一材质的木塞加胶填补。对于清漆制品，木塞的木纹和色泽应与制品一致。

(5) 门窗框和厚度大于 50mm 的门窗扇应用双榫连接。榫槽应采用胶料严密嵌合，并应用胶楔加紧。

(6) 胶合板门、纤维板门和模压门不得脱胶。胶合板不得刨透表层单板，不得有戗槎。制作胶合板门、纤维板门时，边框和横楞应在同一平面上，面层、边框及横楞应加压胶结。横楞和上、下冒头应各钻两个以上的透气孔，透气孔应通畅。

(7) 木门窗的品种、类型、规格、开启方向、安装位置及连接方式应符合设计要求。

(8) 木门窗框的安装必须牢固；预埋木砖的防腐处理，木门窗框固定点的数量、位置及固定方法应符合设计要求。

(9) 木门窗扇必须安装牢固，并应开关灵活、关闭严密、无倒翘。

(10) 木门窗配件的型号、规格、数量应符合设计要求，安装应牢固，位置应正确，功能应满足使用要求。

2) 一般项目

(1) 木门窗表面应洁净，不得有刨痕、锤印。

(2) 木门窗的割角、拼缝应严密平整，门窗框、扇裁口应顺直，刨面应平整。

(3) 木门窗上的槽、孔应边缘整齐，无毛刺。

(4) 木门窗与墙体间缝隙的填嵌材料应符合设计要求，填嵌应饱满。寒冷地区外门窗(或门窗框)与砌体间的空隙内应填充保温材料。

(5) 木门窗批水、盖口条、压缝条和密封条的安装应顺直，与门窗结合应牢固、严密。

(6) 木门窗制作的允许偏差和检验方法应符合表 10.11 的规定。

表 10.11　木门窗制作的允许偏差和检验方法

项　次	项　目	构件名称	允许偏差/mm		检验方法
			普通	高级	
1	翘曲	框	3	2	将框、扇平放在检查平台上，用塞尺检查
		扇	2	2	
2	对角线长度差	框、扇	3	2	用钢尺检查，框量裁口里角，扇量外角
3	表面平整度	扇	2	2	用 1m 靠尺和塞尺检查
4	高度、宽度	框	0；−2	0；−1	用钢尺检查，框量裁口里角，扇量外角
		扇	+2；0	+1；0	
5	裁口、线条结合处高低差	框、扇	1	0.5	用钢直尺和塞尺检查
6	相邻棂子两端间距	扇	2	1	用钢直尺检查

(7) 木门窗安装的留缝限值、允许偏差和检验方法应符合表 10.12 的规定。

表 10.12　木门窗安装的留缝限值、允许偏差和检验方法

项　次	项　目		留缝限值/mm		允许偏差/mm		检验方法
			普通	高级	普通	高级	
1	门窗槽口对角线长度差				3	2	用钢尺检查
2	门窗框的正、侧面垂直度				2	1	用 1m 垂直检测尺检查
3	框与扇、扇与扇接缝高低差				2	1	用钢直尺和塞尺检查
4	门窗扇对口缝		1~2.5	1.5~2			用塞尺检查
5	工业厂房双扇大门对口缝		2~5				
6	门窗扇与上框间留缝		1~2	1~1.5			
7	门窗扇与侧框间留缝		1~2.5	1~1.5			
8	窗扇与下框间留缝		2~3	2~2.5			
9	门扇与下框间留缝		3~5	3~4			
10	双层门窗内外框间距				4	3	用钢尺检查
11	无下框时门扇与地面间留缝	外门	4~7	5~6			用塞尺检查
		内门	5~8	6~7			
		卫生间门	8~12	8~10			
		厂房大门	10~20				

10.5.2　硬 PVC 塑料门窗安装

1．工艺流程

弹线找规矩→门窗洞口处理→安装连接件的检查→塑料门窗外观检查→按图示要求将
塑料门窗运到安装地点→塑料门窗安装→门窗四周嵌缝→安装五金配件→清理。

2．工艺要点

隔断

(1)　本工艺应采用后塞口施工，不得先立口后结构施工。

(2)　检查门窗洞口尺寸是否比门窗框尺寸大 3cm；否则应先行剔凿处理。

(3)　按图纸尺寸放好门窗框安装位置线及立口的标高控制线。

(4)　安装门窗框上的铁脚。

(5)　安装门窗框，并按线就位找好垂直度及标高，用木楔临时固定；检查
正侧面垂直及对角线，合格后，用膨胀螺栓将铁脚与结构牢固固定好。

硬 PVC 塑料门
窗工艺要点

(6)　嵌缝。门窗框与墙体的缝隙应按设计要求的材料嵌缝，如设计无要求
时用沥青麻丝或泡沫塑料填实，表面用厚度为 5～8mm 的密封胶封闭。

(7)　门窗附件安装。安装时应先用电钻钻孔，再拧入自攻螺钉，严禁用铁锤或硬物敲
打，防止损坏框料。

(8)　安装后注意成品保护，防污染，防电焊火花损坏面层。

3．塑料门窗安装质量标准

1)　主控项目

(1)　塑料门窗的品种、类型、规格、尺寸、开启方向、安装位置、连接方式及填嵌密
封处理应符合设计要求，内衬增强型钢的壁厚及设置应符合国家现行产品标准的质量要求。

(2)　塑料门窗框、副框和扇的安装必须牢固，固定片或膨胀螺栓的数量与位置应正确，
连接方式应符合设计要求。固定点应距窗角、中横框、中竖框 150～200mm，固定点间距应
不大于 600mm。

(3)　塑料门窗拼樘料内衬增强型钢的规格、壁厚必须符合设计要求，型钢应与型材内
腔紧密吻合，其两端必须与门窗洞口固定牢固。窗框必须与拼樘料连接紧密，固定点间距
应不大于 600mm。

(4)　塑料门窗扇应开关灵活，关闭严密，无倒翘。推拉门窗扇必须有防脱落措施。

(5)　塑料门窗配件的型号、规格和数量应符合设计要求。安装应牢固，位置应正确，
功能应满足使用要求。

(6)　塑料门窗框与墙体间缝隙应采用闭孔弹性材料填嵌饱满，表面应采用密封胶密封。
密封胶应黏结牢固，表面应光滑、顺直、无裂纹。

2)　一般项目

(1)　塑料门窗表面应洁净、平整、光滑，大面应无划痕、碰伤。

(2)　塑料门窗扇的密封条不得脱槽，旋转窗间隙应基本均匀。

(3)　塑料门窗扇的开关力应符合下列规定。

①　平开门窗扇平铰链的开关力应不大于 80N；滑撑铰链的开关力应不大于 80N，并
不小于 30N。

② 推拉门窗扇的开关力应不大于 100N。

(4) 玻璃密封条与玻璃及玻璃槽口的接缝应平整，不得卷边、脱槽。

(5) 排水孔应畅通，位置和数量应符合设计要求。

(6) 塑料门窗安装的允许偏差和检验方法应符合表 10.13 的规定，门窗框固定点位置如图 10.8 所示。

表 10.13　塑料门窗安装的允许偏差和检验方法

项　次	项　目		允许偏差/mm	检验方法
1	门窗槽口宽度、高度	≤1500mm	2	用钢尺检查
		>1500mm	3	
2	门窗槽口对角线长度差	≤2000mm	3	用钢尺检查
		>2000mm	5	
3	门窗框的正、侧面垂直度		3	用 1m 垂直检测尺检查
4	门窗横框的水平度		3	用 1m 水平尺和塞尺检查
5	门窗横框标高		5	用钢尺检查
6	门窗竖向偏离中心		5	用钢直尺检查
7	双层门窗内外框间距		4	用钢尺检查
8	同樘平开门窗相邻扇高度差		2	用钢直尺检查
9	平开门窗铰链部位配合间隙		+2；−1	用塞尺检查
10	推拉门窗扇与框搭接量		+1.5；−2.5	用钢直尺检查
11	推拉门窗扇与竖框平行度		2	用 1m 水平尺和塞尺检查

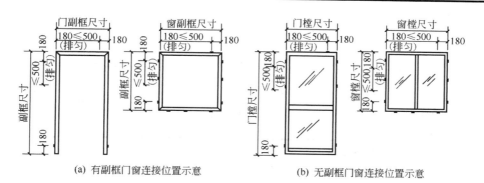

(a) 有副框门窗连接位置示意　　　(b) 无副框门窗连接位置示意

图 10.8　门窗框固定点位置

10.6　涂饰工程

10.6.1 涂料的组成及分类

建筑涂料系指涂敷于建筑物表面，并能与建筑物表面材料很好地黏结，形成完整涂膜的材料，由胶黏剂、颜料、溶剂和辅助材料等组成。

涂料的品种繁多，按装饰部位不同有外墙涂料、内墙涂料、地面(或地板)涂料和顶棚涂料；按成膜物质不同分为有机涂料、无机涂料和有机无机复合型涂料，其中有机涂料又可分为水溶性涂料、乳液涂料和溶剂型涂料等；按涂层质感又可分为薄质涂料、厚质涂料、复层涂料和多彩涂料等。

10.6.2 涂饰工程的施工工艺

涂饰工程施工的基本工序有基层处理、打底、刮腻子、磨光和涂刷涂料等。根据质量要求的不同，涂料工程分为普通、中级和高级 3 个等级。为达到要求的质量等级，上述刮腻子、磨光、涂刷涂料等工序应按工程施工及验收规范的规定重复多遍。

1．外墙面涂饰

外墙面涂饰见表 10.14 至表 10.17。

表 10.14 不同等级抹灰表面涂装的主要工序

工序	工序名称	中级涂装	高级涂装	工序	工序名称	中级涂装	高级涂装
1	清扫	+	+	9	复补腻子	+	+
2	填补缝隙、磨砂纸	+	+	10	磨光	+	+
3	第一遍满刮腻子	+	+	11	第二遍涂料	+	+
4	磨光	+	+	12	磨光	+	+
5	第二遍满刮腻子		+	13	第三遍涂料	+	+
6	磨光		+	14	磨光		+
7	干性油打底	+	+	15	第四遍涂料		+
8	第一遍涂料	+	+				

注：1. 表中"+"号表示应进行的工序。

2. 如涂刷乳胶漆，在每一遍满刮腻子之前应刷一遍乳胶水溶液。

3. 第一遍满刮腻子前，如加刷干性油时，应用油性腻子涂饰。

表 10.15 混凝土及抹灰外墙表面薄涂料工程的主要工序

项次	工序名称	乳液薄涂料	溶剂型薄涂料	无机薄涂料
1	修补	+	+	+
2	清扫	+	+	+
3	填补缝隙、局部刮腻子	+	+	+
4	磨平	+	+	+
5	第一遍涂料	+	+	+
6	第二遍涂料	+	+	+

注：1. 表中"+"号表示应进行的工序。

2. 机械喷涂可不受表中涂料遍数的限制，以达到质量要求为准。

3. 如施涂两遍涂料后，装饰效果不理想，可增加 1～2 遍涂料。

表 10.16　混凝土及抹灰外墙表面厚涂料工程的主要工序

项次	工序名称	合成树脂乳液厚涂料 合成树脂乳液砂壁状涂料	无机厚涂料
1	修补	+	+
2	清扫	+	+
3	填补缝隙、局部刮腻子	+	+
4	磨平	+	+
5	第一遍涂料	+	+
6	第二遍涂料	+	+

注：1. 表中"+"号表示应进行的工序。
　　2. 机械喷涂可不受表中涂料遍数的限制，以达到质量要求为准。
　　3. 合成树脂乳液和无机厚涂料有云母状、砂粒状。
　　4. 砂壁状建筑涂料必须采用机械喷涂；否则将影响装饰效果；砂粒状厚涂料宜采用喷涂方法施涂。

表 10.17　混凝土及抹灰外墙表面复层涂料工程的主要工序

项次	工序名称	合成树脂乳液复层涂料	硅溶胶类复层涂料	水泥系复层涂料	反应固化型复层涂料
1	修补	+	+	+	+
2	清扫	+	+	+	+
3	填补缝隙、局部刮腻子	+	+	+	+
4	磨平	+	+	+	+
5	施涂封底涂料	+	+	+	+
6	施涂主层涂料	+	+	+	+
7	滚压	+	+	+	+
8	第一遍罩面涂料	+	+	+	+
9	第二遍罩面涂料	+	+	+	+

注：1. 表中"+"号表示应进行的工序。
　　2. 如为半球面点状造型时，可不进行滚压工序。
　　3. 水泥系主层涂料喷涂后，先干燥 12h 后，再洒水养护 24h 后，而后干燥 12h 才能施罩面涂料。

2．内墙面涂饰

内墙面涂饰见表 10.18 至表 10.20。

表 10.18　混凝土及抹灰内墙、顶棚表面薄涂料工程的主要工序

项次	工序名称	水性薄涂料		乳液薄涂料			溶剂型薄涂料			无机薄涂料	
		普通	中级	普通	中级	高级	普通	中级	高级	普通	中级
1	清扫	+	+	+	+	+	+	+	+	+	+
2	填补缝隙、局部刮腻子	+	+	+	+	+	+	+	+	+	+
3	磨平	+	+	+	+	+	+	+	+	+	+
4	第一遍满刮腻子	+	+	+	+	+	+	+	+	+	+
5	磨平	+	+	+	+	+	+	+	+	+	+
6	第二遍满刮腻子		+		+	+		+	+		+

项次	工序名称	水性薄涂料		乳液薄涂料			溶剂型薄涂料			无机薄涂料	
		普通	中级	普通	中级	高级	普通	中级	高级	普通	中级
7	磨平		+		+			+	+		+
8	干性油打底						+	+	+		
9	第一遍涂料	+	+	+	+	+	+	+	+	+	+
10	复补腻子		+		+	+		+	+		+
11	磨平(光)		+		+	+					
12	第二遍涂料	+	+	+	+	+	+	+	+		
13	磨平(光)						+	+	+	+	
14	第三遍涂料						+	+	+	+	
15	磨平(光)							+	+		
16	第四遍涂料								+		

注：1. 表中"+"号表示应进行的工序。
  2. 机械喷涂可不受表中涂料遍数的限制，以达到质量要求为准。
  3. 高级内墙、顶棚薄涂料工程，必要时可增加刮腻子的遍数及1～2遍涂料。
  4. 石膏板内墙、顶棚表面薄涂料工程的主要工序除板缝处理外，其他工序同本表。
  5. 湿度较高或局部遇明水的房间，应用耐水性的腻子和涂料。

表 10.19　混凝土及抹灰内墙、顶棚表面轻质厚涂料工程的主要工序

项次	工序名称	珍珠岩粉厚涂料		聚苯乙烯泡沫塑料粒子厚涂料		蛭石厚涂料	
		普通	高级	中级	高级	中级	高级
1	清扫	+	+	+	+	+	+
2	填补缝隙、局部刮腻子	+	+	+	+	+	+
3	磨平	+	+	+	+	+	+
4	第一遍满刮腻子	+	+	+	+	+	+
5	磨平	+	+	+	+	+	+
6	第二遍满刮腻子		+		+		+
7	磨平		+		+		+
8	第一遍喷涂厚涂料	+	+	+	+	+	+
9	第二遍喷涂厚涂料				+		+
10	局部喷涂厚涂料	+	+	+	+	+	+

注：1. 表中"+"号表示应进行的工序。
  2. 对于高级顶棚轻质厚涂料装饰，必要时可增加一遍满喷厚涂料，再喷局部厚涂料。
  3. 合成树脂乳液轻质厚涂料有珍珠岩粉、聚苯乙烯泡沫塑料粒子厚涂料和蛭石厚涂料等。
  4. 石膏板室内顶棚表面轻质厚涂料工程的主要工序，除板缝处理外，其他工序同本表。

表 10.20　混凝土及抹灰内墙、顶棚表面复层涂料工程的主要工序

项次	工序名称	合成树脂乳液复层涂料	硅溶胶类复层涂料	水泥系复层涂料	反应固化型复层涂料
1	清扫	+	+	+	+
2	填补缝隙、局部刮腻子	+	+	+	+

续表

项次	工序名称	合成树脂乳液复层涂料	硅溶胶类复层涂料	水泥系复层涂料	反应固化型复层涂料
3	磨平	+	+	+	+
4	第一遍满刮腻子	+	+	+	+
5	磨平	+	+	+	+
6	第二遍满刮腻子	+	+	+	+
7	磨平	+	+	+	+
8	施涂封底涂料	+	+	+	+
9	施涂主层涂料	+	+	+	+
10	滚压	+	+	+	+
11	第一遍罩面涂料	+	+	+	+
12	第二遍罩面涂料	+	+	+	+

注：1. 表中"+"号表示应进行的工序。

2. 如为半球面点状造型时，可不进行滚压工序。

3. 石膏板的室内内墙、顶棚表面复层涂料工程的主要工序，除板缝处理外，其他工序同本表。

10.6.3　涂饰工程质量验收要求

1. 水性涂料涂饰工程

以下内容适用于乳液型涂料、无机涂料和水溶性涂料等水性涂料涂饰工程的质量验收。

1) 主控项目

主控项目如表 10.21 所示。

表 10.21　水性涂料主控项目

项次	项　目	检验方法
1	水性涂料涂饰工程所用涂料的品种、型号和性能应符合设计要求	检查产品合格证书、性能检测报告和进场验收记录
2	水性涂料涂饰工程的颜色、图案应符合设计要求	观察
3	水性涂料涂饰工程应涂饰均匀、黏结牢固，不得漏涂、透底、起皮和掉粉	观察；手摸检查
4	涂饰工程的基层处理应符合下列要求： 新建筑物的混凝土或抹灰基层在涂饰涂料前应涂刷抗碱封闭底漆； 旧墙面在涂饰涂料前应清除疏松的旧装修层，并涂刷界面剂； 混凝土或抹灰基层涂刷溶剂型涂料时，含水率不得大于 8%；涂刷乳液型涂料时，含水率不得大于 10%；木材基层的含水率不得大于 12%； 基层腻子应平整、坚实、牢固，无粉化、起皮和裂缝；内墙腻子的黏结强度应符合《建筑室内用腻子》(JG/T 298—2010)的规定；厨房、卫生间墙面必须使用耐水腻子	观察；手摸检查；检查施工记录

2) 一般项目

(1) 薄涂料的涂饰质量和检验方法应符合表 10.22 的规定。

表 10.22　薄涂料的涂饰质量和检验方法

项次	项　目	普通涂饰	高级涂饰	检验方法
1	颜色	均匀一致	均匀一致	观察
2	泛碱、咬色	允许少量轻微	不允许	
3	流坠、疙瘩	允许少量轻微	不允许	
4	砂眼、刷纹	允许少量轻微砂眼，刷纹通顺	无砂眼、无刷纹	
5	装饰线、分色线直线度允许偏差/mm	2	1	拉5m线，不足5m拉通线，用钢直尺检查

(2) 厚涂料的涂饰质量和检验方法应符合表 10.23 的规定。

表 10.23　厚涂料的涂饰质量和检验方法

项次	项　目	普通涂饰	高级涂饰	检验方法
1	颜色	均匀一致	均匀一致	观察
2	泛碱、咬色	允许少量轻微	不允许	
3	点状分布		疏密均匀	

(3) 复层涂料的涂饰质量和检验方法应符合表 10.24 的规定。

表 10.24　复层涂料的涂饰质量和检验方法

项次	项　目	质量要求	检验方法
1	颜色	均匀一致	观察
2	泛碱、咬色	不允许	
3	喷点疏密程度	均匀，不允许连片	

(4) 涂层与其他装修材料和设备衔接处应吻合，界面应清晰。

2．溶剂型涂料涂饰工程

以下内容适用于丙烯酸酯涂料、聚氨酯丙烯酸涂料、有机硅丙烯酸涂料等溶剂型涂料涂饰工程的质量验收。

1) 主控项目

主控项目如表 10.25 所示。

表 10.25　溶剂型涂料主控项目

项　次	项　目	检验方法
1	溶剂型涂料涂饰工程所选用涂料的品种、型号和性能应符合设计要求	检查产品合格证书、性能检测报告和进场验收记录
2	溶剂型涂料涂饰工程的颜色、光泽、图案应符合设计要求	观察

续表

项次	项　目	检验方法
3	溶剂型涂料涂饰工程应涂饰均匀、黏结牢固,不得漏涂、透底、起皮和反锈	观察;手摸检查
4	溶剂型涂料涂饰工程的基层处理同水性涂料主控项目的第四条	观察;手摸检查;检查施工记录

2) 一般项目

(1) 色漆的涂饰质量和检验方法应符合表 10.26 的规定。

(2) 清漆的涂饰质量和检验方法应符合表 10.27 的规定。

(3) 涂层与其他装修材料和设备衔接处应吻合,界面应清晰。

表 10.26　色漆的涂饰质量和检验方法

项次	项　目	普通涂饰	高级涂饰	检验方法
1	颜色	均匀一致	均匀一致	观察
2	光泽、光滑	光泽基本均匀、光滑无挡手感	光泽均匀一致光滑	观察、手摸检查
3	刷纹	刷纹通顺	无刷纹	观察
4	裹棱、流坠、皱皮	明显处不允许	不允许	观察
5	装饰线、分色线直线度允许偏差/mm	2	1	拉 5m 线,不足 5m 拉通线,用钢直尺检查

注:无光色漆不检查光泽。

表 10.27　清漆的涂饰质量和检验方法

项次	项　目	普通涂饰	高级涂饰	检验方法
1	颜色	基本一致	均匀一致	观察
2	木纹	棕眼刮平、木纹清楚	棕眼刮平、木纹清楚	观察
3	光泽、光滑	光泽基本均匀、光滑无挡手感	光泽均匀、一致、光滑	观察、手摸检查
4	刷纹	无刷纹	无刷纹	观察
5	裹棱、流坠、皱皮	明显处不允许	不允许	观察

10.7　工程实践案例

某省人民医院干部病房楼首层大厅的轻钢龙骨纸面石膏板吊顶施工

根据环保、节能、符合消防要求、施工方便、美观大方以及经济实用的原则,针对轻钢龙骨纸面石膏板吊顶的施工特点,该工程施工过程为弹线、安装吊件及吊杆、安装龙骨及配件、安装石膏板等。

(1) 弹线。根据顶棚设计标高,沿墙四周弹线,作为顶棚安装的标准线,其允许偏差在±5mm 以内。

(2) 安装吊件及吊杆。根据施工大样图,确定吊顶位置弹线,再根据弹出的吊点位置钻孔，安装膨胀螺栓。吊杆采用 ϕ8mm 的钢筋，安装时上端与膨胀螺栓焊接(焊接位置用防锈漆做好防锈处理)，下端套线并配好螺帽。吊杆安装应保持垂直。

(3) 安装龙骨及配件。将主龙骨用吊杆件连接在吊杆上，拧紧螺钉卡牢。主龙骨安装完毕后应进行调平，并考虑顶棚的起拱高度不小于房间短向跨度的 1/200，主龙骨安装间隔@不大于 1200mm。次龙骨用吊挂件固定于主龙骨，次龙骨间隔@不大于 800mm。横撑龙骨与次龙骨垂直连接，间距在 400mm 左右。主、次龙骨安装后，认真检查骨架是否有位移，在确认无位移后才可进行石膏板安装。

(4) 安装石膏板。石膏板使用镀锌自攻螺钉与龙骨固定，螺钉间距在 150～170mm 之间。涂上防锈漆并用石膏粉将缝填平，用砂布涂上胶液封口，防止伸缩缝开裂。

轻钢龙骨石膏板吊顶施工节点，如图 10.9 所示。

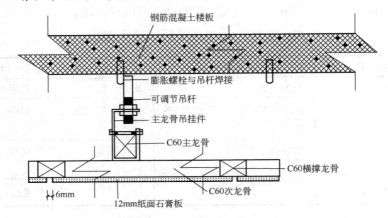

图 10.9 轻钢龙骨纸面石膏板吊顶节点

10.8 实 训 练 习

一、单选题

1. 一般抹灰常用的水泥为强度等级不小于(   )级的普通硅酸盐水泥、矿渣硅酸盐水泥，水泥的品种、强度等级应符合设计要求。

    A. 32.5   B. 42.5   C. 52.5   D. 62.5

2. 块状生石灰须经熟化成石灰膏才能使用，在常温下，熟化时间不应少于(   )d。

    A. 10   B. 15   C. 18   D. 30

3. 下列(   )不属于金属饰面板施工常用的建筑材料。

    A. 铝合金板   B. 彩色压型钢板   C. 不锈钢钢板   D. 硅镍合金板

4. 下列关于饰面板工程冬期施工的说法中，错误的是(   )。

    A. 灌缝砂浆应采取保温措施，砂浆的温度不宜低于 10℃

    B. 灌注砂浆硬化初期不得受冻，气温低于 5℃时，室外灌注砂浆可掺入能降低冻结温度的外加剂，其掺量应由试验确定

    C. 用冻结法砌筑的墙，应待其解冻后才可施工

    D. 冬期施工，镶贴饰面板宜采取供暖措施也可采用热空气或带烟囱的火炉加速干燥

5. 按成膜物质不同分为有机涂料、无机涂料和有机无机复合型涂料，下列不属于有机

涂料的是(　　)。

    A. 水溶性涂料　　　　B. 厚质涂料　　　　　　C. 溶剂型涂料　　　　　D. 乳液涂料

二、多选题

1. 抹灰工程按使用的材料及其装饰效果可分为(　　)。

    A. 一般抹灰　　　　　　B. 立面抹灰　　　　　　　C. 墙面抹灰

    D. 装饰抹灰　　　　　　E. 普通抹灰

2. 一般抹灰所使用的材料有(　　)。

    A. 石灰砂浆　　　　　　B. 聚合物水泥砂浆　　　　C. 水泥砂浆

    D. 粉刷石膏　　　　　　E. 膨胀珍珠岩水泥砂浆

3. 装饰抹灰所使用的材料有(　　)。

    A. 水刷石　　　　　　　B. 斩假石　　　　　　　　C. 干黏石

    D. 假面砖　　　　　　　E. 水泥砂浆

4. 下列关于室内一般抹灰工程中做护角的说法，正确的是(　　)。

    A. 室内墙面的阳角、柱面的阳角和门窗洞口的阳角，根据抹灰砂浆品种的不同分别做护角

    B. 当在墙面抹石灰砂浆时，应用 1∶3 水泥砂浆打底并与所抹灰饼找平。待砂浆稍干后，再用 1∶2 水泥细砂浆做明护角

    C. 护角高度不应低于 2m，每侧宽度不小于 50mm

    D. 门窗口护角做完后，应及时用清水刷洗门窗框上粘附的水泥浆

    E. 抹粉刷石膏作为护角前将基层表面的尘土、污垢、油渍等清除干净、洒水调理

5. 抹灰工艺应遵循的规则是(　　)。

    A. 先外墙后内墙　　　　　　B. 先上后下　　　　　C. 先顶棚、墙面后地面

    D. 先墙角后墙面　　　　　　E. 先基础后梁柱

三、简答题

1. 一般抹灰分为几级？有哪些具体要求？
2. 抹灰为何要分层施工？各抹灰层的厚度是如何要求的？
3. 一般抹灰的主要施工方法及要求是什么？
4. 一般抹灰工程质量有什么要求？
5. 简述花岗岩干挂法施工要点。
6. 镶贴外墙面砖的主要工序有哪些？
7. 地面工程层次是如何构成的？面层施工分为哪几类？
8. 加气混凝土板隔墙施工的要点是什么？
9. 建筑涂料如何分类？
10. 对附近的装饰工程进行调研，研究造成装饰质量问题的原因和防治措施。

JS10 课后答案

实训工作单

班级		姓名		日期	
教学项目		装饰工程			
任务	了解掌握常见装饰工程施工工艺要点		方式	查找文献资料并参考实际案例，学习总结	
相关知识	抹灰工程 饰面板(砖)工程 地面工程 吊顶与轻质隔墙工程 门窗工程 涂饰工程				
其他要求					

学习总结编制记录

评语			指导教师	

第 11 章 古建筑工程施工

学习目标

JS11 拓展资源

JS11 拓展资源

(1) 了解中国古建筑的分类和相关术语概念。

(2) 熟悉中国古建筑主要工程结构的基本特征，了解各结构的施工方法。

(3) 了解古建筑的修缮内容、修缮方法和修缮原则。

教学要求

章节知识	掌握程度	相关知识点
中国古建筑简介	了解中国古建筑的不同分类方法和相应特征	中国古建筑的类型、常用名称、特征及模数
古建筑工程结构	熟悉中国古建筑的工程结构及其施工特点	台基、大木构架工程、墙体砌筑工程、屋面工程、瓦、砖墁地面、油饰
中国古建筑修缮	了解古建筑的修缮内容、修缮方法和修缮原则	准备工作、木作修缮、瓦作修缮、屋面修缮、砖墁地修缮

思政目标

中国古建筑是中华民族的物质文化瑰宝，并有着十分鲜明的地域特征。结合你所在地区的常见传统建筑的外形和结构特点，谈谈你对古建筑营造与保护的看法。

案例导入

某一小殿，面宽 3 间，进深 3 间，为宋代木结构建筑。在 2022 年经检查后发现该建筑因年久失修已发生结构变形，其建筑高度由于柱根严重糟朽下沉而降低，导致周围立柱高低不等。试思考应如何对其进行修缮？修缮时可能会遇到哪些问题？

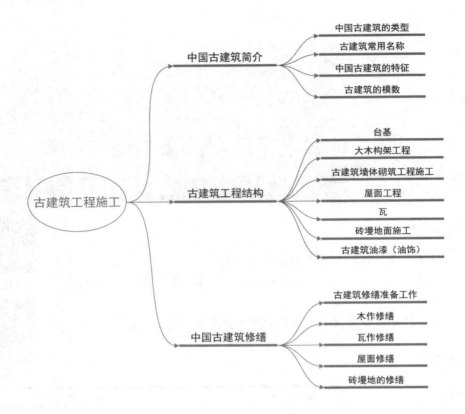

11.1　中国古建筑简介

　　古建筑是不可再生的瑰宝，我国古代建筑是中华民族十分珍贵的文化财富，具有悠久的历史，由于几千年形成的中国传统文化使中国建筑具有独特而浓郁的民族风格。这种民族风格，使我国的传统建筑在世界建筑艺术宝库中独树一帜，许多优秀的古建筑(如北京的故宫、颐和园等)至今仍为世界建筑学家们所赞叹，天坛祁年殿如图11.1所示。

1．中国古建筑的类型

　　古建筑是供人们休息娱乐的场所，也是

图11.1　天坛祁年殿

旅游事业发展的重要物质基础。中国古建筑(构筑)很多，分类较复杂，其中最主要的是按用途分类。

1)　按其用途分类

(1)　皇家建筑，即皇家所用的建筑或建筑群，如故宫、皇陵等。

(2)　官署建筑，即各级政府的办公场所、属于政府办的书院、乡学等。

(3)　民用建筑，即平民百姓所用的各类建筑。

(4)　宗教建筑，如各类寺庙、佛塔、道观等。

(5)　城市装点建筑，如城楼、牌楼、钟鼓楼、华表等。

(6)　构筑物，包括桥梁、渠、堰、城墙、烽火台等。

2)　按建筑物的主要用材分类

(1)　木结构。以木材为主的结构，其构架的主要形式有 3 种，即抬梁式结构、穿斗式结构和井干式结构。其中以抬梁式结构使用范围最广，在三者中居于首位。

(2)　砖木混合结构。此种结构以砖砌墙承重，屋顶部分用木结构。

(3)　砖石结构。如砖塔、石塔、石拱桥、无梁殿等。

(4)　竹楼。以竹为主搭建的建筑，在我国广西、云南较多。

2．古建筑常用名称

(1)　宫殿。秦代以后皇家起居、朝会、宴乐、祭祀等建筑物的习惯通称(此外佛事、道观中供奉神佛的建筑物也有称"殿"的)，如图 11.2 所示。

古建筑的名称

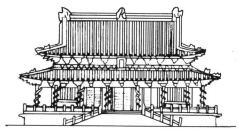

(a) 北京故宫太和殿(重檐庑殿)　　　　　(b) 山西太原晋祠圣母殿(重檐歇山)

图 11.2　宫殿

(2)　楼。两层以上的建筑称楼，是建筑物中很重要的建筑，如城楼、箭楼、鼓楼、戏楼、后院的绣楼、供远眺的黄鹤楼、望江楼、烟雨楼等，如图 11.3 所示。

(3)　阁。阁与楼外形相似，两者的主要区别是阁在一、二楼层间有结构层(即暗层)，是否有暗层是区别阁与楼的重要特征。一般把二层以上的建筑物统称为楼阁。

(4)　亭。亭为四周开放的建筑，目前所见的亭共有两种，一种是供人们休息、观眺用；另一种是专用亭(如碑亭、井亭、钟亭等)。

(5)　廊。廊是中国古建筑中有屋顶的通道，它可以用来遮阳、防雨和休憩，常按其形状或位置取名，如长廊、回廊、直廊、曲廊、抄手廊、靠山廊、桥廊等。常见的廊大致可归纳为 3 种：一种即建筑物本体周围的前、后廊或周围廊；另一种是对庭院空间起划分或围合作用的回廊；还有一种是联系各个建筑物之间的游廊。

(6)　塔。佛塔原是佛徒膜拜的对象，平面多呈正方形、六边形或八边形。

(a) 黄鹤楼

(b) 故宫紫禁城角楼

图 11.3　楼

3．中国古建筑的特征

(1) 中国古建筑以间为单位，这个思想一直延续到现在。

(2) 大的古建筑群是以间为基数组合扩大的。

(3) 以单层建筑进行横向发展组合，扩大建筑数量。

(4) 受礼制制度的约束，各建筑(建筑群)都有中轴线，并以中轴线为基础，建筑左右对称。

(5) 古建筑均为封闭型，以高墙包围。

4．古建筑的模数

中国古建筑的平面以长方形最为普遍，一座长方形建筑，在平面上都有两种尺度，即它的宽与深。其中长边为宽(也称面宽)，短边为深(也称进深)。

从很早开始，古代各种构件就形成了某种比例关系，如公元 1734 年(清雍正十二年)的《工部工程做法》一书中就明确了建筑的标准单位"口分"。而目前留存的大部分古建筑为明、清建筑，其建筑模数都为古代的营造尺寸，根据清朝工部官定的营造尺，1尺=32cm (营造尺是旧时工匠用的一种木尺，江南称鲁班尺)，营造尺与公制单位的换算关系如表 11.1 所示。

表 11.1　公制单位与营造尺对照表

公制单位/cm	19.2	17.6	16	14.4	12.8	11.2	9.6	8	6.4	4.8	3.2
营造尺/寸	6	5.5	5	4.5	4	3.5	3	2.5	2	1.5	1

11.2　古建筑工程结构

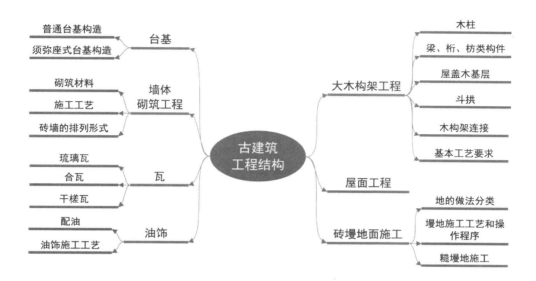

中国古代建筑按施工顺序可分为 9 类。

(1)　基础与台基工程，包括房屋基础土方、垫层和台基。

(2)　大木构架工程，包括梁、柱、桁(檩)、椽、斗拱等。

(3)　砌筑工程，如墙体砌筑和抹灰。

(4)　屋面工程，包括屋脊和面瓦。

(5)　木装修工程，包括门窗、花罩、挂落。

(6)　地面工程，包括墁地、甬路等。

(7)　油漆彩画，包括油漆、彩画、裱糊。

(8)　石雕工程，包括石栏杆、石拱卷、各类石雕。

(9)　叠石及小品，包括假山、叠石、各种小品。

11.2.1　台基

台基分为地上和地下两部分，露出地面以上的部分称为台明，埋入地下的部分称为埋头。台基按房屋等级不同，常分为两大类，即一般建筑的普通式台基和高级尊贵的须弥座式台基。

1．普通台基的构造

普通台基的台明结构由三部分组成，即柱下结构、柱间结构和台边结构，附属结构主要有踏跺，如图 11.4 和图 11.5 所示。

踏跺由基石(下面第一级踏步也称燕窝石)、象眼石和垂带石组成，安装时各构件用灰浆连接。有时在燕窝石前面再铺一块与地面同标高的条石，该条石称为如意石。

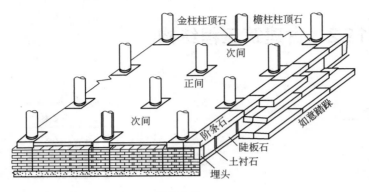

图 11.4　普通台基

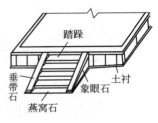

图 11.5　踏跺

2．须弥座式台基构造

等级较高的台基多采用须弥座式，台阶上的须弥座大多为石活(也有用砖砌的)。须弥座式台基并不高大，但上下的变化却很大，共有 6 层叠砌，台座下为土衬，其从下至上各层的名称是圭角(又称圭脚)、下枋、下枭(俯莲)、束腰、上枭(仰莲)、上枋，如图 11.6 所示。关于雕刻图案，上下枋常见的花饰有缠枝西莲花或龙戏珠，上下枭则为仰附莲或西番莲，而束腰大多为折枝荷花、水草等。

11.2.2　大木构架工程

大木构架是指柱、梁、桁条、椽子、斗拱等木构件的总称。在传统的古建筑修缮、复建、移建和仿木建筑中，大木构架的制作、安装占有很大的施工比例。

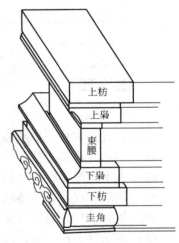

图 11.6　须弥座式台基

1．木柱

柱是垂直受力构件，在大木构架中柱子是直立的，用来支撑梁架。柱子有落地的长柱和不落地的短柱。

立于地面的柱子常见的有 5 种。

(1) 檐柱。房屋前后檐最外边的一排柱子，如图 11.7 所示。

(2) 角柱。矩形或长方形建筑物四角所设的柱子。

(3) 金柱。位于檐柱与房屋中线之间的一排柱子。

(4) 山柱。房屋两山墙处的柱子。

(5) 中柱。建筑物中纵向轴线上的一排柱子。

常见的短柱有下脚置于屋架上的瓜柱、重檐建筑上使用的童柱、用于庑殿顶建筑或攒尖顶上的雷公柱等，如图 11.8 所示。

梁、桁、枋类构件

2．梁、桁、枋类构件

梁沿建筑进深方向设置，架设在前后檐柱或金柱上。梁类构件有包括滚棱做法和圆作做法的大梁、山界梁(二界梁)、双步梁、川(抱头梁)、搭角梁、轩梁、荷包梁、承重搁栅、三步梁、天花梁、斜梁和角梁等各种梁类。

桁也称为檩，其截断面为圆形，置于梁上，沿面宽方向安装，与梁垂直，桁上有椽子。

枋的截断面为方形，枋类构件用来联系柱与柱、梁与梁，以加强其稳定性，常用的有四平枋、廊枋(檐枋)、脊枋、步枋、间枋、承椽枋、关门枋、平板枋、天花枋和拱枋等。

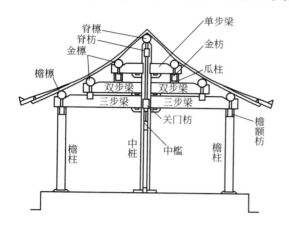

图 11.7　柱、梁的构造

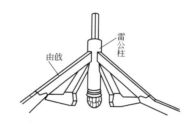

图 11.8　攒尖顶上的雷公柱

3．屋盖木基层

木基层是指在桁(檩)上所搭建的木屋盖，包括椽子、望板等构件，如图 11.9 所示。

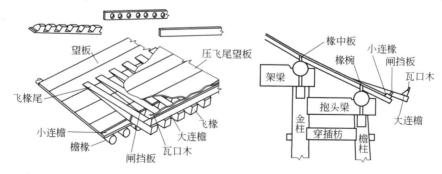

图 11.9　屋盖木基层

4．斗拱

斗拱具有中国古代木构架建筑的显著特点，是中国古代建筑中建筑等级高低的重要标志之一，一般老百姓不能用斗拱。斗拱本身主要是支承力量，在立柱以外(相当于现代的挑梁)。它是由斗、拱、翘、昂和升等 5 种基本构件重叠、组合而成，安装在平板枋上，是柱子与梁架之间的过渡构件，如图 11.10 所示。

5．木构架连接

木构架的连接方法有榫卯、销、钉子、铁箍等。榫是凸出于构件上的连接构件，卯是在另一构件上挖的与榫楔合的眼，榫插入卯内，两个构件就组合在一起，成为榫卯，垂直物件榫卯如图 11.11 所示。

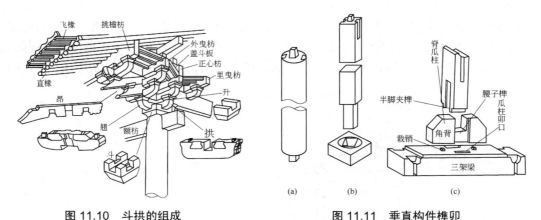

图 11.10　斗拱的组成　　　　　　图 11.11　垂直构件榫卯

6. 基本工艺要求

木构件、木构架所用的木材品种、材质应符合设计要求和古建筑的耐久性要求，且符合大木构架材质标准规定。

(1) 木构架的构件制作、安装的全过程中需综合用材、材尽其用、节约用材。木构架、构件的配料应符合下列规定。

① 制定木构件配料单应按设计图纸一次完成编制。

② 按配套统一配料，先配大构件，后配小构件。

③ 构件毛料大头断面注有该构件专用名称，不得错位，直径或面宽 350mm 以内的构件下料口歪斜不大于 20mm，直径或面宽 350mm 以上的构件下料口歪斜不大于 30mm。

(2) 木构架制作、安装应按放样→配料→加工→试组合→安装的顺序进行。

(3) 以上工序应在前道工序结束后，经检验合格后方可进行下道工序。

(4) 木构架、构件制作、安装应以机械加工与手工操作相结合的方法进行。

(5) 露明木构架的各构件应表面光洁，无刨痕，用手摸构件应感觉匀合、光滑、无锤印、戗槎；草架木构件表面允许留斧痕、锯痕，但不得留树皮。构件断棱角倒楞宽度要一致，倒楞宽为构件直径或面宽的 1/120～1/15，倒楞深为楞宽的 1/3。构件连接投榫饱满，无"瞎子榫"。半榫长与眼相榫相差不大于 10mm。受弯木构件的搁置长度不得小于该构件的 1/2 高，当不能满足时应设雀替等构件增加其承载面。

(6) 在保管、运输木构件毛坯、半成品和成品时，根据加工厂、建筑现场、运输条件等情况，采取措施做好防潮、防晒、防损坏、防污染等工作。木构件成品堆放距地面不少于 400mm，每层不少于两处垫木，垫木位置要一致，厚度不小于 50mm。

(7) 用于加固、固定木构架、构件的铁杆的材质型号、规格、数量及加工要求要符合设计要求。

(8) 木构架的防火、防腐、防虫蛀、防白蚁、防潮、防震等必须符合规范要求和设计要求。

(9) 文物古建筑修、复建工程必须以原样、原工艺、原法式制作、安装，所用材料、材质应尽可能与原材料、材质相似。

(10) 在确定木构件的方向时，应选择材质较好、年轮较密的一面位于受力较大部位或受拉区。

(11) 当仿古建筑内部或隐藏部分做成现代形式木构架时，按现代木结构施工验收规范执行。

11.2.3 古建筑墙体砌筑工程施工

1. 砌筑材料

(1) 灰浆。古建筑灰浆中所用的原材料，基本上都是地方材料，除非特殊情况，目前在施工时均可以用现代的灰浆来代替。

(2) 砖。古建筑中使用的砖从未统一规范过，也没有详细的规格，各地区、各窑厂的生产工艺和砖的名称也不尽相同。对于一般工程所使用砖的情况，统计整理后大致可分为城砖、停泥砖、砂滚子砖、开条砖、方砖和杂砖共 6 类。为便于施工，表 11.2 是统计整理后各类砖的参考尺寸，供施工和维修时参考使用。

表 11.2 常用砖料规格参考尺寸

砖料名称		清营造尺	参考尺寸/mm	砖料名称		清营造尺	参考尺寸/mm
城砖	澄浆城砖	1.47×0.75×0.4	470×240×128	四丁砖		0.75×0.36×0.165	240×115×53
	停泥城砖	1.47×0.75×0.4	470×240×128	金砖			同尺二至尺七方砖
	大城砖	1.5×0.75×0.4	480×240×128	斧刃砖		0.75×0.375×0.165	240×120×40
	二城砖	1.375×0.69×0.34	440×220×110	地趴砖		1.31×0.665×0.265	420×210×85
停泥砖	大停泥	1.28×0.655×0.25	410×210×80	方砖	尺二砖	1.2×1.2×0.18	384×384×58
	小停泥	0.875×0.44×0.22	280×140×70		尺四砖	1.4×1.4×0.2	448×448×64
砂滚子砖	大砂滚	1.28×0.655×0.25	410×210×80		尺七砖	1.7×1.7×0.25	544×544×80
	小砂滚	0.875×0.44×0.22	280×140×70		二尺砖	2.0×2.0×0.3	640×640×96
开条砖	大开条	0.9×0.45×0.2	288×144×64		二尺二砖	2.2×2.2×0.4	704×704×128
	小开条	0.765×0.39×0.125	245×125×40		二尺四砖	2.4×2.4×0.45	768×768×144

2. 古建筑墙体砌筑的施工工艺

干摆墙是一种高级做法的墙，多用于重要建筑的墙身、一般建筑的下肩、槛墙和砖檐等。它的施工工艺与现代做法基本相似，但在工艺名称上有很大区别，即弹线样活→拴线衬脚→摆砖打站尺→背里填馅→灌浆抹线→刹趟墁干活→打点墁水活→冲水净面。

丝缝墙的施工过程与干摆墙相似，所不同的是丝缝墙是挂灰砌筑，而不是干摆，在砌筑时注重墙面灰缝平直，最后要进行耕缝(即刮出整齐一致的缝槽)。

3. 砖墙的排列形式

砖墙的排列形式常见的有三七缝、梅花丁、十字缝等3种(见图11.12)。

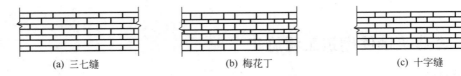

(a) 三七缝 (b) 梅花丁 (c) 十字缝

图 11.12　砖墙排列形式

11.2.4　屋面工程

屋顶的结构形式在封建社会是有着严格的等级制度，其中最尊贵的为重檐庑殿，其次依序为重檐歇山、单檐庑殿、单檐歇山、悬山和硬山等，如图11.13所示。

屋面瓦材主要有两种，即琉璃瓦材和布瓦材。建筑上的琉璃瓦材品种、色彩十分繁杂，屋面上用的一般都是单色，根据建筑物的等级不同，琉璃瓦的颜色也不同。

(1) 黄色。多用于皇室、重要的寺庙等。

(2) 绿色。用于宫廷内的一般殿座、城门、庙宇和王公府第等。

(3) 黑色。用于庙宇和王公府第等。

(4) 蓝色。蓝色表示天穹，只用于与隆重祭祀有关的建筑(如北京天坛的祈年殿)。

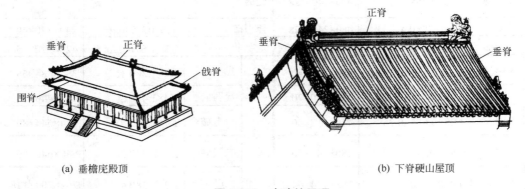

(a) 垂檐庑殿顶 (b) 下脊硬山屋顶

图 11.13　古建筑屋顶

古建筑屋顶瓦面的铺装过程称为宽瓦，宽瓦分以下几步进行。

(1) 放样。分中→排瓦当→号垄，分中即在瓦片铺装前找出整个房屋的横向中轴，此中轴即为屋顶中间一趟底瓦的铺设线；排瓦当就是在中间一趟底瓦与房屋两侧瓦口之间进行试排；号垄即是将各垄盖瓦的中点平移到屋脊扎肩灰背上，并作出标记。

(2) 宽瓦。经过放样以后，就可以铺瓦，现代施工经常用的瓦主要有琉璃瓦、合瓦、干槎瓦。

11.2.5　宽瓦

1. 宽琉璃瓦

宽琉璃瓦的施工工艺：审瓦→冲垄→宽檐头勾滴瓦→宽底瓦→宽盖瓦→捉节夹垄→翼角

宽瓦。

2. 宽合瓦

宽合瓦又称阴阳瓦，宽合瓦屋面的盖瓦多使用 2 号或 3 号板瓦。

宽合瓦的施工工艺：审瓦→沾瓦→冲垄→宽檐头瓦→宽底瓦→宽盖瓦→盖瓦夹腮。

3. 宽干搓瓦

宽干搓瓦只"审瓦"而不"沾瓦"，也不用在屋面上拴横线来控制瓦垄的高低，其施工工艺：审瓦→套瓦→冲中垄→苫背→宽"老桩子瓦"→宽瓦。

11.2.6　砖墁地面施工

古建筑地面以砖墁地做法为主，砖墁地主要包括方砖类和条砖类两种(其他还有石活地面、夯土地面、北方地区的焦渣地面)。

1. 地的做法分类

以砖铺装地面称为墁地，其做法有以下几种。

(1) 细墁地面。细墁地面的做法比较讲究，砖料应经过砍磨加工，加工后的砖料规格统一，棱角完整挺直，表面平整光洁，铺设后地面灰缝很小；砖表面经桐油浸泡后，地面平整、细致、洁净、美观、坚固耐用。

(2) 淌白地。可视为细墁地面的简易做法，它的各道工序和材料都不如细墁地面讲究，墁好后的地面外观效果可与细墁地面相似。

(3) 金砖墁地。金砖墁地可视为细墁地面的高级做法，其砖料应使用金砖，做法也更加讲究，用于重要宫殿建筑的室内。

(4) 糙墁地面。糙墁地面做法的特点是：砖料不需砍磨加工，由于地面砖的接缝较宽，整个地面的平整度和质量不如细墁地面，相比之下，显得粗糙一些。糙墁地面主要用于地方建筑和民用建筑，它既可用于室内，也可用于室外。

2. 墁地的施工工艺和操作程序

垫层处理：普通墁砖地可用素土或灰土夯实作为垫层，也可用墁砖的方式作垫层。以墁砖方式铺垫层时用"铺浆做法"，即以立置与平置交替铺墁，其间不铺灰泥，每铺一层砖，灌一次生石灰浆。具体操作程序如下。

首先按设计标高抄平，作好标记，然后按冲趟→样趟→揭趟、浇浆→上缝→铲齿缝→刹趟→修复、清洗地面→钻生等施工。

(1) 冲趟。在两端拴好曳线并各墁一趟砖，即为冲趟。室内若是方砖地面，应在室内正中再冲一趟砖。

(2) 样趟。即样砖试拼，在两道曳线间拴一道卧线，以卧线为标准铺泥墁砖，铺好后砖应顺平，砖缝应严密。

(3) 揭趟、浇浆。将墁好的砖揭下来，必要时应进行编号，以防再铺时发生混乱，然后在垫层上泼洒白灰浆。

(4) 上缝。将砖的两肋用麻刷沾水刷湿，再在砖的里口砖棱处抹上油灰，然后将砖重新墁好。最后手执墩锤,木棍朝下,砖在木棍的连续戳动下前进即为上缝。墁好的砖应平实、缝严,砖棱应跟线重合。

(5) 铲齿缝。用竹片将表面多余的油灰铲掉,然后用磨头或砍砖工具将砖与砖之间凸起的部分磨平或铲平。

(6) 刹趟。以卧线为标准,检查砖棱,如有不平,要用磨头磨平。

当砖全部墁好后,即可进行以下工作。

(7) 修复、清洗地面。将地面全部检查一遍,如有凹凸不平,应沾水用磨头磨平;如砖面上有残缺或砂眼,应用砖药补平,最后沾水将地面擦拭干净。

(8) 钻生。钻生即钻生桐油,具体做法可分 4 步:①钻生,即在地面完全干透后,倒上约 30mm 厚的桐油,浸泡地面,在浸泡过程中用灰耙来回推楼,浸泡时间可长可短,要求高的砖墁地应浸泡到地面喝不下去油为止;②起油,将地面上多余的桐油用厚牛皮刮去;③在生石灰面中掺入青灰面,搅拌均匀,颜色以接近砖色为宜,将其撒在地面上,2~3d 后刮去,此道工序也称为"守生";④清洗地面。

3.糙墁地施工

糙墁地施工使用的砖是不经加工的,施工过程中不需要揭趟、刹趟、清洗地面,也不钻生,最后是用白灰将砖缝守严扫净。地面砖常用排列形式如图 11.14 所示。

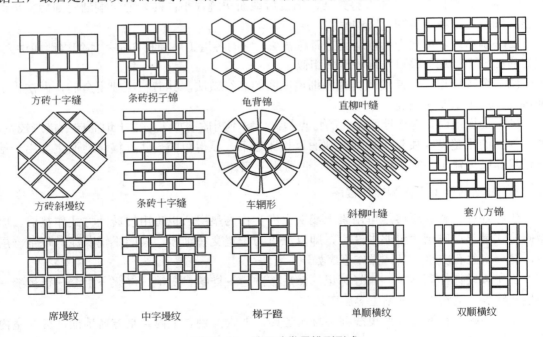

方砖十字缝　　条砖拐子锦　　龟背锦　　直柳叶缝

方砖斜墁纹　　条砖十字缝　　车辋形　　斜柳叶缝　　套八方锦

席墁纹　　中字墁纹　　梯子蹬　　单顺横纹　　双顺横纹

图 11.14　地面砖常用排列形式

11.2.7　古建筑油漆(油饰)

古建筑用传统的方法作油饰,所使用的工具和材料是由师傅自行配制的,原材料有石青、石绿(德国绿、巴黎绿是现代常用的颜料)、银硃、章丹、广红和佛青等。油料有熟桐油、苏油(也可用煤油、稀料)。

1．配油

色油是在现场用颜料和熟桐油随用随配的，而目前市场上已经不生产的颜料，可用其他材料或进口料代替，由油工师傅配制。块状颜料在使用前应用开水沏泡、磨细、沉淀，将沉淀的颜料用熟桐油搅匀，并搌尽水分成坨，用时再倒入熟桐油，砸开油坨，不停地搅拌，并倒入适量的煤油稀释。以石绿为例，一般材料的掺量(按重量比)为石绿∶熟桐油∶煤油=1∶0.8∶0.25。试配时因无仪器，可在现场把配成的绿油涂在指甲盖上，绿油能盖住指甲即可，不要过稀或过浓。其他色油的配制可参考石绿的方法。

配制时要注意安全，因有些颜料属毒品，要采取措施妥善保管。擦油用过的麻头、盖油用过的牛皮纸燃点很低，在夏日的阳光下可能自燃，应有专人保管或及时处理。

2．油饰施工工艺

(1) 刮细腻子。细腻子应反复刮实，木件各处存在的小缝、沙眼和细龟纹要用腻子找齐、找顺。待腻子干透后用 1 号或 1.5 号砂纸磨平、磨光，各处棱线要干净整齐，不显接头。

(2) 清洗。刷油环境应清洁，刷油前木件应用湿布擦净，地面应打扫干净，并洒上净水。

(3) 刷第一道油(底油)。刷时油的用量要适当，过多会流坠，过薄则不托亮；各部位应刷到、刷匀、刷齐。

(4) 刷第二道油(上光油)。头道油以后如有裂纹、砂眼，可用油腻子找平、找齐，上油方法同前。

(5) 刷第三道油(罩清漆或熟桐油)。上油前用干布把木件掸尽，刷清漆(或熟桐油)一遍成活，刷时不能间断，要均匀一致。

油饰以后的表面颜色要一致，无流淌、坠落痕迹，交线处应齐整，无接头，光亮饱满，干净利落。

11.3　中国古建筑修缮

古建筑的修缮要点

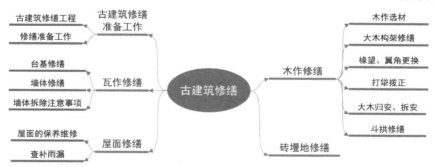

因古建筑的年代久远(一般在百年以上)，其间受风雨和干湿等气候影响，必定有不同程度的风化和走色。古建筑修缮会遇到各种复杂情况，应在熟悉古建筑构造和修缮技术的基础上因地制宜，灵活掌握，切记不可生搬硬套。在项目进行过程中，要严格遵循国家制定的古建筑文物保护原则。

11.3.1　古建筑修缮准备工作

1. 古建筑修缮工程

为了保证工程质量，在古建筑修缮中应掌握基本的修缮要点。

(1) 有统一规定的，一定要按统一的规定做；没有统一规定的要按当地常见的做法做。

(2) 若建筑物没有被修缮过的历史记录，在修缮中应保持原状，不予改动。

(3) 若建筑物已经经过修缮，改变了原有的做法，重修时要尽可能地予以纠正和保持原状，尽量不要改动，以恢复其原貌。

(4) 不同地区、不同时代的古建筑物，都有各自不同的手法和风格，修理时要尊重当地的技术传统和建筑物的时代特色，切记不可将现代施工痕迹留于古建筑物上，以至破坏了原有的建筑特点。

2. 修缮准备工作

古建筑修缮前的准备工作主要有勘察、定案、设计、估算和报批等内容。

勘察工作是一项非常细致、复杂的工作，其主要参与人员有专家、工程技术人员以及木工、瓦工、油漆彩画工、石工及各个工种有经验的老工匠等。勘察时还要准备照相机、望远镜、电钻、钢尺、卡尺、登高工具、照明光源、绘图用具、水平仪和经纬仪等。勘察工作的重点首先是主体结构，如整体结构有无歪闪、柱子有无糟朽、主要承重结构有无下垂、劈裂、折断、拔榫等。对勘察出来的问题，要随时作详细的记录，并配合进行拍照，以补充笔录。

定案通常由修缮施工单位、文物部门和建设单位共同协商进行，在遵循文物保护法和文物修复原则的基础上，根据古建筑毁损的程度，从财力、物力等方面提出切实可行的修缮方案。

工程施工前必须进行报批，报批应根据文物部门的规定提交下列文件。

(1) 保养工程。应包括工程做法说明书，必要的附图。

(2) 抢救加固工程。应有加固做法说明书和设计图纸、建筑物残毁现状照片、必要的结构计算书。

(3) 修理工程。现状测绘图、维修加固设计图、做法说明书等。

(4) 复原工程。该类型需分两次申报，第一次呈报初步设计的方案图，包括现场实测图、复原方案设计图、方案说明书、概算等；第二次呈报技术设计，包括结构详图、做法说明书等。

(5) 迁建工程。呈报文件有现状测绘图、设计图、做法说明书、迁建理由说明书、新址环境图纸等。

11.3.2　木作修缮

1. 木作选材

在修缮古建筑工程中，要合理使用木材。合理使用木材就是既要保证工程质量，又要尽量考虑和建筑物原有构件的统一，还要注意节约问题。由于古建筑中大部分都使用的是较高等的木材，如楠木、红木、花梨、铁梨、椴木等，而现在这些木料大部分都很缺乏，所以在一般修缮中，当无法采办或条件不允许时，就使用普通木材。

木材在使用前应仔细检查是否有腐朽、疤节、虫蛀、变色、劈裂及其他创伤、断纹等疵病，若有某项严重缺陷，应剔除不用。用料要有计划，避免大材小用、长材短用、优材劣用等不良现象。

2．大木构架修缮

柱子因常年与地面接触或暴露在室外，被风雨侵蚀，非常容易腐朽，掩饰在墙内的木柱因潮湿、通风不良等原因更容易糟朽。木柱腐朽多发生在根部，在这种情况下需要对糟朽部分作局部修缮处理。最常用的处理手段有两种：一种是柱根包镶；另一种是墩接。

包镶方法主要用于柱根圆周的一半或一半以上的表面糟朽，糟朽的深度不超过柱径的1/5。修缮时用锯、扁铲等工具将糟朽的表皮刻剔干净，然后按剔凿深度、长度及柱子周长，制作出包镶料，包在柱子外围，使之与柱子外径一样，最后用铁箍将包镶部分缠箍结实。

墩接方法主要用于柱根糟朽严重的柱子的修缮(糟朽面积占柱截面的1/2；或柱心糟朽；糟朽高度在柱高的 1/5～1/3)。施工作业时将柱子糟朽部分截掉，换上新料，其中最常见的是半榫墩接，即将接在一起的柱料各刻去 1/2 作为搭接部分，搭接长度为柱径的 1～1.5 倍，端头作半榫。柱子的墩接高度：四面无墙的露明柱，应不超过柱高的 1/5；砌体内的柱子，应不超过柱高的 1/3。接茬部分要用铁箍 2～3 道箍牢。

当木柱严重糟朽或高位腐朽，不能用墩接的方法修缮时，则应考虑将木柱进行抽换或用加辅柱的方法处理。抽换就是平常所说的"偷梁换柱"，其施工方法是在不拆除与柱有关的构件的前提下，用千斤顶将梁枋支顶起来，将原有的柱子撤下来，换上新柱。

柱子修缮注意要点如下。

(1) 柱子抽换最主要的是安全，梁枋的支顶必须稳妥、可靠，只有在条件许可的情况下才能进行。

(2) 不是所有的柱子都能抽换，只能对檐柱等与其他构件穿插较少、构造简单的构件进行抽换。

(3) 不能抽换的柱子(如中柱、山柱)发生折断或腐朽时，一般采用抱柱式的辅柱形式，即在原有的柱子外面加安辅柱，用铁箍将柱子与辅柱箍牢，使之形成整体。

3．椽望、翼角更换

更换椽望、翼角是古建筑修缮中最常见的工作之一。椽望、翼角容易因屋面漏渗而糟朽腐烂，全部或局部更换是经常遇到的问题。更换椽望、翼角时要拆除檐部架的瓦面，揭去望板，拆掉飞檐和糟朽的檐椽，更换新件，换上的部分其长度与形式要与旧件一致，若与其连接的构件糟朽严重，也可考虑一起更换。

4．打牮拨正

当建筑物出现构架歪闪的情况时，可采用打牮拨正的方法进行维修。打牮拨正是在建筑物歪闪严重，但大木构件尚完好，不需换件或只需个别换件的情况下采取的修缮措施。通过打牮支顶的方法，将木构架重新归正，其主要施工顺序是首先为歪闪严重的建筑支好撑杆，以防止其继续歪闪；其次是将屋面上的部分(瓦、泥背、椽子等)和围护部分(山墙等)

拆除,同时去掉固定连接的木楔,若有铁件的,应将铁件松开;然后按预先测定的位置向构件歪闪的反方向支顶牮杆,使构件归正;最后将建筑物全部复原。

5. 大木归安、拆安

当大木构架部分构件拔榫、弯曲、腐杇、劈裂或折断比较严重,必须使榫卯归位或更换构件重新安装时,常采用归安和拆安的方法来处理。

归安是将拔榫的构件重新归位,并用铁件进行加固。归安可不拆下构件,只需归回原位并加固即可。拆安是拆开原有构件,使构件落地,经整修添配后再重新组装。拆构件时注意要进行编号,对损坏严重的构件进行更换。重新安装时构件原来在什么位置的,则应安装在什么位置。

6. 斗拱修缮

斗拱构件较小,又处于檐下起承重作用,故很易损坏。若斗拱构件残破或丢失,大都可采取添配修补的方法进行维修,整攒斗拱损坏严重时可以进行整攒添配,新做斗拱必须保证其与旧构件尺寸一致。

11.3.3 瓦作修缮

台基、墙体和屋顶是古建筑的三大组成部分,所以瓦作修缮主要是对上述三大内容的修缮。

1. 台基修缮

台基是基础部分,其规模的高大雄伟是中国古建筑的一个突出重点。台基修缮主要是台明的整修,台明整修可分为两项,即石活归安和拆砌台明,这两种做法基本相似。

(1) 石活归安。局部石活的整修复位叫石活归安。在整修之前应先检查柱顶石和柱根是否牢稳,经检查或加固后确认牢稳了,再拆除阶条石或陡板(古建筑中凡立置的砖都叫陡板)。如果发现两端的"好头石"或"角柱"(角:音"绝")损坏或发生位移,应先行更换或归安。

施工时以两端好头石外皮为标准拴一条横线,即卧线 (在修缮施工中,无论何种工程,凡能拴线的都应尽量拴线)。陡板、阶条石的更换或归安都要以线为准找正立直,阶条石里口下面要用大麻刀灰锁浆口。砌筑完毕后应灌"桃花浆",浆应分几次灌,注意浆不要太稠。最后用干灰砂填缝并用笤帚守缝扫严。

(2) 拆砌台明。对整个台明的拆修叫拆砌台明,其施工方法与石活归安基本相似。

2. 墙体修缮

在古建筑中,一般是用木结构作为承重结构,所以在古建行业有"墙倒屋不倒"之说,墙体主要起防寒、隔音及对木结构起横撑作用。

墙体的一般修缮有以下方法。

(1) 择砌。当局部酥碱、空鼓、鼓胀或损坏的部位在墙体的中下部,而整个墙体比较完好时,可以采取这种方法。择砌必须边拆边砌,一次择砌的长度不应超过 50~60cm,若只择砌外(里)皮时,长度不要超过 1m。

（2）局部拆砌。如酥碱、空鼓、鼓胀的范围较大，经局部拆砌可以排除危险的，可以采取这种方法。这种方法只适用于修缮墙体的上部，或者经局部拆除后，上面不能再有墙体存在的部位。若损坏部分在下部，只能择砌。

（3）剔凿挖补。整个墙体完好，局部酥碱时可以采取这种办法。先用钻子将需修复的地方凿掉（凿去的面积是整个砖的整倍数），然后按原墙体砖的规格重新砍制，砍磨后照样用原做法重新补砌好，里面要用灰背实。

（4）局部抹灰。修复次要墙面可以采用，如果是大面积找补抹灰，可以刷清浆，刷浆完成后赶轧出亮，最后仿砖缝的样子用平尺和竹片做成假缝。

（5）局部整修。整个墙体较好，但墙体上部某处残缺时采用这种方法。常遇到的整修项目有修理薄缝、盘头和墙帽等，具体做法与拆砌内容相似。

3．墙体拆除注意事项

（1）在拆除墙体之前应先检查柱根、柱头有无糟朽，如有糟朽应墩接后再对墙体进行修缮施工，严禁先行拆除再墩接。

（2）检查木构架的榫卯是否牢固，特别应检查接头部位是否糟朽，如有糟朽，要及时支顶加固。

墙体拆除的
注意事项

（3）拆除前应先切断电源，并对木构架装修加以保护。

（4）应从上往下拆除，禁止挖根推倒。

（5）凡是整砖整瓦一定要一块一块地细心拆卸，不得毁坏；拆卸后应按类分别存放；拆除时应尽量不扩大拆除范围。

11.3.4　屋面修缮

屋顶是保护房屋内部构件的主要部分，尤其在古建筑的木结构中，只要木构架不糟朽，建筑物一般不易倒塌。而只要屋顶不漏雨，木构架就极不容易糟朽。

1．屋面的保养维修

由于瓦垄较易存土，泥背中又有大量黄土，布瓦的吸水性又较强，所以在瓦垄中及出现裂缝的地方很容易孳生苔藓、杂草甚至小树。这些植物对屋顶的损坏作用很大，或造成屋顶漏雨，或造成瓦件离析。事实证明，凡是年久失修最后倒塌的房屋，必定有杂草丛生的历史；凡是最后造成大患而不得不进行挑顶的建筑，也必定先从杂草丛生开始。在除草清垄工作中应注意 4 个方面的问题。

屋面的保养维修

（1）拔草时应"斩草除根"，即连根拔掉。如果只拔草而不除根，非但不能达到预期的效果，反而会使杂草生长得更快。

（2）要用小铲将苔藓和瓦垄中的积土、树叶等全部清除掉，并用水冲洗干净。

（3）除草要注意季节性，由于杂草和树木种子传播的季节性很强，所以这项工作应安排在种子成熟以前。

（4）在拔草拔树过程中，如造成和发现瓦件掀揭、松动和裂缝，应及时整修。

2. 查补雨漏

查补雨漏一般可分为两种情况。一种情况是整个屋顶比较好，漏雨的部位比较明确，且漏雨的部位不多，当查明漏雨的原因后，针对渗漏的原因进行处理。一般漏雨的原因主要有盖瓦破碎；有植物存在，雨水沿植物的根须下渗；局部低洼或堵水；底瓦有裂纹、裂缝或质量不好。

另一种情况是漏雨部位较多，大部分的瓦垄不太好，这就需要大面积的查补和修理。

11.3.5 砖墁地的修缮

砖墁地的修缮比较简单，一般分为剔凿挖补、局部揭墁、全部揭墁和钻生养护等。剔凿挖补适用于地面较好，只需零星添配的细墁地面的修缮。修缮时先将需添配的部分用錾子剔凿干净，然后按相应的砖重新砍制一块，照原样墁好。局部揭墁之前要按砖趟编号，拆揭时要注意不要碰坏砖的楞角。如有不全，要用旧砖重新砍制。揭墁时必须重新铺泥、揭趟和坐浆。如果地面较好，不需要作较大的整修，或地面具有文物价值，不宜揭墁时，可用钻生的方法养护。

11.4 实 训 练 习

一、单选题

1. 下列( )不属于中国古建筑的基本范畴。
   A. 宗教建筑   B. 官署建筑   C. 防御建筑   D. 民用建筑

2. 下列( )不属于木结构的基本形式。
   A. 抬梁式结构   B. 框架式结构   C. 穿斗式结构   D. 井干式结构

3. 根据清朝工部官定的营造尺，1尺=( )cm。
   A. 32   B. 30   C. 42   D. 40

4. 下列( )是对金柱的描述。
   A. 位于檐柱与房屋中线之间的一排柱子   B. 房屋前后檐最外边的一排柱子
   C. 矩形或长方形建筑物四角所设的柱子   D. 建筑物中纵向轴线上的一排柱子

5. 关于古建筑修缮工程，下列说法错误的是( )。
   A. 有统一规定的，一定要按统一的规定做，没有统一规定的要按当地常见的做法做
   B. 若建筑物没有被修缮过的历史记录，在修缮中应保持原状，不予改动
   C. 若建筑物已经经过修缮，改变了原有的做法，重修时要尽可能地予以纠正和保持原状，尽量不要改动，以恢复其原貌
   D. 不同地区、不同时代的古建筑物，都有各自不同的手法和风格。修理时可将现代施工痕迹留于古建筑物上，展现不同的时代风格

二、多选题

1. 中国古建筑中常见的装点建筑有( )。
   A. 寺庙   B. 钟鼓楼   C. 牌楼

    D. 华表   E. 城墙

2. 按照建筑物的主要用材，可将中国古建筑分为( )几类。

    A. 木结构   B. 砖木混合结构   C. 砖石结构

    D. 竹楼   E. 混凝土结构

3. 廊是中国古建筑中有屋顶的通道，它可以遮阳、防雨和休憩，根据其功能可以将廊划分为( )类型。

    A. 建筑物本体周围的前、后廊或周围廊   B. 对庭院空间起划分或围合作用的回廊

    C. 提供休息空间的桥廊、靠山廊   D. 联系各个建筑物之间的游廊

    E. 连接两个楼之间的走廊过道

4. 木构架构件制作、安装的全过程中需综合用材、材尽其用、节约用材。木构架、构件的配料应符合( )规定。

    A. 制定木构件配料单应按设计图纸一次完成编制

    B. 按配套统一配料，先配大构件，后配小构件

    C. 构件毛料大头断面注有该构件专用名称，不得错位

    D. 木构件、木构架所用的木材品种、材质应符合设计要求和古建筑的耐久性要求

    E. 木构件制作完成后，应按照制作完成顺序进行排序

5. 砖墙一般有( )几种常见的排列形式。

    A. 三七缝   B. 井字缝   C. 梅花丁

    D. 十字缝   E. 一顺三丁

三、简答题

1. 中国古建筑有什么特征？

2. 中国古代为什么不盖楼房？

3. 中国古代民间建筑是以什么作为承重结构的？

4. 古建筑用柱很多，柱用在什么部位，它们各自又如何称呼？

5. 古建筑屋顶用什么来防水？

6. 屋顶瓦屋面工程中，南方地区宜用何种瓦？北方地区(如东北地区)宜用何种瓦？

7. 古建筑用斗拱有什么用途？什么样的房屋要用斗拱？

8. 古建筑倒塌主要是由哪些因素造成的？

9. 柱子糟朽由哪些因素造成？糟朽如何处理？

10. 屋面维修保养应采取哪些措施？为什么屋面拔草要选季节？

11. 古建筑修缮时的程序如何？在这期间施工企业要做哪些工作？

JS11 课后答案

实训工作单

班级		姓名		日期	
教学项目	古建筑施工工程				
任务	了解古建筑的分类、工程结构和修缮内容		方式	查找书籍，资料，掌握古建筑工程的内容要点	
相关知识	中国古建筑简介 古建筑工程结构 中国古建筑修缮				
其他要求					

学习总结编制记录

评语				指导教师	

参 考 文 献

[1] 中华人民共和国住房和城乡建设部，中华人民共和国国家质量监督检验检疫总局. GB 50201—2012 土方与爆破工程施工及验收规范[S]. 北京：中国建筑工业出版社，2012.

[2] 中华人民共和国住房和城乡建设部，中华人民共和国国家质量监督检验检疫总局. GB 50202—2018 建筑地基基础工程施工质量验收规范[S]. 北京：中国建筑工业出版社，2018.

[3] 中华人民共和国住房和城乡建设部，中华人民共和国国家质量监督检验检疫总局. GB 51004—2015 建筑地基基础工程施工规范[S]. 北京：中国计划出版社，2015.

[4] 中华人民共和国住房和城乡建设部，中华人民共和国国家质量监督检验检疫总局. GB 50924—2014 砌体结构工程施工规范[S]. 北京：中国建筑工业出版社，2014.

[5] 中华人民共和国住房和城乡建设部，中华人民共和国国家质量监督检验检疫总局. GB 50010—2010 混凝土结构设计规范(2015 年版)[S]. 北京：中国建筑工业出版社，2015.

[6] 中华人民共和国住房和城乡建设部，中华人民共和国国家质量监督检验检疫总局. GB 50496—2018 大体积混凝土施工标准[S]. 北京：中国计划出版社，2018.

[7] 中华人民共和国住房和城乡建设部，中华人民共和国国家质量监督检验检疫总局. GB 50755—2012 钢结构工程施工规范[S]. 北京：中国建筑工业出版社，2012.

[8] 中华人民共和国住房和城乡建设部. GB 50108—2008 地下工程防水技术规范[S]. 北京：中国计划出版社，2008.

[9] 中华人民共和国住房和城乡建设部，JGJ 130—2011 建筑施工扣件式钢管脚手架安全技术规范[S]. 北京：中国建筑工业出版社，2011.

[10] 中华人民共和国住房和城乡建设部，中华人民共和国国家质量监督检验检疫总局. GB 50204—2015 混凝土结构工程施工质量验收规范[S]. 北京：中国建筑工业出版社，2015.

[11]]张蓓，高琨，郭玉霞. 建筑施工技术[M]. 北京：北京理工大学出版社，2020.

[12] 赵学荣，陈烜. 土木工程施工[M]. 南京：江苏科学技术出版社，2013.

[13] 郝增韬，熊小东. 建筑施工技术[M]. 武汉：武汉理工大学出版社，2020.

[14] 赵延辉. 建筑施工技术[M]. 上海：上海交通大学出版社，2014.

[15] 常建立，曹智. 建筑施工技术[M]. 北京：北京理工大学出版社，2017.